"十三五"卫生高等职业教育校院合作"双元"规划教材

供护理、助产及相关专业用

生物化学

主 编

郏弋萍 刘建强 付达华

副主编

侯朝霞 卢英芹 韦 岩 王晓琼 韦带莲

编 委 （按姓名汉语拼音排序）

付达华（漳州卫生职业学院）　　　马元春（青海卫生职业技术学院）

侯朝霞（济南护理职业学院）　　　王晓琼（贵阳护理职业学院）

郏弋萍（江西医学高等专科学校）　王艳君（四川护理职业学院）

刘建强（青海卫生职业技术学院）　韦带莲（宜春职业技术学院）

刘小龙（江西医学高等专科学校）　韦 岩（菏泽医学专科学校）

刘 欣（四川护理职业学院）　　　郑 敏（江西医学高等专科学校）

卢英芹（唐山职业技术学院）

北京大学医学出版社

SHENGWU HUAXUE

图书在版编目（CIP）数据

生物化学 / 郏弋萍，刘建强，付达华主编 . —北京：
北京大学医学出版社，2019.10（2024.7 重印）
ISBN 978-7-5659-2158-2

Ⅰ.①生… Ⅱ.①郏… ②刘… ③付… Ⅲ.①生物化
学 Ⅳ.① Q5

中国版本图书馆 CIP 数据核字（2020）第 006692 号

生物化学

主　　编：郏弋萍　刘建强　付达华
出版发行：北京大学医学出版社
地　　址：（100191）北京市海淀区学院路 38 号　北京大学医学部院内
电　　话：发行部 010-82802230；图书邮购 010-82802495
网　　址：http://www.pumpress.com.cn
E - m a i l：booksale@bjmu.edu.cn
印　　刷：中煤（北京）印务有限公司
经　　销：新华书店
责任编辑：杨　杰　　责任校对：靳新强　　责任印制：李　啸
开　　本：850 mm×1168 mm　1/16　　印张：14　　字数：396 千字
版　　次：2019 年 10 月第 1 版　2024 年 7 月第 4 次印刷
书　　号：ISBN 978-7-5659-2158-2
定　　价：38.00 元

　　《国务院办公厅关于深化医教协同进一步推进医学教育改革与发展的意见》要求加快构建标准化、规范化医学人才培养体系，全面提升人才培养质量。明确指出要调整优化护理职业教育结构，大力发展高职护理教育。《国家职业教育改革实施方案》指出要促进产教融合育人，建设一大批校企"双元"合作开发的国家规划教材。新时期的护理职业教育面临前所未有的发展机遇和挑战。

　　高质量的教材是实施教育改革、提升人才培养质量的重要支撑。为深入贯彻《国家职业教育改革实施方案》，服务于新时期高职护理人才培养改革发展需求，北京大学医学出版社在教育部、国家卫生健康委员会相关机构和职业教育教学指导委员会的指导下，经过前期广泛调研、系统规划，启动了这套"双元"数字融合高职护理教材建设。指导思想是：坚持"三基、五性"，符合最新的国家高职护理类专业教学标准，结合高职教学诊改和专业评估精神，突出职业教育特色和专业特色，与护士执业资格考试大纲要求、岗位需求对接。体现以人为本、以患者为中心的整体护理理念，强化技能训练，既满足多数院校教学实际，又适度引领教学。实践产教融合、校院合作，打造深度数字融合的精品教材。

教材的主要特点如下：

1. 全国专家荟萃

　　遴选全国近 40 所院校具有丰富教学经验的骨干教师参与建设，力求使教材的内容和深浅度具有全国普适性。

2. 产教融合共建

　　吸纳附属医院或教学医院的临床护理双师型教师参与教材编写、审稿，学校教师与行业专家"双元"共建，保证教材内容符合行业发展、符合多数医院护理实际和人才培养需求。

3. 双重专家审定

聘请知名护理专家审定教材内容，保证教材的科学性、先进性；聘请知名职教专家审定教材的职教特色和规范。

4. 教材体系完备

针对各地院校课程设置的差异，部分教材实行"双轨制"。如既有《正常人体结构》，又有《人体解剖学》《组织学与胚胎学》；既有《护理学基础》，又有《护理学导论》《基础护理学》，便于各地院校灵活选用。

5. 职教特色鲜明

结合护士执业资格考试大纲，教材内容"必需、够用，图文并茂"。以职业技能和岗位胜任力培养为根本，以学生为中心，贴近高职学生认知，采用布鲁姆学习目标，加入"案例/情景""知识链接""小结""实训""自测题"等模块，提炼"思维导图"。

6. 纸质数字融合

将纸质教材与二维码技术相结合，融PPT、图片、微课、动画、护理技能视频、模拟考试、护考考点解析音频等于一体，实现了以纸质教材为核心、配套数字教学资源的融媒体教材建设。

本套教材的组织、编写得到了多方面大力支持。很多院校教学管理部门提出了很好的建议，职教专家对编写过程精心指导、把关，行业医院的临床护理专家热心审稿，为锤炼精品教材、服务教学改革、提高人才培养质量而无私奉献。在此一并致以衷心的感谢！

希望广大师生多提宝贵意见，反馈使用信息，以臻完善教材内容，为新时期我国高职护理教育发展和人才培养做出贡献！

　　湛蓝天空映衬昆明湖碧波粼粼，湖畔长廊蜿蜒诉说历史蹉跎，万寿山风清气爽，昂首托起那富贵琉璃的智慧海、吉祥云。护理融有科学、技术、人文及艺术特质，其基本任务是帮助人维持健康、恢复健康和提升健康水平。护士被誉为佑护健康与生命的天使。在承载这崇高使命的教育殿堂，老师和学生们敬畏生命、善良真诚、严谨求实、德厚技精。

　　再览善存之竖版护理教材——《护病新编》（1919 年，车以轮等译，中国博医会发行），回想我国护理教育发展历程，尤其 20 世纪 80 年代以来，在护理和教育两个领域的研究与实践交汇融合中，护理教育经历了"医疗各科知识＋护理、各科医学及护理、临床分科护理学或生命周期分阶段护理"等三个阶段。1985 年首开英护班，1991 年在卫生部相关部门支持下，成立全国英护教育协作会，从研究涉外护理入手，进行护理教育改革；1989 年始推广目标教学，建立知识、技能、态度的分类目标，使用行为动词表述，引导相应教学方法的改革；1994 年开始推进系统化整体护理；1997 年卫生部颁布护理专业教学计划和教学大纲，建构临床分科护理学课程体系，新开设精神科护理、护士礼仪等六门课程。2000 年行业部委院校统一划转教育部管理，为中高职护理教育注入了现代职业教育的新鲜"血液"。教育部组织行业专家制定了专业目录，将护理专业确定为 83 个重点建设专业之一，并于 2003 年列入教育部技能型紧缺人才培养培训工程的 4 个专业之一，在国内首次采用了生命周期模式，开始推进行动导向教学；2018 年高职护理专业教学标准（征求意见稿）再次采纳了生命周期模式。客观地看，在一个历史阶段，因为教育理念和教学资源等差异，院校可能选择不相同的课程模式。

　　当前，全国正在落实《"健康中国 2030"规划纲要》和《国家职业教育改革实施方案》，在人民群众对美好生活的向往和护理、职业教育极大发展的背景下，护理教育教学及教材的改革创新迫在眉睫。北京大学医学部是百余年前中国政府依靠自己的力量开办的第一所专门传授现代医学的国立学校，历经沧桑，文化厚重，对中国医学事业发展有着卓越贡献。北京大学医学出版社积极应对新时期、新任务和新要求，组织全国富有教学与实践经验的资深教师和临床专家，共同编写了本套高职护理专业教材，为院校教改与创新提供了重要保障。

教材支撑教学，辅助教学，引导学习。教学过程中，教师需要根据自己的教学设计对教材进行二次开发。现代职业教育不是学科化课程简版，不应盲目追求技术操作，不停留在零散碎片的基本知识或基本技能的"名义能力"层面，而是从工作领域典型工作任务引导学习领域课程搭建，以工作过程为导向，将知识和操作融于工作过程，通过产教融合和理实一体，系统地从工作过程出发，延伸到工作情境、劳动组织结构、经济、使用价值、质量保证、社会与文化、环境保护、可持续发展及创新等方面，培养学生从整体角度运用相对最佳的方法技术完成工作任务。这些职业教育需达成的基本能力维度与护理有着相近的承载空间，现代职教理念和方法对引导我国护理教育深化与拓展具有较大的意义。

本套教材主编、编者和出版社老师们对课程体系科学建构，教学内容合理组织，字里行间精心雕琢，信息技术恰当完善。本套教材可与情境教学、项目教学、PBL、模块教学、任务驱动教学等配合使用。新技术的运用丰富了教学内容，拓展了学生视野，强化了教学重点，化解了教学难点，提示了护考要点，将增强学生专业信心，提高学生学习兴趣。

教材与教学改革相互支撑，相辅相成，它们被人类社会进步不断涌现的新需求、新观念、新理论、新方法、新技术引导与推动，永远不会停步。它是朝阳，充满希望；是常青树，带给耕耘者硕果累累。

前　言

　　本教材以现代高等职业教育人才培养必需够用知识体系为基础，结合国家护士执业资格考试内容和岗位职业能力需要，以及未来公民的基本素质需要，力求体现高等职业教育中护理专业特点，满足学校教学和临床实践要求。我们诚邀从事一线教学多年的不同院校教师，共同编写本教材。

　　本教材顺应时代要求，适应"互联网＋"模式，为更好地发挥学生自主学习和课堂延伸的功能，在编写模块上进行调整。全书共分为十四章，第一章绪论开篇，使学生对本课程有全局观，同时激发学生好奇心，期待继续探索；第二章至第十一章介绍生物化学基本理论，给学生打下坚实基础；第十二章至第十四章介绍临床生物化学相关内容，为将来与临床课程学习和工作无缝链接，架起一座桥梁。每章内容编写分为六大模块：第一模块是思维导图，利用大脑对图像的记忆，开发地图式记忆；第二模块是学习目标，让教师和学生有目的地学；第三模块是具体教学内容，力求提供科学、准确的知识内容；第四模块是在教学内容中穿插"知识链接""案例"，增加教学内容理解的链接点，而少量课后"自测题"则帮助学生及时检测学习效果；第五模块是二维码内容，有音频、图片、文字、表格等多样化呈现形式，拓展知识，延伸课堂，有助于学生自主学习；第六模块提供内容丰富的配套课件。

　　本教材由江西医学高等专科学校郏弋萍教授拟定编写大纲，经出版社和各位参编老师审定后，分章节编写，经过多次互审后统稿完成。

　　由于编写者水平有限，加之时间仓促，书中难免有疏漏和错误，敬请同行专家和使用本书的师生批评、指正。

郏弋萍

目 录

第一章

绪　论

📖 **本章思维导图** ·······················

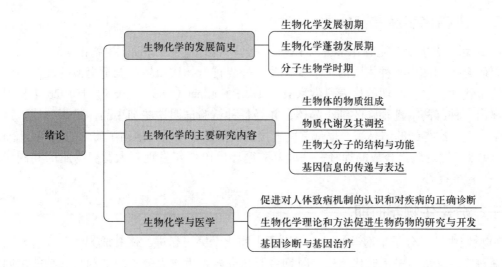

📖 **学习目标** ·······················

1. 掌握：生物化学的概念。
2. 熟悉：生物化学研究的主要内容。
3. 了解：生物化学的发展史，生物化学与医学的关系。

生物化学（biochemistry）是研究生物体的化学组成和生命过程中化学变化规律的一门科学（又称生命的化学）。它主要从分子水平来描述、解释活细胞内及细胞间的全部化学反应与生命活动的关系，并把其知识和规律应用于人类健康。生物化学是一门重要的医学基础学科，并与其他医学基础课程、临床课程密切相关。

第一节　生物化学的发展简史

生物化学是一门既古老又年轻的学科。它是在 18 世纪晚期化学的发展及 19 世纪生物学发展的影响下，开始萌芽并逐渐发展，直到 20 世纪初期（1903 年）德国科学家 Carl Neuberg（1877—1956 年）初次使用生物化学这一名词，才发展成为一门独立的学科。人类为了生存，必须从自然界觅取食物和药物，为了改进饮食和医药，原始的生物学、化学、农业、工业和医药卫生科学即应运而生，生物化学也随这些科学的发展而兴起。

一、生物化学发展初期

18 世纪中叶至 20 世纪初是生物化学发展初期，也称为叙述生物化学阶段（即静态生物化学阶段）。这一时期主要研究构成生物体的各种物质（糖、脂类、蛋白质、核酸、酶、维生素等）的组成、结构、性质及生物学功能。在此期间的代表人物有：① Lavoisier（法），研究"生物体内的燃烧"，指出此类"燃烧"耗氧并排出二氧化碳。后人称他是生物化学之父。② Liebig（德），将食物分为糖、脂、蛋白质类，并提出物质在生物体内可进行合成和分解两种化学过程。他是最先提出物质代谢概念的科学家。③ Fischer（德），首次证明了蛋白质是多肽；发现酶的专一性，提出并验证了酶催化作用的"锁 - 匙"学说；合成了糖及嘌呤。④ Miescher（瑞士），从绷带上的脓细胞中分离出细胞核，并第一次发现含磷很多的化合物，他将其称为"核素"即核蛋白，这是人类历史上首次发现核酸。

二、生物化学蓬勃发展期

从 20 世纪初开始，生物化学进入了一个蓬勃发展的时期（即动态生物化学时期）。这一时期主要研究生物体中各种物质的化学变化及与外界进行物质交换和能量交换的规律即物质代谢与能量代谢。这个时期的代表科学家有：① J.B.Sumner（1887—1955）于 1926 年从刀豆粉中分离出一种脲酶活性很强的细小晶体，并经各种试验证明这些细小晶体是蛋白质。这是生物化学史上首次得到的结晶酶，也是首次直接证明酶是蛋白质，推动了酶学的发展。② Krebs（英）1932 年发现尿素合成的途径——鸟氨酸循环；1937 年发现三大营养物质的共同代谢通路——三羧酸循环。

三、分子生物学时期

20 世纪中叶，分子生物学的诞生促进了生物化学突飞猛进，使其成为体系完整、内容丰富的新科学，又称后基因时代。这一时期主要研究各种生物大分子的结构与其功能之间的关系及其在生命活动中的作用。1951 年发现了蛋白质的二级结构形式 α- 螺旋，1955 年完成了胰岛素的氨基酸全序列分析；1965 年我国科学家人工合成了具有生物活性的结晶牛胰岛素。作为现代分子生物学诞生的里程碑，1953 年 Watson 和 Crick 提出的 DNA 双螺旋结构模型，确立了核酸是遗传的物质基础，开创了分子遗传学基本理论建立和发展的黄金时代。此后，在 DNA 的复制机制、RNA 的转录过程以及各种 RNA 在蛋白质合成中的作用等方面的研究均取得了重大进展，建立了遗传信息传递中心法则并得到了补充和完善，mRNA 分子中的遗传密码的破译深化了人们对核酸和蛋白质之间关系的了解，加深了对二者在生命活动中作用的认识。

20 世纪 70 年代后，基因工程技术的出现作为新的里程碑，标志着人类深入认识生命本质并能动改造生命的新时期开始。这时期基因工程的迅速进步得益于许多分子生物学新技术的不断涌现。包括：核酸的化学合成从手工发展到全自动合成，1975—1977 年 Sanger、Maxam 和 Gilbert 先后发明了三种 DNA 序列的快速测定法，20 世纪 90 年代全自动核酸序列测定仪问世。1985 年 Cetus 公司 Mullis 等发明的聚合酶链反应（PCR）的特定核酸序列扩增技术，更以其高灵敏度和特异性被广泛应用，对分子生物学的发展起到了重大的推动作用。基因诊断与基因治疗是基因工程在医学领域发展的一个重要方面。如向遗传性腺苷脱氨酶（ADA）基因缺陷的患者（属于先天性免疫缺陷病）体内导入重组的 ADA 基因、乙型血友病患者体内导入人凝血因子IX基因均获得了成功。

1990 年开始实施并于 2001 年宣告结束的人类基因组计划（Human Genome Project），是生命科学领域有史以来全球性最庞大的研究计划，该计划揭示了人类基因组和其他基因组包括物理图谱、遗传图谱、基因组 DNA 序列测定等在内的各种特征。这些研究加深了人类对生命本质的认识，极大地推动了医学事业的发展。

第二节 生物化学的主要研究内容

当代生物化学研究内容大致分为四个部分：生物体的物质组成、物质代谢及其调控、生物大分子的结构与功能、基因信息的传递与表达。

一、生物体的物质组成

细胞是构成生物体组织、器官的基本单位，主要由碳原子与氢、氧、氮、磷、硫等元素结合组成。从化学组成上看，除水（占体重的 55%～67%）和无机盐（占体重的 3%～4%）等无机物外，有机物是生物体的重要组成成分。构成人体的有机物有糖类（占体重的 1%～2%）、脂类（占体重的 10%～15%）、蛋白质（占体重的 15%～18%）以及核酸、激素、维生素和各种代谢中间物等。从分子量上，构成生物体的物质又可分为大分子和小分子两大类。后者有维生素以及合成生物大分子所需的氨基酸、核苷酸、糖、脂肪酸和甘油等。而前者包括蛋白质、核酸、多糖和以结合状态存在的脂质；另外还有糖、脂类和它们相互结合的产物，如糖蛋白、脂蛋白、核蛋白等。它们的分子量往往比一般的无机盐类大百倍或千倍以上，蛋白质的分子量在上万甚至上百万。这些生物大分子的复杂结构决定了它们的特殊性质，它们在体内的运动和变化体现着重要的生命功能。如进行新陈代谢供给维持生命需要的能量与物质、传递遗传信息、控制胚胎分化、促进生长发育、产生免疫功能等。

二、物质代谢及其调控

新陈代谢是生物区别于非生物的最基本特征，包括生物体内所发生的用于维持生命的一系列有序的化学反应。这些反应进程使得生物体能够生长和繁殖、保持它们的结构以及对外界环境做出反应。代谢分为合成代谢和分解代谢两大类。分解代谢是指对大分子进行分解以获得能量的过程（如细胞呼吸）；合成代谢是指利用能量来合成细胞中的各个组分，如蛋白质和核酸等。代谢是生物体不断进行物质和能量交换的过程，是在生物体的调节控制之下有条不紊地进行的。一旦物质和能量的代谢紊乱，将引起一系列代谢障碍性疾病，甚至导致生物体的结构和系统解体。

三、生物大分子的结构与功能

生物大分子（如核酸、蛋白质和多糖）具有分子量大、结构复杂、种类繁多、功能各异的特点。生物大分子的一级结构是其基本结构单位的排列顺序，生物大分子在一级结构基础上形成复杂的空间结构。生物大分子多种多样的功能与它们特定的空间结构有密切关系。如蛋白质分子的结构分为四级结构，蛋白质分子内部的结构是它们执行各种功能的重要基础；碱基配对是核酸分子相互作用的主要形式，这是核酸作为遗传信息的结构基础；脱氧核糖核酸的双螺旋结构有不同的构象，这些不同的构象均有其功能意义；核糖核酸包括信使核糖核酸（mRNA）、转运核糖核酸（tRNA）和核糖体核糖核酸（rRNA），它们在蛋白质生物合成中起着重要作用；生物体的糖类物质包括多糖、寡糖和单糖，单糖是生物体能量的主要来源，寡糖和蛋白质或脂质可以形成糖蛋白、蛋白聚糖和糖脂。伴随着结构分析技术的进展，人们能在分子水平上深入

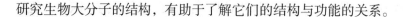

研究生物大分子的结构，有助于了解它们的结构与功能的关系。

四、基因信息的传递与表达

基因信息的传递与表达与遗传、变异、生长、分化等生命过程密切相关，也与遗传性疾病、恶性肿瘤、代谢异常性疾病、免疫缺陷性疾病、心血管疾病等多种疾病的发病机制有关。因而，基因信息的传递与表达的研究在生命科学特别是医学中越来越显示出重要意义。

第三节　生物化学与医学

生物化学是运用物理和化学原理和方法，从分子水平研究生物体的化学组成、化学反应及其疾病过程中生物化学变化的一门非常重要的医学基础课程。近年来，随着科学的发展，其理论和技术已越来越多地渗透到基础医学各个领域，产生了许多新兴交叉学科。此外，生物化学广泛地应用于人们所关注的影响人体生命健康的重大疾病的分子研究，并取得了丰硕的成果，尤其在基因诊断、基因治疗等方面成果显著。

一、促进对人体致病机制的认识和对疾病的正确诊断

人体的病理状态常常是由于细胞中化学成分的变化，引起功能的紊乱。如血液中脂类物质含量增高是心血管疾病的特征之一（如冠心病、血管栓塞引起脑血栓、脑出血等症状）；镰状细胞贫血是一种遗传性疾病，主要原因是由于人体内合成血红蛋白的基因突变，引起血液中的红细胞由正常的圆盘形变成镰刀状，从而降低了血红蛋白在红细胞中的溶解度；痛风是由于体内嘌呤核苷酸分解代谢产生的尿酸在体内关节部位形成结晶等。许多疾病的临床诊断也越来越多地依赖于生化指标的测定。

二、生物化学理论和方法促进生物药物的研究与开发

生化制药制取的生物药物是一类采用生化方法合成或从生物体内分离、纯化得到并用于预防、治疗和诊断疾病的生化基本物质。这些药物可以分为：氨基酸类药物、多肽类药物、蛋白类药物、酶类药物、核酸类药物、多糖类药物、脂类药物、生物胺类。这些物质成分均具有生物活性或生理功能，不良反应极小，药效高而被应用者接受。生物药物在制药行业和医药上占有重要地位。

三、基因诊断与基因治疗

分子生物学的理论及技术方法，特别是重组 DNA 技术的迅速发展，使基因诊断与基因治疗能够在短时间内从理论设想变为现实，主要是使人们可以在实验室构建各种载体、克隆及分析目标基因。

基因诊断（又叫 DNA 诊断、分子诊断）是采用分子生物学的技术方法来分析受检者某一特定基因的结构（DNA 水平）或功能（RNA 水平）是否异常，以此来对相应的疾病进行诊断。基因诊断具有特异性强、灵敏性高的特点，可以揭示尚未出现症状时与疾病相关的基因状态，如珠蛋白生成障碍性贫血（地中海贫血）、血友病、苯丙酮酸尿症、白化病、糖原贮积症、蚕豆病、唐氏综合征（Down's syndrome）等，从而可以对表型正常的携带者及某种疾病的易感者做出诊断和预测，特别对确定有遗传疾病家族史的个体或产前的胎儿是否携带致病基因的检测具有指导意义。

基因治疗是将特定外源基因导入有基因缺陷的细胞中，从而实现为细胞补上丢失的基因或

改变病变基因以达到治疗遗传性疾病的目的。导入的基因可以是与缺陷基因相对应的有功能的同源基因或与缺陷基因无关的治疗基因。目前基因治疗成功的案例有重症联合免疫缺陷性疾病的基因治疗、干细胞治疗等。当然，目前基因治疗仍存在技术手段的缺陷和不安全因素，但是随着分子生物学的发展，基因治疗会有更广阔的应用和前景。

因此，生物化学不仅仅是一门基础课，更是一门与临床密切相关的专业课。学习和掌握生物化学的基本理论、基本知识和基本技能，可以为其他基础课程和专业课程的学习奠定坚实的基础。

（郑　敏）

第二章

蛋白质的结构与功能

📚 本章思维导图

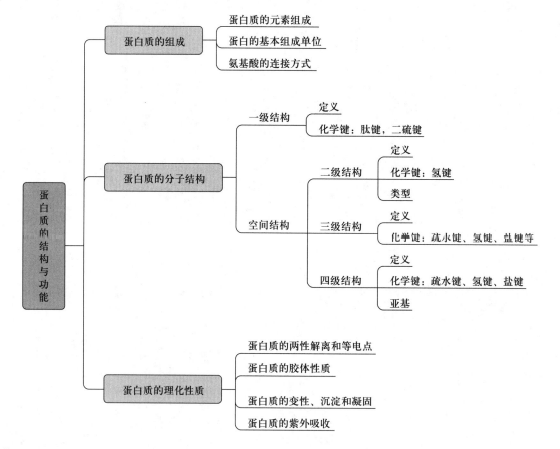

蛋白质的结构与功能
- 蛋白质的组成
  - 蛋白质的元素组成
  - 蛋白的基本组成单位
  - 氨基酸的连接方式
- 蛋白质的分子结构
  - 一级结构
    - 定义
    - 化学键：肽键，二硫键
  - 空间结构
    - 二级结构
      - 定义
      - 化学键：氢键
      - 类型
    - 三级结构
      - 定义
      - 化学键：疏水键、氢键、盐键等
    - 四级结构
      - 定义
      - 化学键：疏水键、氢键、盐键
      - 亚基
- 蛋白质的理化性质
  - 蛋白质的两性解离和等电点
  - 蛋白质的胶体性质
  - 蛋白质的变性、沉淀和凝固
  - 蛋白质的紫外吸收

👓 学习目标

1. 掌握：蛋白质的结构单位——氨基酸的特点，蛋白质的一级、二级、三级、四级结构的概念、特点，以及维系各级结构的化学键。

2. 熟悉：蛋白质结构域与功能的关系及蛋白质的理化性质。

3. 了解：蛋白质的分类。

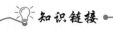

第一节　蛋白质的组成

一、蛋白质的组成

　　蛋白质分子中主要元素组成有碳（50%～55%）、氢（6%～7%）、氧（19%～24%）、氮（13%～19%）、硫（0～4%），有的蛋白质还含有少量的磷、硒或某些金属元素铁、锰、锌、铜、钴、钼等，个别还含有碘。

　　各种蛋白质氮元素含量很接近且相对恒定，平均为 16%，即每克氮相当于 6.25 g 蛋白质。由于体内含氮的物质主要是蛋白质，因此可用凯式定氮法测定出生物样品的含氮量来计算蛋白质的大概含量。

　　100 g 样品中的蛋白质含量（g%）= 每克样品中的含氮量（g）×6.25×100

二、蛋白质的基本组成单位

　　蛋白质经酸、碱或蛋白水解酶彻底水解生成的最终产物是氨基酸（amino acid，AA），因此组成蛋白质的基本组成单位是氨基酸。

（一）氨基酸的结构

　　自然界中的天然氨基酸有 300 余种，组成人体蛋白质的氨基酸仅有 20 种，并且都具有特异的遗传密码，故又称为编码氨基酸。氨基酸的结构通式可用下式表示：

$$H_2N-\overset{\text{COOH}}{\underset{R}{C}}-H \quad 或 \quad {}^+H_3N-\overset{\text{COO}^-}{\underset{R}{C}}-H$$

20 种氨基酸的结构特点是：

　　1. 除脯氨酸为 α- 亚氨基酸外，其余 19 种氨基酸都是 α- 氨基酸。

　　2. 除甘氨酸外，其余氨基酸的 α- 碳原子是不对称碳原子，所以氨基酸都具有旋光性，每一种氨基酸都具有 D- 型和 L- 型两种立体异构体。组成人体蛋白质的氨基酸都是 L 型，即 L-α- 氨基酸。

L-α-氨基酸　　　　　　　　　　　D-α-氨基酸

3. R 表示氨基酸的侧链基团，不同的氨基酸其侧链基团各异。

（二）氨基酸的分类

根据氨基酸 R 侧链的结构和理化性质，可将 20 种氨基酸分为五类：非极性疏水性氨基酸、极性中性氨基酸、酸性氨基酸、碱性氨基酸和芳香族氨基酸（表 2-1）。

表 2-1　氨基酸的分类

结构式	中文名	英文名	缩写符号	一字符号	等电点（pI）
1. 非极性疏水性氨基酸					
H—CHCOO⁻ / ⁺NH₃	甘氨酸	glycine	Gly	G	5.97
CH₃—CHCOO⁻ / ⁺NH₃	丙氨酸	alanine	Ala	A	6.00
CH₃—CH—CHCOO⁻ / CH₃ ⁺NH₃	缬氨酸	valine	Val	V	5.96
CH₃—CH—CH₂—CHCOO⁻ / CH₃ ⁺NH₃	亮氨酸	leucine	Leu	L	5.98
CH₃—CH₂—CH—CHCOO⁻ / CH₃ ⁺NH₃	异亮氨酸	isoleucine	Ile	I	6.02
CH₂—CH₂—CH₂ / CHCOO⁻ / NH₂⁺	脯氨酸	proline	Pro	P	6.30
2. 极性中性氨基酸					
HO—CH₂—CHCOO⁻ / ⁺NH₃	丝氨酸	serine	Ser	S	5.68
HS—CH₂—CHCOO⁻ / ⁺NH₃	半胱氨酸	Cysteine	Cys	C	5.07
CH₃SCH₂CH₂—CHCOO⁻ / ⁺NH₃	蛋氨酸（甲硫氨酸）	methionine	Met	M	5.74
H₂N—C(=O)—CH₂—CHCOO⁻ / ⁺NH₃	天冬酰胺	asparagine	Asn	N	5.41
H₂N—C(=O)CH₂CH₂—CHCOO⁻ / ⁺NH₃	谷氨酰胺	glutamine	Gln	Q	5.65

结构式	中文名	英文名	缩写符号	一字符号	等电点（pI）
$\mathrm{HO-CH-CHCOO^-}$ 带 CH_3 与 $^+NH_3$	苏氨酸	threonine	Thr	T	5.60

3. 酸性氨基酸

结构式	中文名	英文名	缩写符号	一字符号	等电点（pI）
$\mathrm{HOOCCH_2-CHCOO^-}$ 带 $^+NH_3$	天冬氨酸	aspartic acid	Asp	D	2.97
$\mathrm{HOOCCH_2CH_2-CHCOO^-}$ 带 $^+NH_3$	谷氨酸	glutamic acid	Glu	E	3.22

4. 碱性氨基酸

结构式	中文名	英文名	缩写符号	一字符号	等电点（pI）
$\mathrm{NH_2CH_2CH_2CH_2CH_2-CHCOO^-}$ 带 $^+NH_3$	赖氨酸	lysine	Lys	K	9.74
$\mathrm{NH_2CNHCH_2CH_2CH_2-CHCOO^-}$ 带 NH 与 $^+NH_3$	精氨酸	arginine	Arg	R	10.76
$\mathrm{HC=C-CH_2-CHCOO^-}$ 咪唑环 带 $^+NH_3$	组氨酸	histidine	His	H	7.59

5. 芳香族氨基酸

结构式	中文名	英文名	缩写符号	一字符号	等电点（pI）
苯环$-CH_2-CHCOO^-$ 带 $^+NH_3$	苯丙氨酸	phenylalanine	Phe	F	5.48
吲哚环$-CH_2-CHCOO^-$ 带 $^+NH_3$	色氨酸	tryptophan	Trp	W	5.89
$\mathrm{HO}-$苯环$-CH_2-CHCOO^-$ 带 $^+NH_3$	酪氨酸	tyrosine	Tyr	Y	5.66

三、氨基酸的连接方式

（一）肽键

在蛋白质分子中，氨基酸通过肽键（peptide bond）相互连接。肽键是由一个氨基酸的 α-羧基与另一个氨基酸的 α- 氨基脱水缩合形成的酰胺键（—CO—NH—），是蛋白质分子中的主要共价键，性质比较稳定。

肽键（—CO—NH—）中的 C—N 键在一定程度上具有双键的性质，难以自由旋转而有一定的刚性，因此形成肽键平面（图 2-1），包括连接肽键两端的 C=O、N—H 和 2 个 C。6 个原子的空间位置处在一个相对接近的平面上，而相邻 2 个氨基酸的侧链 R 又形成反式构型，从而形成肽链复杂的空间结构。

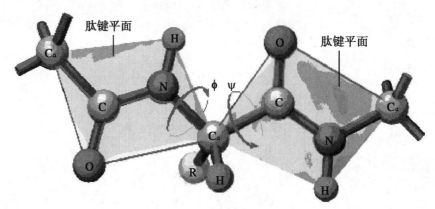

图 2-1　肽键结构

（二）肽

氨基酸通过肽键连接而成的化合物称为肽。由两个氨基酸形成的肽称为二肽，由三个氨基酸形成的肽称三肽，依次类推。通常将 10 个以内的氨基酸形成的肽称为寡肽，十肽以上者称为多肽。多肽成链状，称为多肽链。肽链中的氨基酸因脱水缩合而基团不全，故称为氨基酸残基。

多肽链有两端，有自由 α- 氨基的一端称氨基末端或 N 端，通常写在多肽链的左侧。有自由 α- 羧基的一端称羧基末端或 C 端，通常写在多肽链的右侧。多肽链中氨基酸残基的顺序编号是从 N 端开始的，因此肽的命名也从 N 端开始。

生物体内存在许多具有生物活性的低分子肽，称为生物活性肽。它们具有重要的生理功能。近年来临床上利用生物活性肽作为治疗疾病的药物，如谷胱甘肽（glutathione，GSH）。它是由谷氨酸、半胱氨酸和甘氨酸组成的三肽，结构式如下：

GSH 是体内重要的还原剂。其分子中半胱氨酸巯基可保护细胞内含巯基的蛋白质或酶免遭氧化，维持蛋白质或酶的活性。此外，GSH 的巯基可与外源性的毒物、药物等结合，阻断这些物质与 DNA、RNA 以及蛋白质结合，从而对机体起到保护作用。

第二节　蛋白质的分子结构

根据蛋白质结构的不同层次，可将蛋白质结构分为一级、二级、三级和四级。其中一级结构是蛋白质的基本结构或化学结构，二级、三级、四级结构称为空间结构或构象。

一、蛋白质的一级结构

蛋白质分子中氨基酸的排列顺序称为蛋白质的一级结构。这种排列顺序是基因上的遗传信息所决定的。维持一级结构的主要化学键是肽键，有些蛋白质还含有二硫键。一级结构是决定蛋白质空间结构和特异生物学功能的基础，但不是决定蛋白质空间结构的唯一因素。

牛胰岛素是首先被确定为一级结构的蛋白质，它由 A、B 两条多肽链组成，A 链有 21 个氨基酸残基，B 链有 30 个氨基酸残基，它们之间靠两个二硫键连接在一起，A 链本身第 6 及第 11 两个半胱氨酸形成一个链内二硫键（图 2-2）。

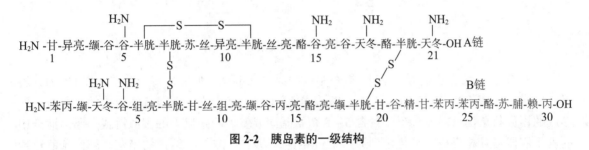

图 2-2　胰岛素的一级结构

蛋白质的一级结构是决定蛋白质空间结构和特异生物学功能的基础，因其所含氨基酸种类、数目及氨基酸在多肽链中的排列顺序不同，就形成了结构多样、功能各异的蛋白质。

💡 **知识链接**

牛胰岛素一级结构的确定及其人工合成

1955 年英国生物化学家 F.Sanger 完成了胰岛素的全部测序工作，并因此获得 1958 年诺贝尔化学奖。1965 年，中国科学家在世界上第一次用人工方法合成具有与天然分子化学结构相同且生物活性完整的蛋白质——结晶牛胰岛素，开辟了人工合成蛋白质的时代，在生命科学发展史上产生了重大的意义与影响。这标志着人类在揭示生命本质的征途上实现了里程碑式的飞跃。

二、蛋白质的空间结构

（一）蛋白质的二级结构

蛋白质的二级结构（secondary structure）是指多肽链中相邻氨基酸残基形成的局部肽链空间结构，是其主链原子的局部空间排布，不涉及氨基酸残基侧链构象。二级结构主要有 α- 螺旋、β- 折叠、β- 转角和无规则卷曲。二级结构是通过骨架上的羰基和酰胺基团之间形成的氢键维持的，氢键是稳定二级结构的主要作用力。

1. **α- 螺旋**　多肽链的主链沿长轴方向有规律地盘旋成螺旋状（图 2-3），螺旋走向为顺时针方向，称右手螺旋。每 3.6 个氨基酸残基盘绕一圈，螺距为 0.54 nm。氨基酸侧链伸向螺旋外侧，其基团大小、形状及电荷性质均影响 α- 螺旋的形成。螺旋与螺旋之间通过肽键的 N—H 与第 4 个肽键的羰基氧形成氢键，氢键的方向与长轴基本平行，因此维系蛋白质二级结构的化学键是氢键。

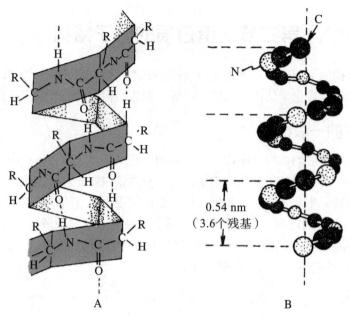

图 2-3　α- 螺旋结构

2. β- 折叠　又称 β- 片层，在 β- 折叠结构中，多肽链充分伸展，每个肽单元以 Cα 为旋转点，依次折叠成锯齿状结构（图 2-4），氨基酸残基侧链交替地位于锯齿状结构的上下方。所形成的锯齿状结构一般比较短，只含 5~8 个氨基酸残基。两条以上的多肽链或一条多肽链中的若干肽段可互相靠拢，平行排列通过氢键相连，以维持 β- 折叠结构的稳定。若两条肽链走向相同，即为顺向平行，反之则为逆向平行。

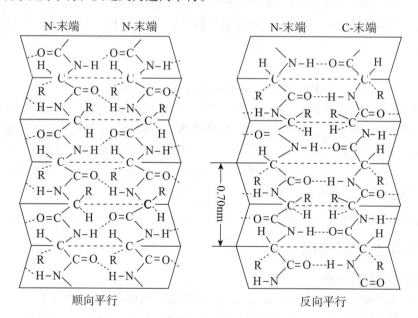

图 2-4　β- 折叠示意图

3. β- 转角　β- 转角常发生在肽链进行 180° 回折时的转角上，通常由 4 个氨基酸残基构成（图 2-5）。

4. 无规卷曲　是指多肽链中除了以上几种比较规则的构象外，其余没有确定规律性的那部分肽链构象。

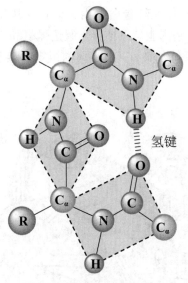

图 2-5 β- 转角结构示意图

（二）蛋白质的三级结构

蛋白质的三级结构是指整条肽链所有原子的空间排布，它包括主链构象和侧链构象，是在二级结构的基础上，进一步盘曲折叠而形成的空间构象，分子量大的蛋白质在形成三级结构时，多肽链上相互邻近的二级结构紧密联系形成 1 个或数个发挥生物学功能的特定区域，称为"结构域"。这种"结构域"可以是酶的活性中心或是受体与配体结合的部位，大多呈裂缝、口袋、洞穴状等。由一条多肽链构成的蛋白质，必须具有三级结构才有生物学活性，如核糖核酸酶能水解 RNA、肌红蛋白具有储存氧的功能。

蛋白质三级结构的形成和稳定主要靠多肽链侧链基团间所形成的次级键，如氢键、离子键、二硫键、疏水键、范德华力等（图 2-6）。

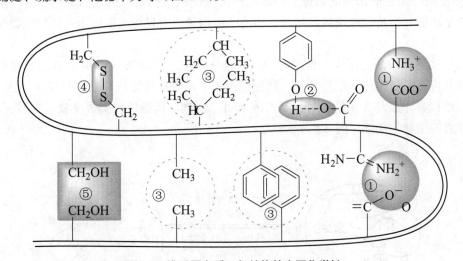

图 2-6 维系蛋白质三级结构的主要化学键
①离子键；②氢键；③疏水键；④二硫键；⑤范德华力

（三）蛋白质的四级结构

体内有许多蛋白质分子是由两条或两条以上具有独立三级结构的多肽链通过非共价键聚合而成，其中每条具有独立三级结构的多肽链称为亚基。蛋白质分子中各亚基之间的空间排布和相互接触关系称为蛋白质的四级结构。维持四级结构稳定的非共价键主要为疏水键、氢键、离子键。具有四级结构的蛋白质只有形成完整的四级结构寡聚体时才具有生物学活性，亚基单独存在时一般没有生物学活性。如血红蛋白是由 2 个 α 亚基和 2 个 β 亚基构成的四聚体（图 2-7）。血红蛋白的 α 亚基和 β 亚基都能与氧结合，起运输氧和 CO_2 的作用。但每个亚基单独存在时，虽可以结合氧且与氧的亲和力增加，但在体内组织中难于释放氧，也就丧失了运输氧的功能。

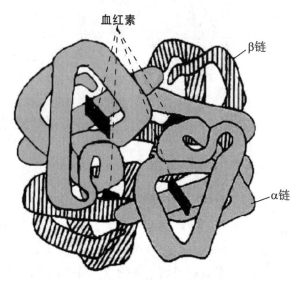

图 2-7　血红蛋白分子的四级结构

三、蛋白质结构与功能的关系

（一）蛋白质一级结构与功能的关系

蛋白质特定的构象和功能是由其一级结构所决定的。

1. **一级结构是空间结构的基础**　一级结构决定高级机构，当特定构象存在时，蛋白质表现出生物学功能。当特定构象被破坏时，即使一级构象没有发生改变，蛋白质的生物学活性也丧失。

例如：核糖核酸酶处于天然构象时，具有催化效应。当有尿素和 β- 巯基乙醇存在时，二硫键和非共价键断裂，空间结构破坏，酶活性丧失。用透析的方法除去尿素和 β- 巯基乙醇后，由于一级结构并未破坏，多肽链可自动形成 4 对二硫键，核糖核酸酶折叠成其天然三级结构，并恢复原有的生物学功能（图 2-8）。

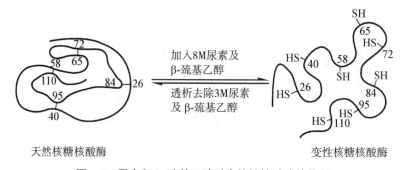

图 2-8　尿素和 β- 巯基乙醇对牛核糖核酸酶的作用

2. **一级结构与功能的关系**　一级结构相似的蛋白质其空间结构和功能也相似。如来源于人、猪、牛和羊等不同哺乳类动物的胰岛素，其分子均由 A、B 两条链组成，一级结构和空间结构也很相似，它们都有相同的功能。

　　许多先天性疾病是由于某一重要蛋白质一级结构发生改变而引起的。如当血红蛋白 β 亚基第 6 位氨基酸谷氨酸被缬氨酸取代后，就会使可溶性血红蛋白聚集，产生纤维状沉淀，红细胞变形为镰刀状而极易破裂，携氧功能降低，产生溶血性贫血，引发镰状细胞贫血。这种由于遗传物质（DNA）突变，导致其编码蛋白质分子的氨基酸序列异常所引起生物学功能改变的遗传性疾病，称为"分子病"。

（二）空间结构与功能的关系

　　蛋白质构象是其功能学活性的基础。构象发生变化，其功能活性也随之改变。如血红蛋白未与氧结合时，其亚基间结合紧密为紧张态（tense state，T 态），此时与氧的亲和力小。在组织中，血红蛋白呈 T 态，使血红蛋白释放出氧供组织利用。在肺血红蛋白各亚基间呈相对松弛状态即松弛态（relaxed state，R 态），此时与氧的亲和力大。当第一个亚基与氧结合后，就会促使第二、第三个亚基与氧结合，而前三个亚基与氧的结合，又促进了第四个亚基与氧结合，这样有利于血红蛋白在氧分压高的肺内迅速充分地与氧结合。这种小分子物质与大分子蛋白质结合，引起蛋白质分子构象及生物学功能变化的过程称为变构效应。血红蛋白通过变构效应改变其分子构象，从而完成其运输 O_2 和 CO_2 的功能。变构效应广泛存在于生物体内，尤其是对物质代谢的调控具有重要意义。

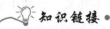

疯牛病毒——朊病毒

　　朊病毒是由 1997 年诺贝尔奖获得者——美国生物化学家坦利普鲁辛纳发现的，其本质是具有感染性的蛋白质，能引起"疯牛病"（症状包括丧失协调性，站立不稳，烦躁不安，奇痒难耐，直到瘫痪死亡）。这类病还包括人的克－雅氏病（CJD）（又称早老痴呆症）以及最近发现的致死性家庭性失眠症等。现已证实，疯牛病的致病因素朊病毒原本是存在于正常牛脑中的蛋白质，但当其二级结构由 α－螺旋转变为 β－折叠时，其功能发生改变，形成朊病毒，从而导致疯牛病的发生。

四、蛋白质的分类

（一）按组成分类

　　根据组分不同，可将蛋白质分为单纯蛋白质和结合蛋白质两大类。单纯蛋白质仅由氨基酸组成。如清蛋白、球蛋白、精蛋白、组蛋白和硬蛋白等。结合蛋白质即除蛋白质部分外，还含有非蛋白质部分，称为辅基。结合蛋白质根据辅基不同又可分为核蛋白（含核酸）、糖蛋白（含多糖）、脂蛋白（含脂类）、色蛋白（含色素）等。

（二）按分子形状分类

　　根据分子形状的不同，可将蛋白质分为球状蛋白质（如酶与免疫球蛋白）和纤维状蛋白质（如胶原蛋白与角蛋白）两大类。

（三）按功能分类

　　根据蛋白质的功能不同，将蛋白质分为活性蛋白质和非活性蛋白质。

第三节　蛋白质的理化性质

一、蛋白质的两性解离和等电点

蛋白质分子中的氨基、羧基、氨基酸残基侧链中的某些基团，在一定的溶液 pH 条件下可解离成带负电荷或正电荷的基团，因此蛋白质分子为两性电解质。当蛋白质溶液处于某一 pH 时，蛋白质解离成阳离子和阴离子的趋势相等，既净电荷为零，成为兼性离子，此时溶液的 pH 称为蛋白质的等电点（isoelectric point，pI）。

$$Pr\begin{array}{l} NH_3^+ \\ \\ COOH \end{array} \underset{H^+}{\overset{OH^-}{\rightleftharpoons}} Pr\begin{array}{l} NH_3^+ \\ \\ COO^- \end{array} \underset{H^+}{\overset{OH^-}{\rightleftharpoons}} Pr\begin{array}{l} NH_2 \\ \\ COO^- \end{array}$$

（pH < pI）　　　　　（pH = pI）　　　　　（pH > pI）

蛋白质解离成阳离子　　蛋白质成兼性离子　　蛋白质解离成阴离子

当蛋白质溶液的 pH 小于其等电点时，蛋白质颗粒带正电荷，反之则带负电荷。血浆中大多数蛋白质的等电点在 pH 值为 5.0 左右，因而在生理 pH 条件下，血浆蛋白带负电荷。

利用蛋白质两性解离的特性，可将不同的蛋白质从混合物中分离出来。如常用的蛋白电泳技术，蛋白质的离子交换层析技术，等电点沉淀蛋白质等。

二、蛋白质的胶体性质

蛋白质的分子量在 1 万至 100 万之间，其分子颗粒大小在胶体颗粒（1～100 nm）范围之内，故蛋白质有胶体性质。蛋白质颗粒表面大多为亲水基团，如—NH_3^+、—COO^-、—SH 和—OH 等。这些基团可吸引水分子，使颗粒表面形成一层水化膜。此外，蛋白质在等电点以外的 pH 环境中颗粒表面带有同种电荷。水化膜和表面电荷可阻断蛋白质颗粒相互聚集，避免蛋白质从溶液中析出，起到使胶粒稳定的作用。如去除蛋白质胶粒表面电荷和水化膜两个稳定因素，蛋白质极易从溶液中析出而产生沉淀。

蛋白质的颗粒很大，不能透过半透膜。利用这一性质可将大分子蛋白质与小分子物质分离。如利用半透膜来分离纯化蛋白质，称为透析。人体的细胞膜、线粒体膜、毛细血管壁等都是半透膜，使各种蛋白质分布在组织细胞的不同部位，在维持血容量和体液平衡中起着重要的作用。

三、蛋白质的变性、沉淀和凝固

在某些物理或化学因素作用下，蛋白质特定的空间构象被破坏，从而导致其理化性质改变和生物学活性丧失，称为蛋白质的变性。其实质是次级键断裂，但不涉及氨基酸序列的改变，一级结构仍然存在。

引起变性的化学因素有强酸、强碱、有机溶剂、尿素、去污剂、重金属离子等；物理因素有高热、高压、超声波、紫外线、X 射线等。蛋白质变性后，溶解度降低，黏度增加，生物学活性丧失，易被蛋白酶水解等。

大多数蛋白质变性后，空间构象严重破坏，不能恢复其天然状态，称为不可逆性变性；若蛋白质变性程度较轻，去除变性因素，有些可恢复其天然构象和生物活性，称为蛋白质的复性。

蛋白质变性在医学上具有重要的实际应用价值。例如消毒灭菌和保存生物制品；蛋白制剂（疫苗）的低温保存也是为了防止蛋白质变性。

蛋白质自溶液中析出的现象称为沉淀。蛋白质胶粒失去两个稳定因素就会发生沉淀。使蛋白质沉淀的方法有盐析、有机溶剂、重金属盐及生物碱试剂沉淀等。变性的蛋白质易于沉淀，但不一定都发生沉淀。当溶液的 pH 值接近其等电点时，变性的蛋白质则聚集而沉淀。而溶液的 pH 值远离其等电点时，蛋白质可不产生沉淀。沉淀的蛋白质易发生变性，但并不都变性。

沉淀蛋白质的方法主要有：

（一）盐析

向蛋白质溶液中加入如硫酸铵、硫酸钠、氯化钠等盐类，既破坏了蛋白质颗粒表面的水化膜，又中和了蛋白质颗粒表面的同种电荷，因此，使蛋白质产生沉淀。这种加入高浓度的中性盐使蛋白质产生沉淀的方法称为盐析。盐析是分离、纯化蛋白质的常用方法。一般用盐析法沉淀的蛋白质不变性。

（二）有机溶剂沉淀

如乙醇、丙酮等有机溶剂可使蛋白质产生沉淀。这是由于这些有机溶剂能够与水混溶，破坏蛋白质颗粒表面的水化膜，因此使蛋白质发生沉淀。在等电点时沉淀效果更好。此法沉淀的蛋白质易发生变性。但在低温下快速操作，仍可保留蛋白质原有的活性。

（三）重金属盐沉淀

蛋白质在 pH 值大于等电点的溶液中带负电荷，可与带正电荷的重金属离子（如 Cu^{2+}、Hg^{2+}、Pb^{2+}、Ag^+ 等）结合生成不溶性的蛋白质盐而沉淀。用重金属盐沉淀常引起蛋白质变性。

（四）生物碱试剂以及某些酸类沉淀

蛋白质在 pH 值小于等电点的溶液中带正电荷，可与苦味酸、鞣酸、三氯乙酸等酸根生成不溶性的蛋白质盐而沉淀。此法沉淀的蛋白质常发生变性。

（五）蛋白质凝固

加热使蛋白质变性并结成凝块，此凝块不再溶于强酸或强碱中，这种现象称为蛋白质的凝固。凝固实际上是蛋白质变性后进一步发展的不可逆的结果。

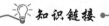

知识链接

蛋白质变性与凝固的应用

豆腐就是大豆蛋白质的浓溶液加热、加盐而成的变性蛋白质凝固体。临床分析检验血清中的非蛋白质成分，常用加三氯醋酸或钨酸使血液中蛋白质变性沉淀而将其去掉。为鉴定尿液中是否有蛋白质，常用加热法来检验。在急救重金属盐中毒（如氯化汞）时，可给患者食用大量乳制品或蛋清，其目的就是使乳制品或蛋清中的蛋白质在消化道中与重金属离子结合成不溶解的变性蛋白质，从而阻止重金属离子被吸收进入体内，最后设法将沉淀物从肠胃中洗出。

四、蛋白质的紫外吸收

蛋白质分子中含有具有共轭双键的酪氨酸和色氨酸残基，在 280 nm 波长处有特征性吸收峰，可利用蛋白质的紫外吸收特性进行定量分析。

五、蛋白质的呈色反应

蛋白质分子中的肽键以及氨基酸残基的某些化学基团，可与有关的试剂呈现颜色反应，称为蛋白质的呈色反应，这些反应可用于蛋白质的定性、定量分析。

（一）双缩脲反应

蛋白质分子中的肽键能与碱性铜溶液发生反应，形成紫红色的络合物，称为双缩脲反应。其颜色的深浅与蛋白质含量呈正比。临床检验中常用双缩脲法测定血清蛋白的含量。

（二）茚三酮反应

蛋白质分子中游离的 α-氨基，在 pH 值为 5~7 的溶液中可与茚三酮反应生成蓝紫色化合物。

（三）Folin-酚试剂反应

蛋白质分子中的酪氨酸残基、色氨酸残基在碱性条件下，可与酚试剂（磷钨酸和磷钼酸）反应生成蓝色化合物。此反应的灵敏度比双缩脲反应高 100 倍，常用于测定一些微量蛋白质的含量，如血清黏蛋白、脑脊液中蛋白质等。

自测题

一、选择题

1. 蛋白质分子中的氨基酸属于下列哪一项
   A. L-β- 氨基酸　　　　　　B. D-β- 氨基酸　　　　　　C. L-α- 氨基酸
   D. D-α- 氨基酸　　　　　　E. L-α- 氨基酸、D-α- 氨基酸
2. 属于碱性氨基酸的是
   A. 天冬氨酸　　　　　　　B. 异亮氨酸　　　　　　　C. 组氨酸
   D. 苯丙氨酸　　　　　　　E. 半胱氨酸
3. 280 nm 波长处有吸收峰的氨基酸为
   A. 丝氨酸　　　　　　　　B. 谷氨酸　　　　　　　　C. 蛋氨酸
   D. 色氨酸　　　　　　　　E. 精氨酸

二、简答题

1. 为何蛋白质的含氮量能表示蛋白质相对量?
2. 何谓肽键、肽链及蛋白质的一级结构?

（刘建强　马元春）

核酸的结构与功能

第三章
数字资源

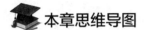

本章思维导图

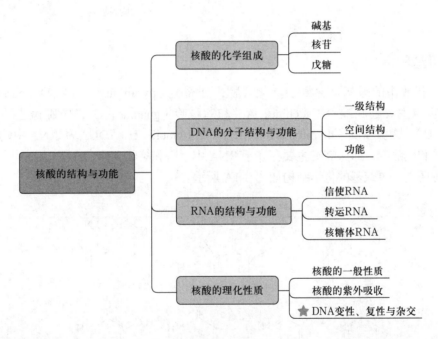

学习目标

1. 掌握：两类核酸（DNA 与 RNA）分子组成的异同；多核苷酸链中单核苷酸之间的连接方式——磷酸二酯键。

2. 熟悉：核酸的分类、细胞分布及其生物学功能；核酸的元素组成、分子组成；核苷酸、核苷和碱基的基本概念及其结构；常见核苷酸的缩写符号；核酸的理化性质，核酸的紫外吸收，核酸特别是 DNA 的变性与复性等概念。

第一节　核酸的化学组成

核酸（nucleic acid）是重要的生物大分子，它的基本组成单位是核苷酸（nucleotide），天然存在的核酸可分为脱氧核糖核酸（deoxyribonucleic acid，DNA）和核糖核酸（ribonucleic acid，RNA）两类。DNA 贮存细胞所有的遗传信息，是物种保持进化和世代繁衍的物质基础。RNA 中参与蛋白质合成的有三类：转运 RNA（transfer RNA，tRNA）、核糖体 RNA（ribosomal RNA，rRNA）和信使 RNA（messenger RNA，mRNA）。20 世纪末，陆续发现许多新的具有特殊功能的 RNA，几乎涉及细胞功能的各个方面。

组成核酸的元素有 C、H、O、N、P 等，其中 N 含量为 15%～16%，P 含量为 9%～10%。因为核酸分子中磷含量比较恒定，所以测定核酸样品中磷的含量，可以计算核酸的含量。核酸水解后产生多种单核苷酸，核苷酸再水解可产生核苷及磷酸，核苷再进一步水解，可产生戊糖和含氮碱。

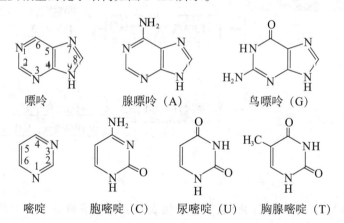

一、碱基

构成核苷酸中的碱基是含氮杂环化合物，有嘧啶（pyrimidine）和嘌呤（purine）两类。核酸中嘌呤碱主要是腺嘌呤（adenine，A）和鸟嘌呤（guanine，G），嘧啶碱主要是胞嘧啶（cytosine，C）、胸腺嘧啶（thymine，T）和尿嘧啶（uracil，U）。DNA 和 RNA 中均含有腺嘌呤、鸟嘌呤和胞嘧啶，而尿嘧啶主要存在于 RNA 中，胸腺嘧啶主要存在于 DNA 中。

核酸中两类主要碱基的化学结构如图 3-1A 所示。

| 嘌呤 | 腺嘌呤（A） | 鸟嘌呤（G） |
| 嘧啶 | 胞嘧啶（C） | 尿嘧啶（U） | 胸腺嘧啶（T） |

图 3-1A 核酸中两类主要碱基的化学结构图

在某些 tRNA 分子中也有胸腺嘧啶，少数几种噬菌体的 DNA 含尿嘧啶而不是胸腺嘧啶。这五种碱基受介质 pH 的影响可出现酮式、烯醇式互变异构体，如鸟嘌呤、胸腺嘧啶、尿嘧啶（图 3-1B）。

在 DNA 和 RNA 中，尤其是 tRNA 中还有一些含量甚少的碱基，称为稀有碱基（rare bases）稀有碱基种类很多，大多数是甲基化碱基，如次黄嘌呤、二氢尿嘧啶、7- 甲基鸟嘌呤等。tRNA 中的稀有碱基高达 10%。

自然界存在的几种稀有碱基如图 3-1C 所示。

鸟嘌呤

胸腺嘧啶

尿嘧啶

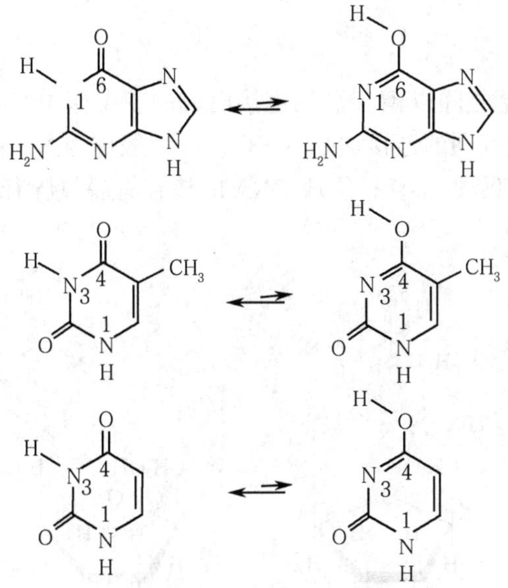

图 3-1B　酮式、烯醇式互变异构体

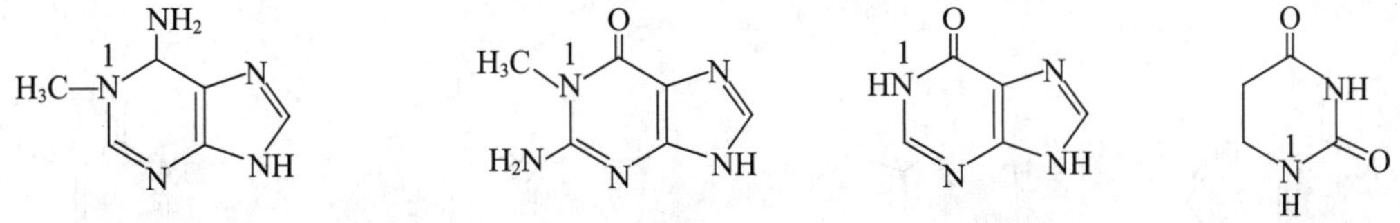

1-甲基腺嘌呤

1-甲基鸟嘌呤

次黄嘌呤

二氢尿嘧啶

图 3-1C　几种稀有碱基结构

二、戊糖

核酸中有两种戊糖 DNA 中为 D-2- 脱氧核糖，RNA 中则为 D- 核糖（图 3-2）。在核苷酸中，为了与碱基中的碳原子编号相区别，核糖或脱氧核糖中碳原子标以 C-1′、C-2′ 等。脱氧核糖与核糖两者的差别只在于脱氧核糖中与 2′ 位碳原子连接的不是羟基而是氢原子，这一差别使 DNA 在化学上比 RNA 稳定得多（表 3-1）。

D-核糖

D-2-脱氧核糖

图 3-2　两种戊糖结构

表 3-1　两类核酸基本化学组成的差异

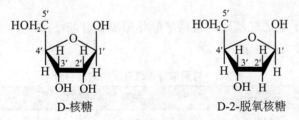

脱氧核糖	磷酸 腺嘌呤（A） 鸟嘌呤（G）	核糖
胸腺嘧啶（T）	胞嘧啶（C）	尿嘧啶（U）

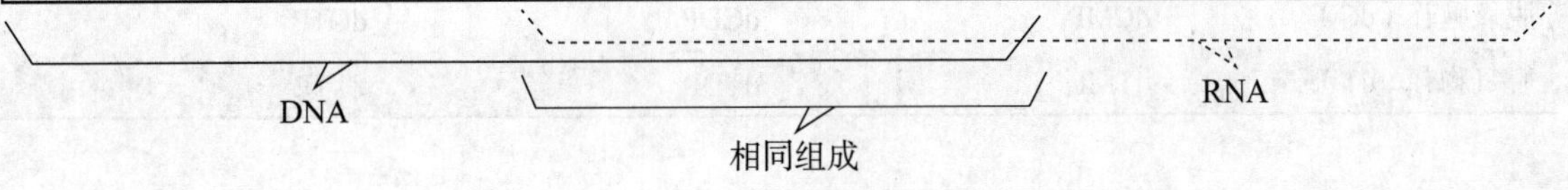

DNA　　　　　　　　　　　　　　　　　　　　RNA

相同组成

三、核苷

核苷是戊糖与碱基之间以糖苷键相连接而成的。戊糖中 C-1′ 与嘧啶碱的 N-1 或嘌呤碱的 N-9 相连接，戊糖与碱基间的连接键是 N—C 键，一般称为 N—糖苷键（图 3-3）。组成 RNA 的核苷有腺苷、鸟苷、胞苷、尿苷；组成 DNA 的核苷有脱氧腺苷、脱氧鸟苷、脱氧胞苷、脱氧胸苷。

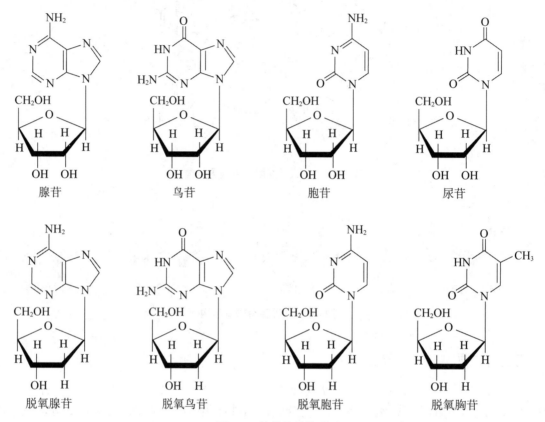

图 3-3　核苷的结构式

四、核苷酸

核苷中戊糖碳原子上的羟基皆可被磷酸酯化形成核苷酸（图 3-4）。核苷酸分为核糖核苷酸与脱氧核糖核苷酸两大类（表 3-2）。

表 3-2　常用核苷和核苷酸的缩写符号

核苷	核苷一磷酸	核苷二磷酸	核苷三磷酸
腺苷（A）	AMP	ADP	ATP
鸟苷（G）	GMP	GDP	GTP
胞苷（C）	CMP	CDP	CTP
尿苷（U）	UMP	UDP	UTP
脱氧腺苷（dA）	dAMP	dADP	dATP
脱氧鸟苷（dG）	dGMP	dGDP	dGTP
脱氧胞苷（dC）	dCMP	dCDP	dCTP
脱氧胸苷（dT）	dTMP	dTDP	dTTP

腺苷　　　　脱氧胸苷

一磷酸腺苷（AMP）　　　　脱氧胸苷一磷酸（dTMP）

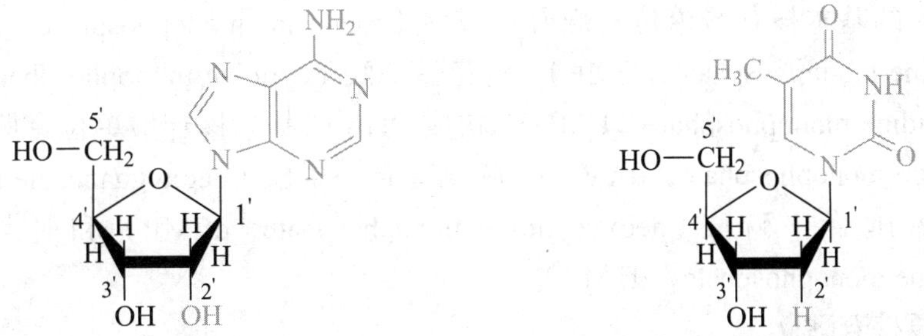

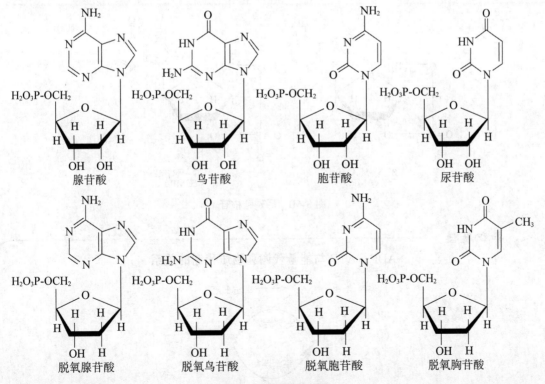

图 3-4　腺嘌呤核苷酸

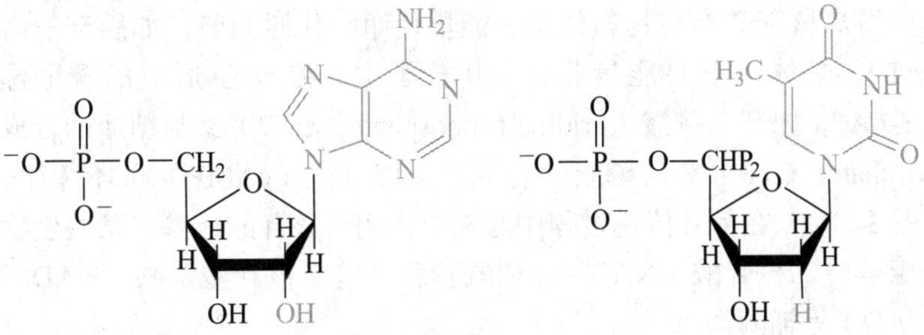

（一）一磷酸核苷

核糖核苷的戊糖 2′、3′、5′ 位上各有一个自由羟基，都可以与磷酸结合形成 3 种不同的核苷酸，分别称为 2′-、3′- 或 5′- 核苷酸。脱氧核糖核苷的戊糖上只有两个自由羟基，所以只能生成 3′- 或 5′- 核苷酸。生物体内游离存在的多是 5′- 核苷酸，构成核酸的也是 5′- 核苷酸。因此没有特别指定时，提到的核苷酸指的都是 5′- 核苷酸（图 3-5）。

腺苷酸　　鸟苷酸　　胞苷酸　　尿苷酸

脱氧腺苷酸　　脱氧鸟苷酸　　脱氧胞苷酸　　脱氧胸苷酸

图 3-5　重要的核苷酸

构成RNA的基本核苷酸单位有腺苷一磷酸（adenosine monophosphate，AMP）、鸟苷一磷酸（guanosine monophosphate，GMP）、胞苷一磷酸（cytidine monophosphate，CMP）和尿苷一磷酸（uridine monophosphate，UMP）；构成DNA的基本核苷酸单位有脱氧腺苷一磷酸（deoxyadenosine monophosphate，dAMP）、脱氧鸟苷一磷酸（deoxyguanosine monophosphate，dGMP）、脱氧胞苷一磷酸（deoxycytidine monophosphate，dCMP）和脱氧胸苷一磷酸（deoxythymidine monophosphate，dTMP）。

（二）重要核苷酸

依磷酸基团的多少，有核苷一磷酸、核苷二磷酸及核苷三磷酸。核苷酸在体内除构成核酸外，还有一些游离核苷酸参与物质代谢、能量代谢与代谢调节，如腺苷三磷酸（adenosine triphosphate，ATP）是体内重要能量载体（其分子中β和γ位形成的磷酸酯键是高能键，用～表示，图3-6A）；尿苷三磷酸（uridine triphosphate，UTP）参与糖原的合成；胞苷三磷酸（cytidine triphosphate，CTP）参与磷脂的合成；环腺苷酸（cAMP）和环鸟苷酸（cGMP）作为第二信使（图3-6B），在信号传递过程中起重要作用；核苷酸还参与某些生物活性物质的组成，如烟酰胺腺嘌呤二核苷酸（NAD^+），烟酰胺腺嘌呤二核苷酸磷酸（$NADP^+$）和黄素腺嘌呤二核苷酸（FAD）等辅酶类。

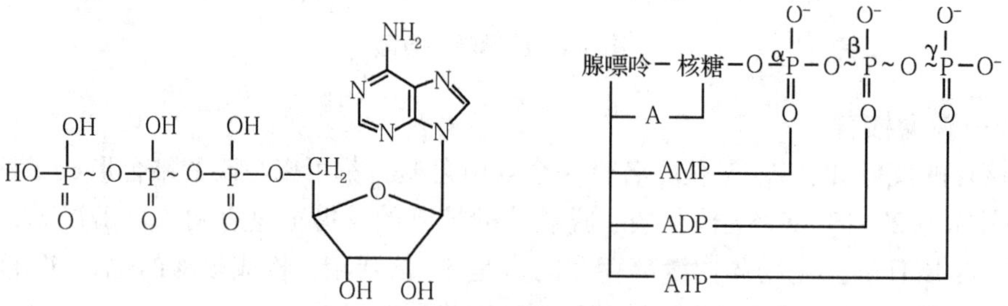

图3-6A　腺嘌呤核苷三磷酸（ATP）

3′, 5′-环AMP（cAMP）　　3′, 5′-环GMP（cGMP）

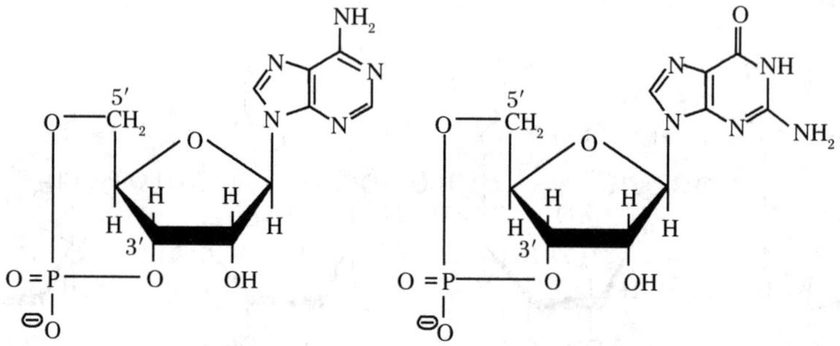

图3-6B　环磷酸核苷

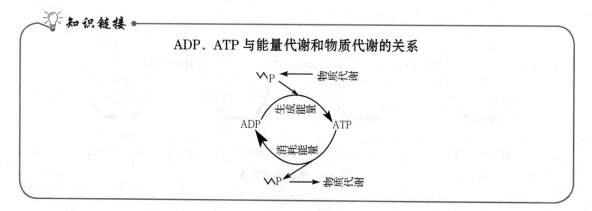

知识链接

ADP、ATP与能量代谢和物质代谢的关系

五、核酸中核苷酸的连接方式

核酸是由核苷酸聚合而成的生物大分子。核酸中的核苷酸以 3′, 5′ 磷酸二酯键构成无分支结构的线性分子。核酸链内的前一个核苷酸的 3′ 羟基和下一个核苷酸的 5′ 磷酸形成 3′, 5′ 磷酸二酯键，故核酸中的核苷酸被称为核苷酸残基。核酸链具有方向性，有两个末端分别是 5′ 末端与 3′ 末端。含游离磷酸基称 5′ 末端，含游离羟基称 3′ 末端。

通常将小于 10 个核苷酸残基组成的核酸称为寡核苷酸，大于 10 个核苷酸残基称为多核苷酸化合物。

从多核苷酸的基本结构可以看出，由磷酸核糖组成的链是所有 RNA 的共同结构，由磷酸脱氧核糖组成的链是所有 DNA 的共同结构。因此，决定每种核酸的特性，特别是生物学特性的部分，只能是多核苷酸链上各种碱基的组成和排列顺序。

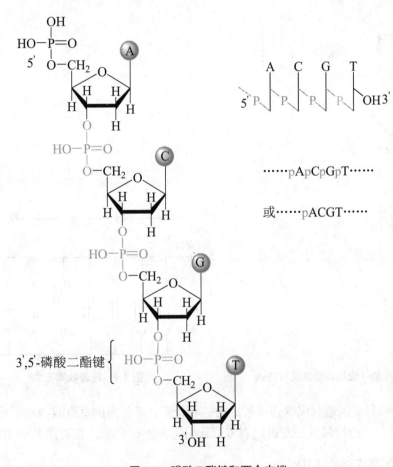

……pApCpGpT……

或……pACGT……

图 3-7　磷酸二酯键和两个末端

第二节　DNA 的分子结构与功能

一、DNA 的一级结构

DNA 的一级结构是指 DNA 链中脱氧核糖核苷酸的组成和排列顺序。组成 DNA 的脱氧核糖核苷酸主要是 dAMP、dGMP、dCMP 和 dTMP。彼此之间的差异主要是碱基部分，所以也可以认为 DNA 的一级结构是 DNA 链中碱基的组成和排列顺序。DNA 的书写方式可有多种，从繁到简如图 3-8 所示。需要强调的是，DNA 的书写规则应从 5'- 末端到 3'- 末端。RNA 的书写方式与 DNA 相同。

图 3-8 中右边 B 图中的竖线表示戊糖环，上端是 C-1′ 位，连接碱基 A、C、T、G；下端 C-5′ 位，连接磷酸用 P 表示；两条竖线之间的，由 P 连接起来的斜线代表 3′, 5′- 磷酸二酯键，没有连接 P 的一端代表 3′ 端。右边 C 图中上排只保留磷酸与碱基，下排只保留 5′ 端的磷酸和碱基符号，碱基之间的磷酸省略。

上面的书写简化式，在教科书、文献中使用较方便，但在表达空间结构时，还有一种梳齿状简写式更常被使用，如图 3-9 所示。

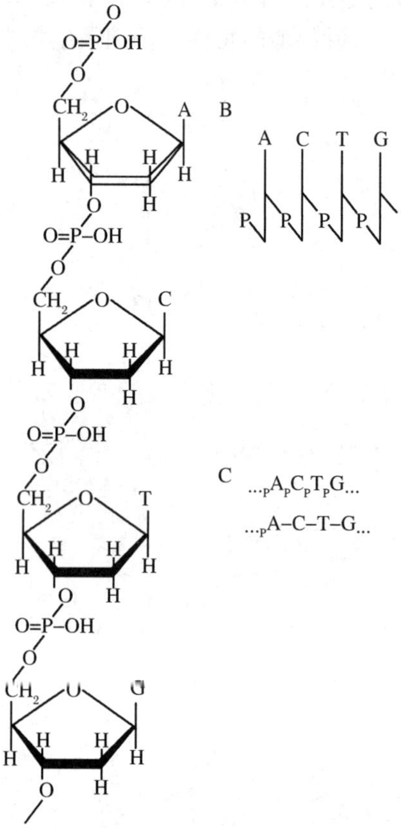

图 3-8　DNA 的一级结构及其简写方式

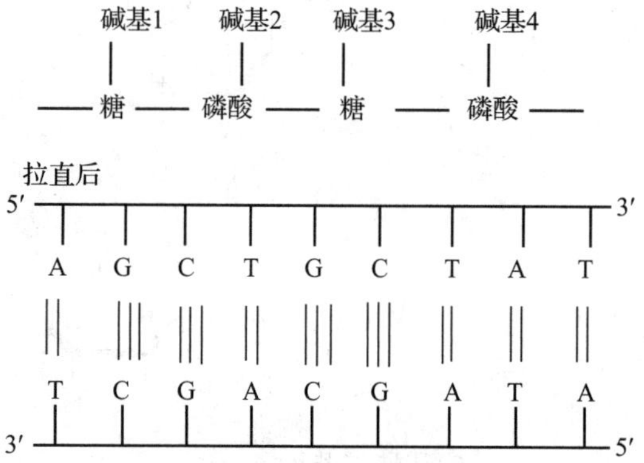

图 3-9　梳齿状简写式

图中水平直线代表磷酸和戊糖连接形成的链状骨架，等距离的垂直线与水平线交点代表每一个戊糖的 C-1′ 位，连接碱基。左边代表多核苷酸化合物 C-5′ 端，右边代表 C-3′ 端。

二、DNA 的空间结构

（一）DNA 的二级结构

DNA 的二级结构即双螺旋结构（double helix structure），是 20 世纪 50 年代初 Watson 和 Crick 等人分析多种生物 DNA 的碱基组成发现的规则。

DNA 双螺旋模型的提出不仅揭示了遗传信息稳定传递中 DNA 半保留复制的机制，而且是分子生物学发展的里程碑。

1. DNA 双螺旋结构特点　①两条 DNA 互补链反向平行，右手螺旋（图 3-10）。②由脱氧核糖和磷酸间隔相连而成的亲水骨架在螺旋分子的外侧，而疏水的碱基对则在螺旋分子内部，碱基平面与螺旋轴垂直，螺旋旋转一周约为 10 个碱基对，螺距约为 3.4 nm，相邻碱基平面间隔约为 0.34 nm。③DNA 双螺旋的表面存在一个大沟和一个小沟，蛋白质分子通过这两个沟与碱基相识别。④两条 DNA 链依靠彼此碱基之间形成的氢键而结合在一起。根据碱基结构特征，胸腺嘧啶（T）和腺嘌呤（A）数目相等，胞嘧啶（C）和鸟嘌呤（G）的数目相等，即 A=T，G=C，只能形成嘌呤与嘧啶配对，即 A 与 T 相配对，形成 2 个氢键；G 与 C 相配对，形成 3 个氢键。因此 G 与 C 之间的连接较为稳定（图 3-11）。⑤ DNA 双螺旋结构比较稳定。维持这种稳定性主要靠碱基对之间的氢键以及碱基的堆积力。

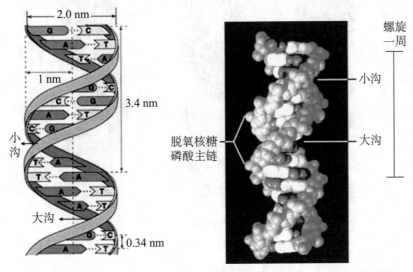

图 3-10　DNA 双螺旋结构示意图

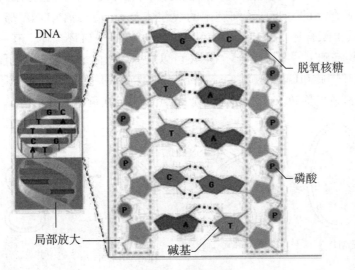

图 3-11　碱基互补

2. DNA 双螺旋结构多样性（图 3-12）　由于自身序列、温度、溶液的离子强度或相对湿度不同，细胞内的 DNA 不是以纯 B-DNA 的形式存在的，DNA 处于一种动的状态。大多数 DNA 是以一种非常类似于标准 B 构象的形式存在的，但在螺旋的一定区域内会出现短序列的 A-DNA。A-DNA 中的碱基相对于螺旋轴大约倾斜 20°，每一转含有 11 个碱基对，螺旋比 B-DNA 宽。Z-DNA 是左手双螺旋结构，每一转含有 12 个碱基对。此外，Z-DNA 没有明显的沟，因为碱基对只稍偏离螺旋轴。尽管可以合成 Z-DNA，但在生物体的基因组中很少出现这类 DNA。因此，双螺旋结构存在多样性。生理条件下绝大多数 DNA 均以 B-DNA 的形式存在，即 Watson 和 Crick 提出的模型结构。

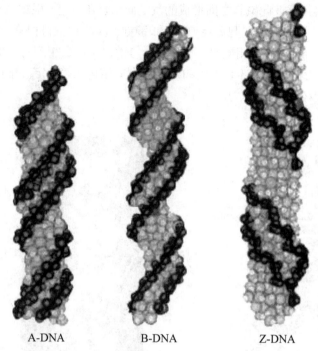

A-DNA   B-DNA   Z-DNA

图 3-12 不同类型 DNA 双螺旋结构

（二）DNA 三级结构——超螺旋结构

DNA 三级结构是指 DNA 链进一步扭曲盘旋形成超螺旋结构。生物体内有些 DNA 是以双链环状 DNA 形式存在的，如真核细胞中的线粒体 DNA、叶绿体 DNA 都是环状的。环状 DNA 分子可以是共价闭合环，即环上没有缺口，也可以是缺口环，环上有一个或多个缺口。在 DNA 双螺旋结构基础上，共价闭合环 DNA 可以进一步扭曲形成超螺旋（图 3-13）。根据螺旋的方向可分为正超螺旋和负超螺旋。正超螺旋使双螺旋结构更紧密，双螺旋圈数增加，而负超螺旋可以减少双螺旋的圈数，几乎所有天然 DNA 中都存在负超螺旋结构。

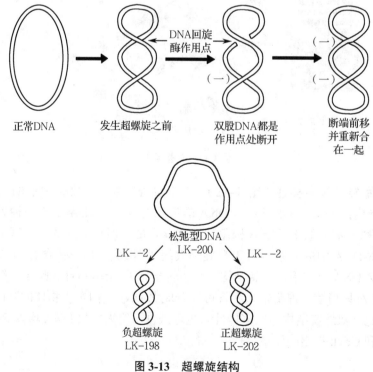

图 3-13 超螺旋结构

（三）DNA 的四级结构——DNA 与蛋白质形成复合物

真核生物基因组 DNA 要比原核生物大得多，因此真核生物基因组 DNA 通常与蛋白质结合，经过多层次反复折叠，压缩近 10 000 倍后，以染色体形式存在于平均直径为 5 μm 的细胞核中。线性双螺旋 DNA 折叠的第一层次是形成核小体。犹如一串念珠，核小体由直径为 11 nm × 5.5 nm 的组蛋白核心和盘绕在核心上的 DNA 构成。核心由组蛋白 H_2A、H_2B、H_3 和 H_4 各 2 分子组成，为八聚体，146 bp 长的 DNA 以左手螺旋盘绕在组蛋白的核心 1.75 圈，形成核小体的核心颗粒。各核心颗粒间有一个连接区，约有 60 bp 双螺旋 DNA 和 1 个分子组蛋白 H_1 构成。平均每个核小体重复单位约占 DNA 200 bp（图 3-14）。DNA 组装成核小体其长度约缩短 7 倍。在此基础上核小体又进一步盘绕折叠，最后形成染色体。

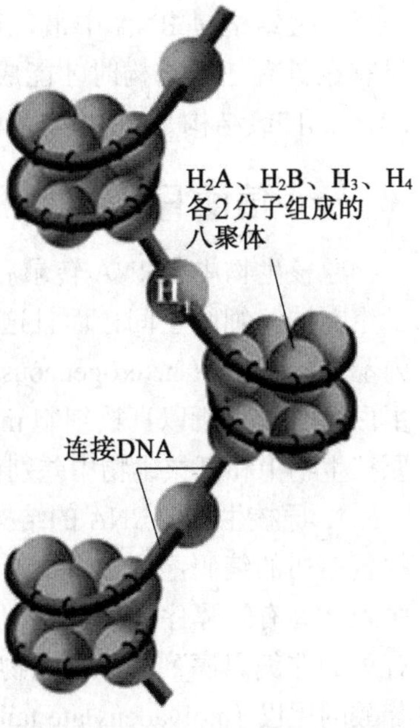

H_2A、H_2B、H_3、H_4
各 2 分子组成的
八聚体

H_1

连接DNA

图 3-14 核小体

三、DNA 的功能

DNA 携带遗传信息（基因），并通过精准的复制，将遗传信息传递给下一代。在复制过程中有一定概率发生突变，为生物进化提供了分子基础。DNA 能转录成 RNA，进而翻译成蛋白质，通过蛋白质的结构和功能展现丰富的生命现象。

第三节　RNA 的分子结构与功能

绝大部分 RNA 分子都是线状单链，但是 RNA 分子的某些区域可自身回折进行碱基互补配对，形成局部双螺旋。在 RNA 局部双螺旋中 A 与 U 配对、G 与 C 配对，除此以外，还存在非标准配对，如 G 与 U 配对。RNA 分子中的双螺旋与 A 型 DNA 双螺旋相似，而非互补区则膨胀形成凸出或者茎 – 环，这种短的双螺旋区域和环称为发夹结构（图 3-15）。这样的结构一般都出现在 tRNA 和 rRNA 分子中。

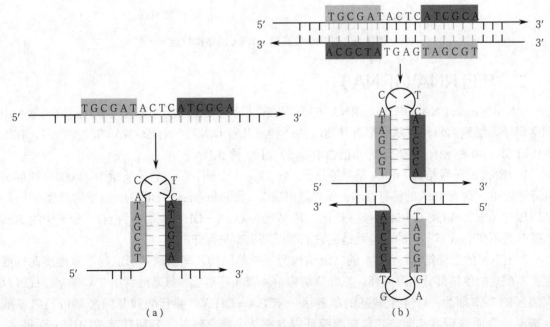

（a）　　　　　（b）

图 3-15 发夹、茎 – 环结构

发夹结构是 RNA 中最普通的二级结构形式，二级结构进一步折叠形成三级结构，RNA 只有在具有三级结构时才能成为有活性的分子。RNA 也能与蛋白质形成核糖核蛋白复合体，RNA 的四级结构是 RNA 与蛋白质的相互作用。

一、信使 RNA（mRNA）

原核生物中 mRNA 转录后一般不需加工，直接进行蛋白质翻译。mRNA 转录和翻译不仅发生在同一细胞空间，而且这两个过程几乎是同时进行的。真核细胞成熟 mRNA 由其前体核内不均一 RNA（heterogeneous nuclear RNA，hnRNA）剪接并经修饰后才能进入细胞质中参与蛋白质合成，所以真核细胞 mRNA 的合成和表达发生在不同的空间和时间。mRNA 的结构在原核生物中和真核生物中差别很大。下面分别介绍：

1. **原核生物 mRNA 的结构特点** 原核生物的 mRNA 结构简单，往往含有几个功能上相关的蛋白质的编码序列，可翻译出几种蛋白质，为多顺反子结构。在原核生物 mRNA 中，编码序列之间有间隔序列，可能与核糖体的识别和结合有关。在 5′ 端与 3′ 端有与翻译起始和终止有关的非编码序列，原核生物 mRNA 中没有修饰碱基，5′ 端没有帽子结构，3′ 端没有多聚腺苷酸的尾巴（polyadenylate tail，polyA 尾）。原核生物 mRNA 的半衰期比真核生物短得多，现在一般认为，转录后 1 分钟，mRNA 就开始降解。

2. **真核生物 mRNA 的结构特点**（图 3-16） 真核生物 mRNA 为单顺反子结构，即一个 mRNA 分子只包含一条多肽链信息。在真核生物成熟的 mRNA 中 5′ 端有 m7GpppN 的帽子结构，帽子结构可保护 mRNA 不被核酸外切酶水解，并且能与帽结合蛋白质结合识别核糖体并与之结合，与翻译起始有关。3′ 端有 polyA 尾，长度为 20~250 个腺苷酸，其功能可能与 mRNA 的稳定性有关，少数成熟 mRNA 没有 polyA 尾，如组蛋白 mRNA，它们的半衰期通常较短。

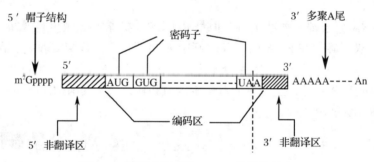

图 3-16 哺乳动物成熟 mRNA 的结构特点

二、转运 RNA（tRNA）

tRNA 约占总 RNA 的 15%。tRNA 主要的生理功能是在蛋白质生物合成中转运氨基酸和识别密码子。细胞内每种氨基酸都有其相应的一种或几种 tRNA，因此 tRNA 的种类很多，在细菌中有 30~40 种 tRNA，在动物和植物中有 50~100 种 tRNA。

1. **tRNA 的一级结构** tRNA 是单链分子，含 73~93 个核苷酸，分子质量为 24 000~31 000，沉降系数 4S，含有 10% 的稀有碱基，如二氢尿嘧啶（dihydrouracil，DHU）、核糖胸腺嘧啶（rT）和假尿苷（ψ），以及不少碱基被甲基化。其 3′ 端为 CCA—OH，5′ 端多为 pG，分子中约 30% 的碱基是不变的或半不变的，也就是说它们的碱基类型是保守的。

2. **tRNA 的二级结构** tRNA 的二级结构为三叶草结构。配对碱基形成局部双螺旋而构成臂，不配对的单链部分则形成环。三叶草结构由 4 臂 4 环组成。氨基酸臂由 7 对碱基组成，双螺旋区的 3′ 末端为一个 4 个碱基的单链区—NCCA—OH 3′，腺苷酸残基的羟基可与氨基酸 α- 羧基结合而携带氨基酸。二氢尿嘧啶环以含有 2 个稀有碱基二氢尿嘧啶（DHU）而得名。

不同 tRNA 其大小并不恒定，在 8~14 个碱基之间变动。二氢尿嘧啶臂一般由 3~4 对碱基组成。反密码子环由 7 个碱基组成，大小相对恒定，其中 3 个核苷酸组成反密码子，在蛋白质生物合成时，可与 mRNA 上相应的密码子配对。反密码子臂由 5 对碱基组成。额外环在不同 tRNA 分子中变化较大，可在 4~21 个碱基之间变动，又称为可变环，其大小往往是 tRNA 分类的重要指标。TψC 环含有 7 个碱基，大小相对恒定，几乎所有的 tRNA 在此环中都含 TψC 序列，TψC 臂由 5 对碱基组成（图 3-17）。

3. **tRNA 的三级结构**（图 3-18）20 世纪 70 年代初，科学家用 X 射线衍射技术分析发现 tRNA 的三级结构为倒 "L" 形。tRNA 三级结构的特点是氨基酸臂与 TψC 臂构成 "L" 的一横，—CCA—OH 3′ 末端就在这一横的端点上，是结合氨基酸的部位，而二氢尿嘧啶臂与反密码子臂及反密码子环共同构成 "L" 的一竖，反密码子环在一竖的端点上，能与 mRNA 上对应的密码子识别，二氢尿嘧啶环与 TψC 环在 "L" 的拐角上。形成三级结构的很多氢键与 tRNA 中不变的核苷酸密切相关，这就使得各种 tRNA 三级结构都呈倒 "L" 形的。在 tRNA 中，碱基堆积力是稳定 tRNA 构型的主要因素。

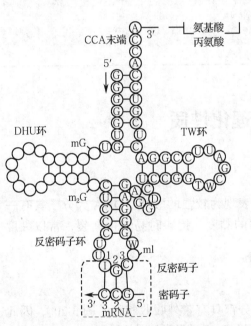

图 3-17 tRNA 的三叶草结构示意图

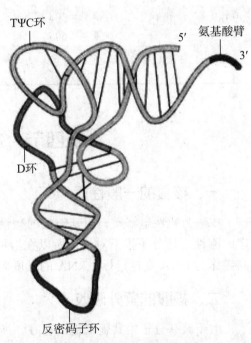

图 3-18 tRNA 三级结构

三、核糖体 RNA（rRNA）

rRNA 占细胞总 RNA 的 80% 左右。rRNA 分子为单链，局部双螺旋区域具有复杂的空间结构。原核生物主要的 rRNA 有三种，即 5S、16S 和 23S rRNA，如大肠埃希菌的这三种 rRNA 分别由 120、1542 和 2904 个核苷酸组成。真核生物则有 4 种，即 5S、5.8S、18S 和 28S rRNA，如小鼠，这四种 rRNA 分别含 121、158、1874 和 4718 个核苷酸。rRNA 分子作为骨架，与多种核糖体蛋白装配成核糖体。

所有生物体的核糖体都由大小不同的两个亚基所组成（图 3-19）。

原核生物核糖体为 70S，由 50S 和 30S 两个大、小亚基组成。30S 小亚基含 16S rRNA 和 21 种蛋白质，50S 大亚基含 23S 和 5S 两种 rRNA 及 34 种蛋白质。真核生物核糖体为 80S，由 60S 和 40S 两个大、小亚基组成。40S 的小亚基含 18S rRNA 及 33 种蛋白质，60S 大亚基则由 28S、5.8S 和 5S 3 种 rRNA 及 49 种蛋白质组成（表 3-3）。

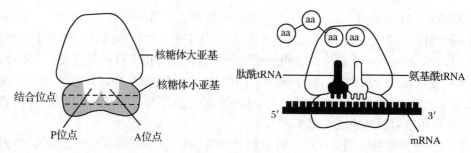

图 3-19 核糖体

表 3-3 核糖体的组成

核糖体	亚单位	rRNA	蛋白质
原核生物	小亚基（30S）	16S rRNA	21 种
（70S）	大亚基（50S）	5S rRNA	31 种
		23S rRNA	
真核生物	小亚基（40S）	18S rRNA	33 种
（80S）	大亚基（60S）	5.8S rRNA	49 种
		5S rRNA	
		28S rRNA	

第四节　核酸的理化性质

一、核酸的一般性质

核酸为两性电解质，因其磷酸的酸性较强，常表现为较强的酸性。DNA 大分子具有一定的刚性，且分子很不对称，所以在溶液中有很大的黏度，提取时易发生断裂，常以黏度测定作为 DNA 变性指标。RNA 的黏度则要小得多。

二、核酸的紫外吸收

由于碱基分子中共轭双键的存在，所以碱基成分都具有紫外吸收特征（图 3-20），因此 DNA 和 RNA 溶液也均具有 260 nm 紫外吸收峰，这是核酸定量最常用的方法。

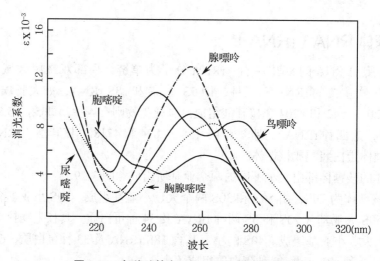

图 3-20 各种碱基在 pH=7 时的紫外吸收光谱

三、核酸的变性、复性与杂交

（一）变性

在一定条件下，DNA 双螺旋可以彻底解链，分离成两条互补的单链，这种现象称为 DNA 变性。而分开的两条单链还可以重新形成双螺旋 DNA，称为复性。

可以利用 260 nm 紫外吸收测定 DNA 变性程度。在 260 nm 波长，单链 DNA 的吸收要比双链 DNA 的吸收高 12%～40%，因为双链 DNA 中堆积的碱基对之间的相互作用使吸收降低。由核酸变性而引起紫外吸收增加的现象，称为增色效应。

反映吸收值变化与 DNA 溶液温度相互关系的曲线称为熔解曲线（图 3-21）。

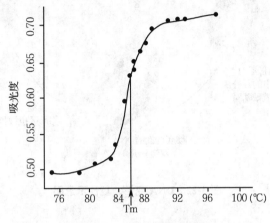

图 3-21　DNA 熔解曲线

从双螺旋到变性状态之间的陡变区反映了双螺旋 DNA 中碱基对的破坏程度。这个陡变区中点对应的温度为熔解温度，又称解链温度（melting temperature，Tm），即加热变性时 DNA 溶液 A260 升高达到最大值一半时的温度称为该 DNA 的熔解温度（Tm）。达到解链温度时，有一半的双链 DNA 变成了单链 DNA。Tm 是研究核酸变性很有用的参数。Tm 一般为 85～95 ℃，Tm 值与 DNA 分子中 G+C 含量呈正比。有机溶剂（如乙醇）可以降低 DNA 的 Tm，因为有机溶剂可以降低分子内部的疏水作用强度。一些变性剂（如尿素、盐酸胍和甲酰胺）可破坏氢键，妨碍碱基堆积，也可以降低双螺旋 DNA 的稳定性，使 Tm 降低。溶液的离子强度也可以影响 Tm，离子强度高则比较稳定，Tm 高；在纯水中则易变性。另外，还有 pH 值也会影响 Tm 值。

（二）复性

变性 DNA 在适当条件下，两条分开的单链重新形成双螺旋 DNA 的过程称为复性。热变性的 DNA 经缓慢冷却后复性称为退火。将温度降低到 Tm 值以下（退火过程），变性的 DNA 可以复性。复性是一个缓慢的过程，因为在溶液中，互补的单链首先必须找到对方，然后以合适的取向形成碱基对。一旦形成一个短段双螺旋 DNA 区，其余的 DNA 即可通过紧扣机制可以快速复性（图 3-22）。

核酸复性时，紫外吸收降低，由于核酸复性而引起紫外吸收降低的现象，称为减色效应。

DNA 复性是非常复杂的过程，影响 DNA 复性速度的因素很多：DNA 浓度高，复性快；DNA 分子大，复性慢；高温可使 DNA 变性，而温度过低则可致误配对、不能分离等。最佳的复性温度为 Tm 减去 25 ℃，一般在 60 ℃左右。离子强度一般在 0.4 mol/L 以上。

（三）杂交

具有互补序列的不同来源的单链核酸分子，按碱基配对原则结合在一起，称为杂交（图 3-23）。杂交可发生在 DNA-DNA、RNA-RNA 和 DNA-RNA 之间。杂交是分子生物学研究中

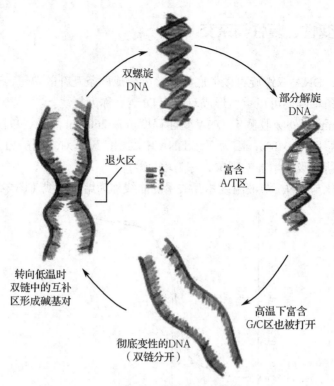

图 3-22　DNA 变性、复性示意图

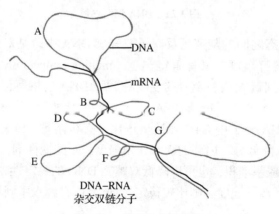

图 3-23　核酸杂交示意图

常用的技术之一，利用它可以分析基因组织的结构、定位和基因表达等，常用的杂交方法有 Southern 印迹法、Northern 印迹法和原位杂交等。

💡 **知识链接**

Southern 印迹法杂交技术

Southern 印迹法杂交技术是 1975 年英国人 Southern 创建的，是研究 DNA 图谱的基本技术。其基本原理是：具有一定同源性的两条核酸单链在一定条件下，可按碱基互补的原则形成双链，此杂交过程是高度特异的。由于核酸分子的高度特异性及检测方法的灵敏性，综合凝胶电泳和核酸限制性内切酶分析的结果，可绘制出 DNA 分子的限制图谱。Southern 印迹法杂交技术在遗传病诊断、DNA 图谱分析及 PCR 产物分析等方面具有重要价值。

四、核酸酶

催化核酸中磷酸二酯键水解的酶统称为核酸酶。依据底物不同将核酸酶分为 DNA 酶和 RNA 酶。根据酶作用的部位，核酸酶可以分为外切核酸酶和内切核酸酶。核酸外切酶仅能水解位于核酸分子链末端的磷酸二酯键。根据起作用的方向，分为 5′ → 3′ 核酸外切酶和 3′ → 5′ 核酸外切酶；而内切酶可以在多核苷酸链内的不同位置水解磷酸二酯键，有些核酸内切酶要求酶切点具有核酸序列特异性，称为限制性核酸内切酶。

自测题

一、选择题

1. 下列哪种碱基几乎仅存在于 RNA 中
   A. 尿嘧啶 　　　　　　　　 B. 腺嘌呤 　　　　　　　　 C. 胞嘧啶
   D. 鸟嘌呤 　　　　　　　　 E. 胸腺嘧啶
2. 核酸对紫外线的最大吸收峰在哪一波长附近
   A. 280 nm 　　 B. 260 nm 　　 C. 200 nm 　　 D. 340 nm 　　 E. 220 nm
3. DNA 变性是指
   A. DNA 分子由超螺旋降解至双链双螺旋 　　 B. 分子中磷酸二酯键断裂
   C. 多核苷酸链解聚 　　 D. DNA 分子中碱基水解
   E. 互补碱基之间氢键断裂

二、简答题

1. 简述 DNA 双螺旋的结构特点。
2. 比较 DNA 和 RNA 的化学组成及核苷酸种类。

（郏弋萍　郑　敏）

第四章

维生素

本章思维导图

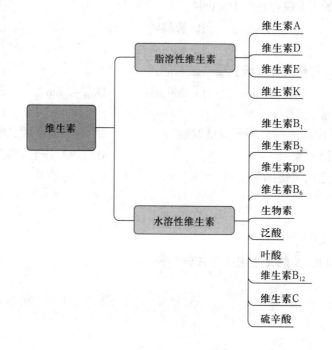

学习目标

1. 掌握：维生素的定义与活性形式。B 族维生素与相应酶、辅酶或辅基的关系。

2. 熟悉：脂溶性维生素 A、D、E、K 的功能和缺乏症；水溶性维生素 B 族和维生素 C 的功能与缺乏症。

3. 了解：维生素的来源、需要量以及缺乏和中毒。

维生素（vitamin）是人体维持正常生命活动所必需的，但在体内不能合成，或合成量很少，必须由食物供给的一类低分子有机化合物。维生素以其本体或以能被人体利用的前体形式存在于天然食物中。它们既不能作为机体的供能物质，也不能构成组织细胞的成分，而是参与调节物质代谢和维持机体正常的生理功能。按溶解性不同，维生素可分为脂溶性和水溶性两大类。

维生素每日的需要量是指能保持人体健康、达到机体应有的发育水平且能充分发挥功能完成各项体力和脑力活动所需要的维生素的必需量。维生素常以毫克或微克计，每日需要量的确定可通过人群调查验证和实验研究两种方法。

　　一般来说，从合理膳食中可以得到机体所需的全部维生素。当某种维生素长期供应不足时，可导致机体的代谢与功能发生紊乱。这种因缺乏维生素而出现的一系列特殊症状，统称为维生素缺乏症。引起维生素缺乏的常见原因有：①摄入不足，如有偏食的习惯或是食物保存、烹调、处理不当；②吸收不良，如长期腹泻、消化道或胆道梗阻、胃液分泌减少等均可造成维生素吸收与利用减少；③需要量增加而没有及时补充，如妊娠与哺乳期妇女、生长发育的儿童、某些疾病等均可使机体对维生素需要量增加；④食物以外的维生素供给不足。如长期服用一些抗生素，会抑制肠道正常菌群生长，从而影响某些维生素（如维生素 K、维生素 B_6、叶酸、维生素 PP 等）的产生。如日光照射不足，可使皮肤内维生素 D_3 的产生不足，易造成小儿佝偻病或成人骨软化症。

　　水溶性维生素摄入过多时，多以原型随尿液排出体外，不易引起机体中毒，但非生理性大剂量，可能干扰其他营养物质的代谢。脂溶性维生素大量摄入时，可导致体内积存过多而引起中毒。维生素 A、D 中毒在临床上并非罕见，因此要重视维生素的合理使用，不能将其当成"补药"，盲目过量使用。

第一节　脂溶性维生素

　　脂溶性维生素包括维生素 A、D、E、K。它们不溶于水，而溶于脂类及多数有机溶剂。脂溶性维生素在食物中与脂类共同存在，并随脂类一同被吸收。吸收后的脂溶性维生素在血液中与脂蛋白及某些特殊的结合蛋白特异结合而被运输。当膳食摄入量超过机体需要量时，可在以肝为主的器官储存，如长期摄入量过多，可因体内蓄积而引起相应的中毒症状。

一、维生素 A

（一）化学本质、来源与活性形式

　　维生素 A 又称抗干眼病维生素。天然的维生素 A 有两种，分别为维生素 A_1 和 A_2。维生素 A_1 又称视黄醇（图 4-1），存在于哺乳类动物和海水鱼的肝中；维生素 A_2 又称 3-脱氢视黄醇（图 4-1），主要存在淡水鱼的肝中。植物中不存在维生素 A，但在胡萝卜、番茄、玉米等蔬菜和

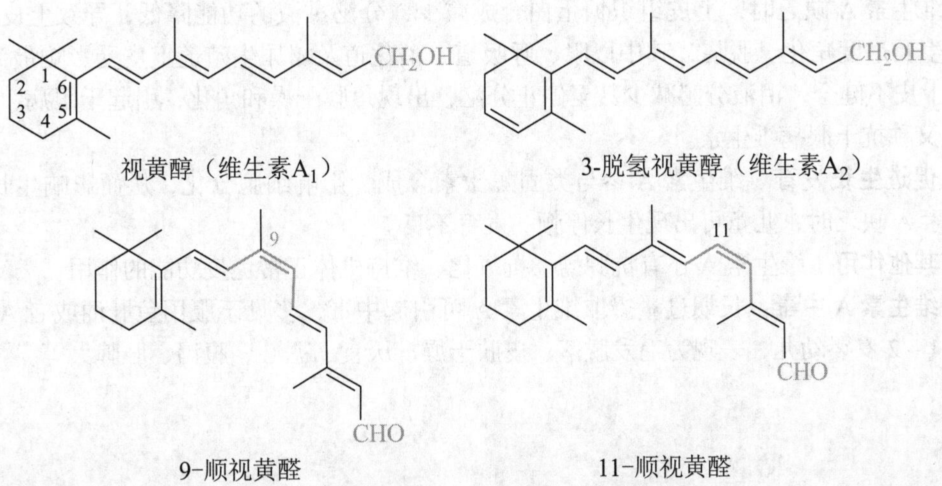

图 4-1　维生素 A_1 和维生素 A_2 的结构式

水果中含有多种胡萝卜素，其中以 β- 胡萝卜素为最重要。在体内，β- 胡萝卜素在肝及小肠黏膜内经酶的作用可转变为视黄醇，故 β- 胡萝卜素又称维生素 A 原。维生素 A 和胡萝卜素的化学性质活泼，易被氧化剂和紫外线破坏，但维生素 A 对酸、碱、热稳定，一般烹调和罐头加工过程中破坏较少。

维生素 A 的活性形式包括视黄醇、视黄醛和视黄酸。

（二）生化功能及缺乏症

1. **参与视杆细胞内视紫红质的合成，维持眼的暗视觉**　人视网膜中的视杆细胞所含的感光物质为视紫红质，对弱光敏感，与暗视觉有关。它由维生素 A 的衍生物 11- 顺视黄醛和视蛋白结合生成。人们从强光下进入暗处，最初看不清物体是由于视杆细胞内视紫红质的分解多于合成，含量降低。当视杆细胞内视紫红质合成积累达一定量时，便能感受弱光看清物体，这一过程称为暗适应，所需时间称为暗适应时间。若维生素 A 充足，视紫红质合成迅速，则暗适应时间短，视觉正常（图 4-2）。

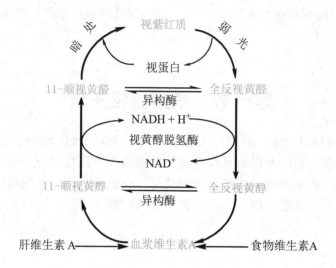

图 4-2　视紫红质的合成、分解与视黄醛的关系

若维生素 A 轻度缺乏，则表现为暗适应时间延长，若严重缺乏则发生夜盲症。

2. **维持上皮组织结构与功能健全**　维生素 A 的衍生物视黄醇磷酸酯是细胞膜糖蛋白合成中所需的寡糖基的载体，参与糖蛋白的合成。上皮组织糖蛋白是细胞膜系统的重要组成成分，是维持上皮组织结构完整和保证分泌功能健全的重要成分。

当维生素 A 缺乏时，上皮组织糖蛋白合成减少，分泌黏液的功能降低，导致上皮组织干燥、增生及过度角化、脱屑，其中以眼、呼吸道、消化道及泌尿生殖道上皮受影响最为显著。如泪腺上皮不健全，泪液分泌减少甚至停止分泌，出现角膜干燥和角化，引起干眼病，所以维生素 A 又称抗干眼病维生素。

3. **促进生长发育**　维生素 A 参与类固醇激素合成，影响细胞分化，从而影响生长发育。当维生素 A 缺乏时，儿童可出现生长停顿、发育不良。

4. **其他作用**　维生素 A 还有抗肿瘤、抗氧化、维持机体正常免疫功能的作用。

5. **维生素 A 中毒**　长期过量摄取维生素 A 可引起中毒，多见于服用鱼肝油或者 AD 滴剂过多的 1～2 岁婴幼儿，表现为毛发脱落、皮肤干燥、厌食、恶心、腹泻、肝脾大等。

二、维生素 D

案例 4-1　　患儿，女，10个月，因哭闹多汗1个月余就诊。母乳喂养，未添加辅食。小儿很少到室外活动，常腹泻，至今不能扶站。

体检：体重8 kg，身长68 cm，发育、营养尚可，前囟2 cm×1.5 cm，未出牙，肋缘外翻，肝右肋下1 cm，脾（－），轻度"O"形腿。

问题与思考： 你认为该患儿的入院诊断是什么？如何预防？

（一）化学本质、来源和活性形式

维生素 D 又称抗佝偻病维生素，为类固醇衍生物，维生素 D_2（麦角钙化醇）和 D_3（胆钙化醇）最为重要。胆固醇在体内变为7-脱氢胆固醇，储存于皮下，经紫外线照射转变为维生素 D_3，因而7-脱氢胆固醇为维生素 D_3 原（图4-3）。酵母和植物油中的麦角固醇在阳光及紫外线照射下可转变为维生素 D_2，因此麦角固醇为维生素 D_2 原（图4-3）。维生素 D 主要存在于动物肝、蛋黄、奶、蘑菇中，其对热稳定，对碱和氧较稳定，但在酸性环境中加热则逐渐分解。通常的加工烹调不会造成维生素 D 的损失。

维生素 D 的活性形式是经肝和肾羟化所得的 1，25-$(OH)_2$-D_3，是体内调节钙、磷代谢的重要因素。

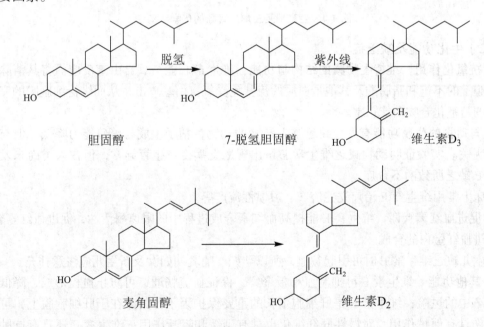

图 4-3　维生素 D_2 和维生素 D_3 的生成

（二）生化功能及缺乏症

维生素 D 的主要作用是促进体内钙及磷的吸收，有利于新骨的生成和钙化。

当缺乏维生素 D 时，儿童可发生佝偻病，成人引起骨软化症（又称软骨病）。

维生素 D 大剂量久用，可引起中毒，表现为食欲减退，甚至厌食、烦躁、哭闹等，如孕妇早期维生素 D 中毒可致胎儿畸形。

三、维生素 E

（一）化学本质、来源和活性形式

维生素 E 又称生育酚，在无氧条件下对热稳定，对氧极为敏感，易被氧化，因而能保护其他易被氧化的物质，是体内最重要的抗氧化剂，常作为抗氧化剂添加到食品中。维生素 E 主要存在于植物油中，以麦胚油、豆油、玉米油中含量最高，豆类及绿叶蔬菜含量也较高。一般烹调食物时对维生素 E 破坏不大。但油炸时其活性明显降低。

维生素 E 主要分为生育酚和三烯生育酚（图 4-4），有多种活性形式，其中 α- 生育酚分布最广，活性最高。

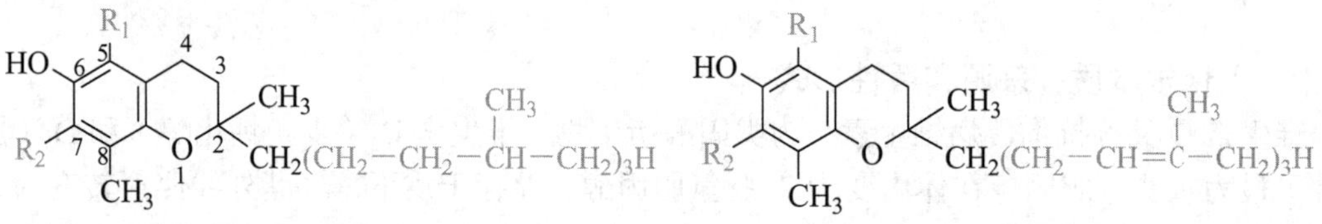

	R_1	R_2
α-生育酚（α-三烯生育酚）	—CH_3	—CH_3
β-生育酚（β-三烯生育酚）	—CH_3	—H
γ-生育酚（γ-三烯生育酚）	—H	—CH_3
δ-生育酚（δ-三烯生育酚）	—H	—H

图 4-4　生育酚及三烯生育酚的化学结构

（二）生化功能及缺乏症

1. **抗氧化作用，维持生物膜的结构与功能**　维生素 E 能与氧自由基反应而将其清除，保护生物膜上的不饱和脂肪酸及其他蛋白质的巯基免受氧自由基攻击，从而维持细胞膜的完整及细胞内的巯基化合物功能正常。

2. **与动物的生殖功能有关**　缺乏维生素 E 的动物，精子生成与繁殖能力降低，但与性激素分泌无关。实验证明动物缺乏维生素 E 可出现睾丸病变，生育异常，但在人类尚未发现因维生素 E 缺乏所致的不育症。

临床上常用维生素 E 治疗先兆流产、习惯性流产等。

3. **促进血红素代谢**　维生素 E 能提高血红素合成过程中的限速酶活性，促进血红素合成，从而促进血红蛋白的合成。

新生儿缺乏维生素 E 时可引起贫血，所以孕妇、哺乳期妇女及新生儿应注意补充。

4. **其他功能**　维生素 E 可抑制血小板聚集，保证血流畅通，可防止血栓形成，降低心肌梗死和卒中的风险；维生素 E 是肝细胞生长的重要保护因子，其存在于肝细胞膜上，可对急性肝损伤具有保护作用，对慢性肝纤维化也具有延缓和阻断作用；维生素 E 还具有抗肿瘤作用，人类维生素 E 摄入量与乳腺癌的发生呈负相关。

维生素 E 极易从食物中获取，且在体内能较长时间保存，一般不容易缺乏，在人类至今未发现典型缺乏症。

四、维生素 K

（一）化学本质、性质和来源

维生素 K 又称凝血维生素。天然存在的维生素 K 有 K_1 和 K_2 两种（图 4-5）。维生素 K 对热稳定，易被光和碱破坏，故应避光保存。临床上常用的维生素 K_3 和维生素 K_4（图 4-5）是人工合成的水溶性物质，可供口服或注射。维生素 K 分布广泛，维生素 K_1 在绿叶植物、奶类及肉类中含量丰富，维生素 K_2 是人体肠道细菌的代谢产物，不易缺乏。

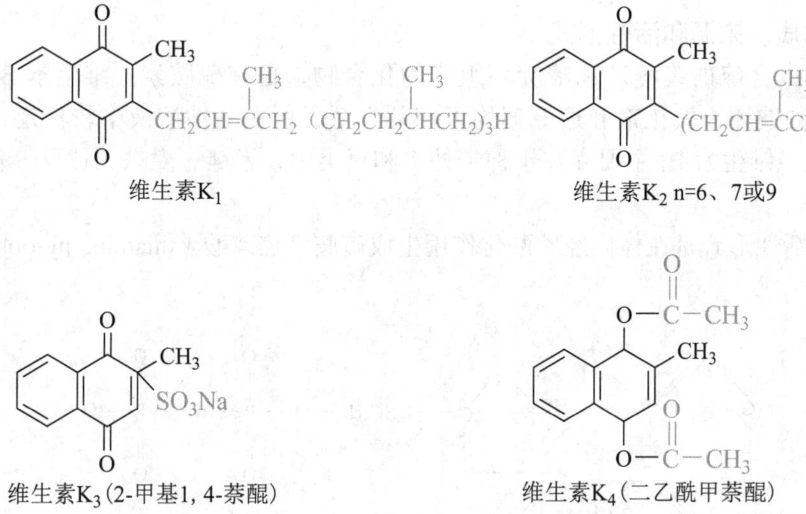

图 4-5 维生素 K 的化学结构

（二）生化功能及缺乏症

1. **促进凝血因子的合成** 肝内凝血因子 Ⅱ、Ⅶ、Ⅸ、Ⅹ 合成所需的 γ - 谷氨酰羧化酶的辅酶为维生素 K。当维生素 K 缺乏时，凝血因子合成障碍，凝血时间延长，易发生皮下、肌肉及内脏出血。

2. **参与骨盐代谢** 维生素 K 参与骨钙蛋白的 γ - 羧化反应，羧化后的骨钙蛋白与钙的代谢关系密切。

由于来源广泛，且正常的肠道细菌可产生维生素 K，故维生素 K 一般不易缺乏。但因不能通过胎盘，出生后肠道内又无细菌，故新生儿有可能出现维生素 K 的缺乏，有出血倾向，尤其要注意颅内出血，应注射补充。另外，胰腺疾病、胆道疾病、小肠黏膜萎缩、脂肪便、长期应用抗生素及肠道抗菌药均可能引起维生素 K 缺乏。

> 💡**知识链接**
>
> ### 维生素 K 缺乏性出血
>
> 维生素 K 缺乏性出血是一种由于维生素 K 缺乏使体内维生素 K 依赖性凝血因子活性降低而导致的出血性疾病。由于能引起颅内出血等严重并发症，而导致婴儿死亡、智力障碍、生长发育迟缓、癫痫等严重后果，因此该病引起国内外医学界重视。根据发病年龄段不同，可将本病分为三型：①早发型，指发生于出生后24小时内的维生素 K 缺乏性出血；②经典型，指新生儿出生1~7天内发生的出血；③晚发型，指出生8天以后发生的，超过经典型发生出血的时间。

第二节 水溶性维生素

水溶性维生素是一类易溶于水的维生素，包括 B 族维生素、维生素 C 和硫辛酸。当体内水溶性维生素过多时，即随尿液排出，在体内很少储存，因此必须经常由食物供应，不会发生中毒。B 族维生素在体内作为辅酶的组成成分，广泛地参与物质代谢和能量代谢。

一、维生素 B₁

（一）化学本质、来源和活性形式

维生素 B₁ 是由含硫的噻唑环和嘧啶环组成的化合物，也称硫胺素。维生素 B₁ 在碱性溶液中加热极易被破坏，氧化剂和还原剂均可使其失活，但在酸性溶液中较稳定，加热至 120℃ 也不被破坏。维生素 B₁ 主要存在于种子外皮和豆类中，米糠、麦麸、黄豆等食物中含量丰富。

维生素 B₁ 的活性形式是在体内经磷酸化作用生成硫胺素焦磷酸（thiamine pyrophosphate，TPP）。结构如下：

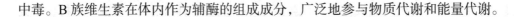

（二）生化功能及缺乏症

1. 构成 α- 酮酸氧化脱羧酶的辅酶　维生素 B₁ 以 TPP 形式构成 α- 酮酸氧化脱羧酶的辅酶，参与糖代谢中 α- 酮酸的氧化脱羧作用。

缺乏维生素 B₁ 时，转化为 TPP 的量减少，糖有氧代谢受阻，机体能量供应减少。首先影响神经组织的能量供应，其次糖代谢中间产物（如丙酮酸、乳酸）在神经组织周围堆积，刺激神经末梢，可出现手足麻木、四肢无力、肌肉萎缩等末梢神经炎的症状；严重时心肌能量供应也减少，导致功能和代谢障碍，出现心率加快、心力衰竭、下肢水肿等症状，称为脚气病。

2. 抑制胆碱酯酶的活性　体内乙酰胆碱是由乙酰辅酶 A 与胆碱合成的。

当维生素 B₁ 缺乏时，TPP 减少使丙酮酸氧化脱羧受阻，乙酰胆碱合成减少；同时维生素 B₁ 对胆碱酯酶的抑制减弱，使乙酰胆碱分解加强，结果神经细胞内乙酰胆碱含量减少，导致迷走神经冲动传导受阻。主要表现为消化液分泌减少，胃肠道蠕动减弱，食欲缺乏、消化不良等。

3. 转酮醇酶的辅酶　TPP 是磷酸戊糖途径中转酮醇酶的辅酶。

维生素 B₁ 缺乏时，磷酸戊糖途径受阻，合成核苷酸的原料 5- 磷酸核糖减少，核苷酸合成及神经髓鞘中鞘磷脂的合成受影响，可导致末梢神经炎和其他神经病变。

二、维生素 B₂

（一）化学本质、来源和活性形式

维生素 B₂ 也称核黄素，溶于水后呈黄绿色有荧光，在酸性溶液中较稳定而耐热，在碱性溶液中不耐热，且对光敏感易被破坏，所以在烹调食物时不宜加碱。

体内核黄素的活性形式有：在小肠黏膜黄素激酶的作用下转变成的黄素单核苷酸（flavin mononucleotide，FMN）（图 4-6）和在焦磷酸化酶的催化下生成的黄素腺嘌呤二核苷酸（flavin adenine dinucleotide，FAD）（图 4-6）。

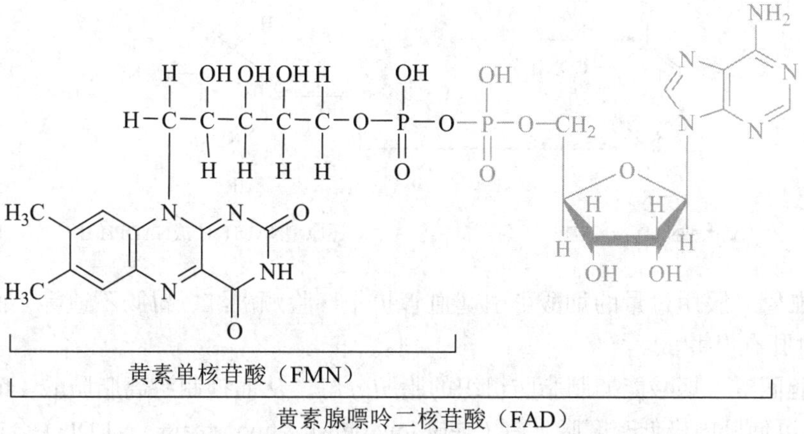

图 4-6　黄素单核苷酸和黄素腺嘌呤二核苷酸的结构

（二）生化功能及缺乏症

维生素 B_2 以 FMN、FAD 构成黄素酶的辅基。FMN 和 FAD 分子中异咯嗪环上的 N_1 和 N_5 能可逆地加氢和脱氢，主要起递氢作用。维生素 B_2 广泛参与体内各种氧化还原反应，能促进糖、脂肪、蛋白质代谢。其结构为：

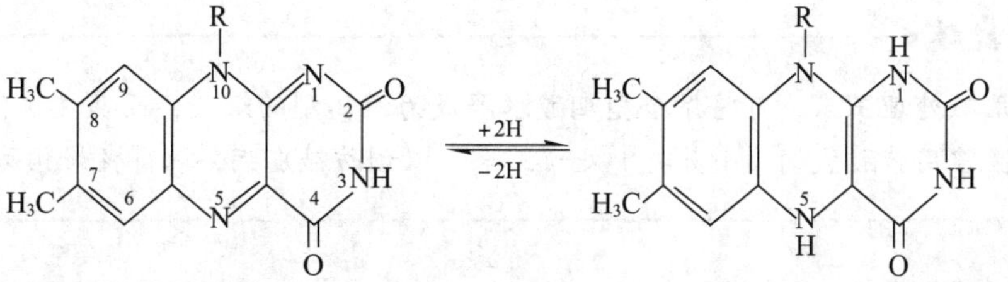

缺乏维生素 B_2 时组织呼吸减慢，代谢强度降低，主要症状为眼睑炎、口角炎、唇炎、舌炎、结膜炎、阴囊炎、视物模糊等。

三、维生素 PP

（一）化学本质、来源和活性形式

维生素 PP 又称抗癞皮病维生素，包括烟酸（又称尼克酸）和烟酰胺（又称尼克酰胺），两者在体内可互相转化。它们的化学性质稳定，不易被酸、碱、热所破坏。

维生素 PP 在体内的活性形式是烟酸经几步连续的酶促反应与核糖、磷酸、腺嘌呤组成的脱氢酶的辅酶，有烟酰胺腺嘌呤二核苷酸（NAD^+）和烟酰胺腺嘌呤二核苷酸磷酸（$NADP^+$）（图4-7）。

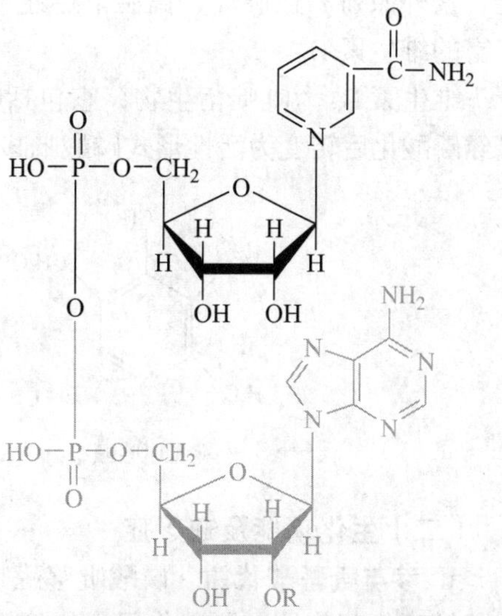

（二）生化功能及缺乏症

1. 以 NAD^+ 和 $NADP^+$ 构成多种不需氧脱氢酶的辅酶，参与体内递氢反应　NAD^+ 和 $NADP^+$ 分子中烟酰胺具有可逆地加氢和脱氢的特性。其结构为：

R=H 为烟酰胺腺嘌呤二核苷酸，即 NAD^+
R=PO_3H_2 为烟酰胺腺嘌呤二核苷酸磷酸，即 $NADP^+$

图 4-7　烟酰胺腺嘌呤二核苷酸和烟酰胺腺嘌呤二核苷酸磷酸的结构

氧化型NAD⁺或NADP⁺　　　　　　　　　还原型NADH+H⁺或NADPH+H⁺

2. 扩张血管　服用过量的烟酸可引起血管扩张、脸颊潮红、胃肠不适等，而且长期大剂量服用可能对肝有损害。

3. 降低胆固醇　烟酸能抑制脂肪组织的脂肪分解，从而抑制游离脂肪酸（free fatty acid，FFA）动员，可使肝内极低密度脂蛋白（very low density lipoprotein，VLDL）合成下降，起到降低胆固醇的作用。

玉米中缺乏烟酸和色氨酸，长期单纯食用玉米可能造成维生素 PP 缺乏而引起糙皮病。其临床表现为体表暴露部分发生对称性皮炎，神经营养障碍引起的神经炎（严重者可导致智力障碍），胃肠功能失常引起胃肠炎，严重者可致腹泻。

临床上常用的抗结核药异烟肼与维生素 PP 结构相似，可对维生素 PP 起拮抗作用，所以长期服用异烟肼者，应注意补充维生素 PP。

> **知识链接**
>
> 如果用碱处理玉米，可将结合型烟酸水解成为游离型的烟酸，而易被机体利用。我国新疆地区曾用碳酸氢钠（小苏打）处理玉米，以预防糙皮病，取得良好预防效果。

四、维生素 B₆

（一）化学本质、来源和活性形式

天然维生素 B₆ 易溶于水，微溶于脂溶剂，在酸性溶液中稳定，但在碱性溶液中以及遇光、紫外照射易被破坏，高温下迅速被破坏。蛋黄、鱼类、肉类、肝、豆类、坚果中均有较丰富的维生素 B₆。

维生素 B₆ 为吡啶衍生物，它包括吡哆醇、吡哆醛和吡哆胺。在体内后两者可互相转变，且经磷酸化后转变为活性形式磷酸吡哆醛和磷酸吡哆胺。其结构如下：

磷酸吡哆醛　　　　　　　　　　　　　磷酸吡哆胺

（二）生化功能及缺乏症

1. 参与氨基酸代谢　磷酸吡哆醛是氨基酸代谢中转氨酶和脱羧酶的辅酶，在氨基酸代谢中起转移氨基作用和脱羧作用。如谷氨酸脱羧酶可促进谷氨酸脱羧产生 γ-氨基丁酸。γ-氨基丁酸是一种抑制性神经递质，能降低中枢神经兴奋性。故临床上常用维生素 B₆ 治疗小儿惊厥及妊娠剧吐。

2. 参与血红素合成　磷酸吡哆醛还是 δ-氨基-γ-酮戊酸（δ-aminolevulinic acid，ALA）

合酶的辅酶。ALA 合酶是血红素合成的限速酶。所以维生素 B_6 缺乏，影响血红蛋白合成，有可能造成低色素小细胞贫血和血清铁增高。

人类未发现维生素 B_6 缺乏的典型病例。抗结核治疗的异烟肼能与磷酸吡哆醛结合，使其失去辅酶的作用，所以在服用异烟肼时应补充维生素 B_6。

五、生物素

（一）化学本质、来源和活性形式

自然界中存在的生物素具有生理活性，至少有两种：一种是 α- 生物素，存在于蛋黄中；另一种是 β- 生物素，存在于肝内。它们生理功能基本相同。生物素耐酸而不耐碱，氧化剂及高温可使其失活。

（二）生化功能及缺乏症

生物素是体内多种羧化酶的辅酶，在糖、脂肪、蛋白质和核酸代谢过程中参与羧化反应。生物素来源广泛，人体肠道细菌也能合成，所以人类很少出现缺乏症。长期大量食用生鸡蛋，由于蛋清中有抗生物素蛋白（加热后这种蛋白被破坏），妨碍生物素吸收，可造成生物素缺乏。另外，还有长期使用抗生素也可抑制肠道细菌生长，造成生物素缺乏，主要症状是疲乏、恶心、呕吐、食欲缺乏、皮炎及脱屑性红皮病。

六、泛酸

（一）化学本质、来源和活性形式

泛酸为黄色油状物，在中性溶液中耐热，对氧化剂及还原剂极为稳定，但在酸性和碱性溶液中加热时易被分解破坏。

泛酸在肠道内被吸收进入人体后，经磷酸化并获得巯基乙胺而生成 4- 磷酸泛酰巯基乙胺。4- 磷酸泛酰巯基乙胺构成辅酶 A（coenzyme，CoA）及酰基载体蛋白质（acyl carrier protein，ACP），为泛酸在体内的活性形式。辅酶 A 结构如下：

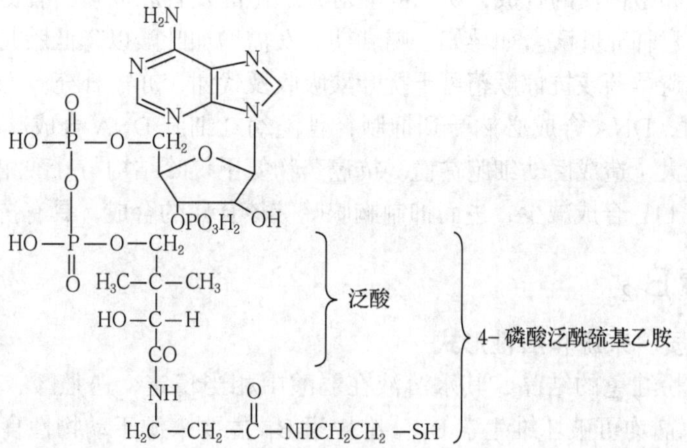

（二）生化功能及缺乏症

在体内 CoA 及 ACP 构成酰基转移酶的辅酶，其携带酰基的部分在分子中巯基乙胺的—SH 上，故常以 HSCoA 表示，广泛参与糖、脂类、蛋白质代谢及肝的生物转化作用。

单纯的泛酸缺乏很罕见。

七、叶酸

（一）化学本质、来源和活性形式

叶酸（folic acid，F）在绿叶植物中含量丰富，故命名为叶酸。其肝、肾和酵母中也存在，肠道菌群也可合成。叶酸微溶于水，在酸性溶液中不稳定，加热或光照易被分解破坏，故室温下储存的食物中叶酸易被破坏。

叶酸分子由 L-谷氨酸、对氨基苯甲酸（PABA）和 2-氨基-4-羟基-6-甲基蝶呤啶组成（图 4-8）。

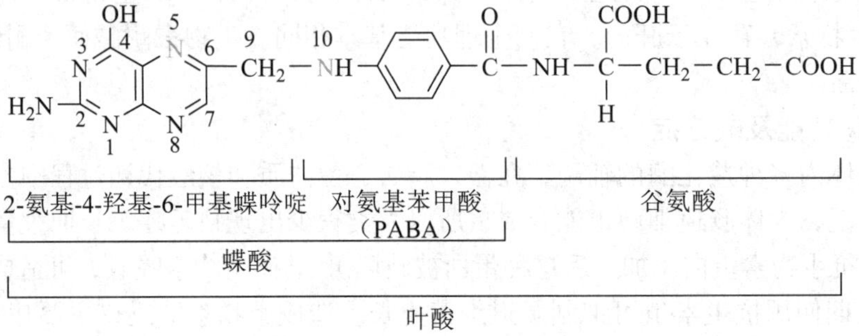

图 4-8　叶酸的化学结构及组成

在叶酸还原酶、二氢叶酸还原酶的催化下，叶酸（F）转化为活性形式四氢叶酸（tetrahydrofolate，THF，FH_4）。

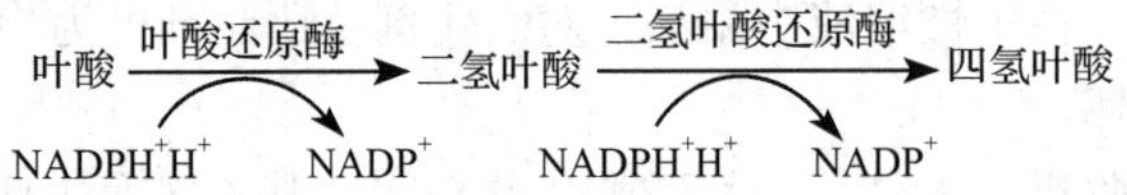

（二）生化功能及缺乏症

FH_4 是体内一碳单位转移酶的辅酶，参与体内许多重要物质（如嘌呤、嘧啶、核苷酸）合成，继而影响核酸和蛋白质的合成，所以叶酸对红细胞的发育和成熟具有促进作用。

特殊人群应注意补充叶酸。如孕妇、哺乳期妇女需增加叶酸以降低胎儿脊柱裂和神经管畸形的危险性。口服避孕药或抗惊厥药可干扰叶酸吸收及代谢，亦需补充。

当叶酸缺乏时，DNA 合成必然受到抑制，骨髓幼红细胞 DNA 合成减少，细胞分裂速度降低，细胞体积变大，造成巨幼细胞贫血。抗癌药物氨甲蝶呤结构与叶酸相似，能抑制二氢叶酸还原酶活性，使 FH_4 合成减少，进而抑制胸腺嘧啶核苷酸的合成，具有抗癌作用。

八、维生素 B_{12}

（一）化学本质、来源和活性形式

维生素 B_{12} 是粉红色的结晶，其水溶液在弱酸中相当稳定，遇强酸、强碱极易分解。日光、氧化剂及还原剂均可破坏维生素 B_{12}。维生素 B_{12} 主要来源于动物性食物，以肝内含量最丰富，植物性食物不含维生素 B_{12}，人类肠道也能合成。维生素 B_{12} 的吸收需要一种由胃壁细胞分泌的高度特异的糖蛋白，称为内因子，它和维生素 B_{12} 结合后才能被小肠吸收。

维生素 B_{12} 又称钴胺素（图 4-9），是唯一含金属元素的维生素，根据其结合的基团不同，可有多种结构形式，通常有氰钴胺素、羟钴胺素、甲基钴胺素和 5′-脱氧腺苷钴胺素，后两者具有辅酶功能，为维生素 B_{12} 的活性形式，可存在于血液中。而羟钴胺素性质最稳定，是药用维生素 B_{12} 的常见形式。

（二）生化功能及缺乏症

1. 甲基钴胺素作为转甲基酶的辅酶　此酶可催化 N^5—CH_3—FH_4 和同型半胱氨酸之间的转

甲基反应，生成 FH_4 和甲硫氨酸，通过增加 FH_4 的利用可影响核酸、蛋白质的合成，促进红细胞的发育和成熟。

2. 甲基钴胺素促进甲硫氨酸的再利用 甲硫氨酸可作为甲基供体促进胆碱和磷脂的合成，有助于肝代谢。

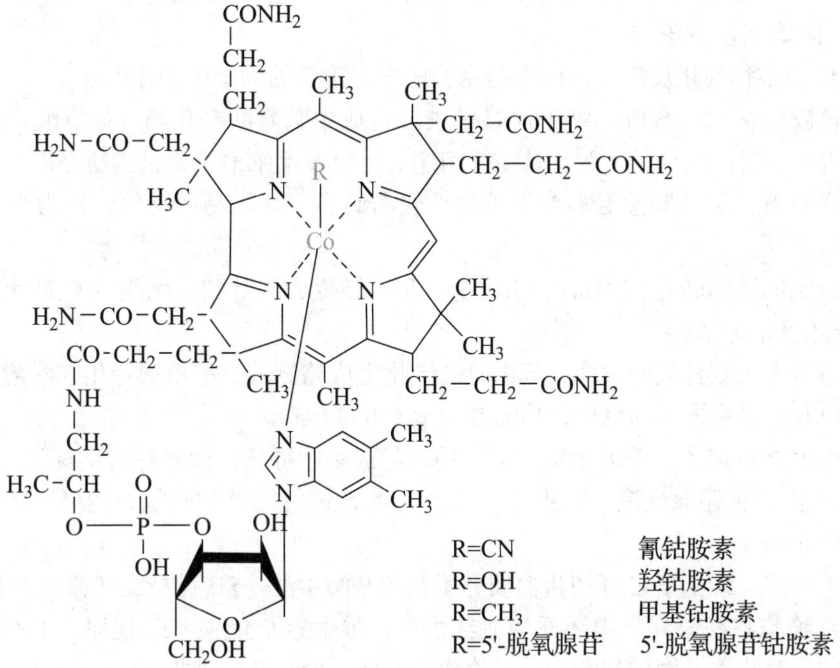

R=CN 　　　氰钴胺素
R=OH 　　　羟钴胺素
R=CH₃ 　　甲基钴胺素
R=5'-脱氧腺苷 　5'-脱氧腺苷钴胺素

图 4-9　维生素 B_{12} 的结构

若维生素 B_{12} 缺乏，叶酸利用率降低，造成叶酸相对缺乏，影响核酸和蛋白质合成，同样可引起巨幼细胞贫血，即恶性贫血，还会影响脂肪酸代谢，继而影响神经髓鞘的转换，结果使神经髓鞘变性退化，造成神经疾患。

正常膳食者，很难发生维生素 B_{12} 缺乏，偶见于有严重吸收障碍疾患的患者和长期素食者。

九、维生素 C

（一）化学本质、来源和活性形式

维生素 C 又称 L-抗坏血酸（为天然生理活性型），是一种含 6 个碳原子的不饱和酸性多羟基化合物。其分子中 C_2、C_3 两个相邻碳原子上的烯醇式羟基极易解离出 H^+ 而呈酸性；也可以氢原子形式脱去而生成 L-脱氢抗坏血酸（氧化型维生素 C），因而是较强的还原剂。氧化型维生素 C 若继续氧化，则转变为无活性的二酮古洛糖酸（图 4-10）。

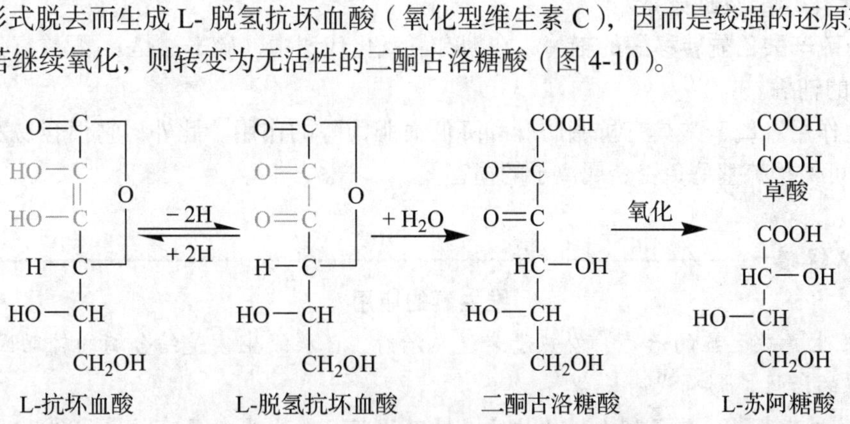

L-抗坏血酸　　　L-脱氢抗坏血酸　　　二酮古洛糖酸　　　L-苏阿糖酸

图 4-10　抗坏血酸结构及氧化反应

维生素 C 广泛存在于新鲜蔬菜和水果中，尤以番茄、青椒、柑橘、鲜枣中含量丰富。植物组织中含有抗坏血酸氧化酶，能将维生素 C 氧化而失活，故食物贮存过久，维生素 C 会被大量破坏。

维生素 C 在酸性环境中较稳定，在中性或碱性溶液中易被热及氧化剂破坏。当有金属离子存在时，则更易氧化分解，对热、光照敏感，故应于避光阴凉处保存。

（二）生化功能及缺乏症

1. 参与体内多种羟化反应 在体内羟化反应中起重要的辅助因子作用。

（1）促进胶原蛋白的合成：维生素 C 是胶原合成中脯氨酸羟化酶、赖氨酸羟化酶的辅助因子，可促进胶原蛋白的合成，为维持结缔组织、骨骼及毛细血管壁结构所必需。

若维生素 C 缺乏，伤口愈合较慢、毛细血管易破裂、牙齿易松动等，称为维生素 C 缺乏病，俗称坏血病。

（2）参与胆固醇的转化：正常时胆固醇有 40% 转变为胆汁酸。维生素 C 是此转化过程中限速酶 7α- 羟化酶的辅酶。

（3）参与芳香族氨基酸的代谢：苯丙氨酸羟化生成酪氨酸，酪氨酸羟化、脱羧生成对羟苯丙酮酸的反应及形成黑尿酸的反应，均需维生素 C 的参与。

此外，维生素 C 还参与肝的生物转化作用，与药物、毒物、激素等转化有关。

2. 参与体内氧化还原反应 因维生素 C 能可逆地进行加氢和脱氢，故可以在许多氧化还原反应中发挥作用。

（1）保护巯基：维生素 C 能使蛋白质分子及巯基酶中的—SH 维持在还原状态。

（2）使红细胞高铁血红蛋白还原为血红蛋白：维生素 C 能使 Fe^{3+} 还原为 Fe^{2+}，使血红蛋白恢复对氧的运输能力。同样的食物中三价铁转变为二价铁易被吸收。

（3）保护维生素：维生素 C 能使维生素 A、维生素 E 及维生素 B 免遭氧化，还能促进叶酸转变为 FH_4。

3. 抗病毒作用 维生素 C 能增加淋巴细胞的生成，提高吞噬细胞的吞噬能力，促进免疫球蛋白的合成，提高机体的免疫力。

十、硫辛酸

（一）化学性质和活性形式

硫辛酸是一个含硫的八碳酸，在 6 位和 8 位上有二硫键相连，称为 6, 8- 二硫辛酸（氧化型）；若二硫键断裂，则加氢还原为 6, 8- 二氢硫辛酸（还原型）。

硫辛酸在食物中常与维生素 B_1 同时存在。

（二）生化功能及缺乏症

1. 作为硫辛酸乙酰转移酶的辅酶 在糖有氧氧化代谢中，硫辛酸是 α- 酮酸氧化脱羧酶和转羟乙醛酶的辅酶。

2. 其他作用 硫辛酸具有抗脂肪肝和降低血胆固醇的作用。此外，它很容易发生氧化还原反应，故可保护巯基酶免受金属离子的损害。

> 💡 **知识链接**
>
> **维生素的应用**
>
> 1. **维生素缺乏症的治疗、发热患者退热治疗** B 族维生素是结合酶的辅助因子，影响结合酶的活性，影响代谢。
>
> 2. **冠心病患者、更年期女性的抗衰老辅助治疗** 维生素 E 具有抗氧化作用。

自测题

一、选择题

1. 脚气病是因为缺乏下列哪种维生素
   - A. 硫胺素
   - B. 核黄素
   - C. 甲基钴胺素
   - D. 泛酸
   - E. 生物素

2. 临床上常用于辅助治疗婴儿惊厥和妊娠呕吐的维生素是
   - A. 泛酸
   - B. 维生素 B_2
   - C. 维生素 B_6
   - D. 维生素 B_{12}
   - E. 维生素 PP

3. 病例：春风，既带来了温暖，也会给孩子带来一些苦恼。王女士 8 岁的女儿近 2 天嘴唇又干又痒，就像撒上辣椒面一样热辣疼痛，总忍不住用舌舔，可越舔越干，口周被舔出了暗紫色的一圈血痂。王女士以为孩子"上火了"，便不停地让她喝水，还给她涂了些紫药水。请问：最可能是缺乏哪种维生素
   - A. 泛酸
   - B. 维生素 B_2
   - C. 维生素 B_6
   - D. 维生素 B_{12}
   - E. 维生素 PP

二、简答题

1. 写出 TPP、FMN、FAD、NAD$^+$、NADP$^+$、CoA、FH$_4$ 各自含有的维生素及参与的代谢。
2. 抗结核治疗时应注意补充哪种维生素？

（郏弋萍）

第五章

酶

🎓 本章思维导图

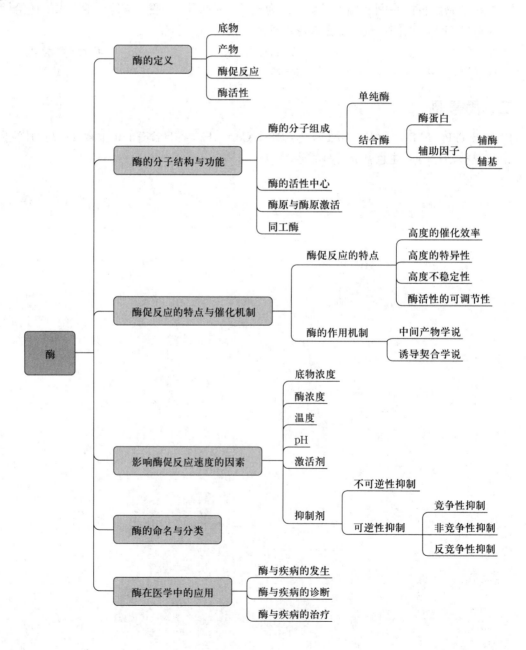

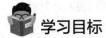

学习目标 ⋯⋯⋯⋯⋯⋯⋯⋯⋯⋯⋯⋯⋯⋯⋯⋯⋯⋯⋯⋯⋯⋯⋯⋯⋯⋯⋯⋯⋯⋯▶

1. 掌握：酶的概念、酶的分子组成、酶促反应特点、酶活性中心和必需基团；酶原及酶原激活的概念及生理意义；同工酶的概念。

2. 熟悉：影响酶促反应速度的因素。

3. 了解：酶的命名与分类、酶的催化机制，以及酶与医学的关系。

　　酶（enzyme，E）是由活细胞合成的具有高效、特异催化作用的生物分子，其化学本质为蛋白质或核酸。由酶催化的化学反应称为酶促反应，被酶催化的物质称为底物（substrate，S），催化反应所生成的物质称为产物（product，P），酶具有的催化能力称为酶的"活性"，酶失去催化能力称为"酶失活"。新陈代谢过程中有规律的物质变化和能量变化都是在酶的催化下进行的。没有酶的参与，生命活动一刻也不能进行。因此，酶的异常可引起人体很多疾病，许多酶也可用于疾病的诊断和治疗。本章只讨论本质为蛋白质的酶。

知识链接

核酶的发现与意义

　　美国科学家切赫（T.Cech）和奥特曼（S.Altman）分别在 1981 年和 1983 年发现了核酶（ribozyme）。最早发现大肠埃希菌 RNaseP 的蛋白质部分除去后，在体外高浓度 Mg2+ 存在下，与留下的 RNA 部分（miRNA）具有与全酶相同的催化活性。后来发现四膜虫 L19 RNA 在一定条件下能专一地催化寡聚核苷酸底物的切割与连接，具有核糖核酸酶和 RNA 聚合酶的活性。核酶的发现对于所有酶都是蛋白质的传统观念提出了挑战，为生命的起源和分子进化提供了新的依据，促进了 RNA 的研究进展。1989 年，核酶的发现者切赫和奥特曼因此被授予诺贝尔化学奖。

第一节　酶的分子结构与功能

一、酶的分子组成

根据酶分子的化学组成不同，可将酶分为单纯酶和结合酶两大类。

（一）单纯酶

单纯酶只是由蛋白质组成，不含其他成分。例如，蛋白酶、淀粉酶、脂肪酶、核糖核酸酶等一般水解酶类，它们的催化活性仅取决于它们的蛋白质结构。

（二）结合酶

结合酶由蛋白质部分和非蛋白质部分组成，前者称为酶蛋白，后者称为辅助因子。酶蛋白与辅助因子结合形成的复合物称为全酶，只有全酶才有催化活性。

$$结合酶（全酶）= 酶蛋白 + 辅助因子$$
$$（有活性）　　（无活性）（无活性）$$

辅助因子有两类：一类是金属离子，如 K^+、Na^+、Mg^{2+}、Cu^{2+}（Cu^+）、Zn^{2+}、Fe^{2+}（Fe^{3+}）等；另一类是小分子有机化合物。

金属离子的作用是：①参与构成酶的活性中心，传递电子；②在酶与底物之间起桥梁作用，有利于酶发挥催化作用；③稳定酶分子的特定空间构象；④中和阴离子，降低反应中的静电斥力等。小分子有机化合物是一类化学性质稳定的小分子物质，其分子结构中常含有维生素或维生素衍生物，在催化反应中起传递电子、质子或某些基团的作用。辅助因子参与化学反应中电子、质子及化学基团的传递过程，因此辅助因子决定了酶促反应的种类和性质。酶蛋白决定酶对底物的选择性，即决定酶促反应的特异性。

根据辅助因子与酶蛋白结合的紧密程度，将辅助因子分为辅酶和辅基。辅酶与酶蛋白结合相对疏松，用透析或超滤的方法能将其与酶蛋白分离，如 NAD$^+$；辅基与酶蛋白以共价键结合，相对牢固，用透析或超滤方法不能将其分离，如铁卟啉。

生物体内酶蛋白的种类很多，而辅酶（基）的种类却较少，通常一种酶蛋白只能与一种辅基或辅酶结合，成为一种特异性的酶，但一种辅酶（基）往往能与不同的酶蛋白结合构成许多种特异性酶，起不同的催化作用。

二、酶的活性中心

酶的化学本质是蛋白质，其氨基酸侧链具有许多不同的化学基团，其中与酶活性密切相关的化学基团称为必需基团（essential group）。常见的必需基团有丝氨酸的羟基、组氨酸的咪唑基、半胱氨酸的巯基等。必需基团在一级结构上可能相距甚远，但通过肽链的盘绕、折叠形成空间结构后，这些必需基团集中在一起形成具有特定空间结构的区域，该区域能与底物特异结合并催化底物转换为产物，称为酶的活性中心（active center）。酶的活性中心是酶催化作用的关键部位，它一旦被其他物质占据或某些理化因素破坏了其空间结构，酶就会失活。

活性中心内的必需基团有结合基团和催化基团，结合基团与底物相结合，催化基团影响底物中某些化学键的稳定性，催化底物发生化学变化，使之转变为产物。另外，还有些必需基团虽然不参与酶活性中心的组成，但却为维持酶分子的特定空间构象所必需，称为活性中心外的必需基团（图 5-1）。

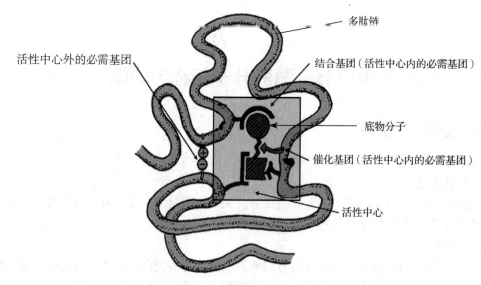

图 5-1 酶的活性中心

酶的活性中心位于酶分子的表面，通常为裂缝或者凹陷，且多为氨基酸残基的疏水基团组成的三维结构区域。此裂缝或者凹陷深入到分子内部，形成疏水环境，有利于酶促反应的进行。

三、酶原与酶原激活

有些酶，如参与消化的各种蛋白酶（胃蛋白酶、胰蛋白酶等），在最初合成和分泌时没有催化活性，只有在一定条件下经适当的物质作用后才能转变为有活性的酶。这种没有活性的酶的前体称为酶原（zymogen）。生命体内参与消化作用的酶大多以酶原的形式被分泌出来。

酶原必须在一定条件下，去掉一个或几个特殊的肽链，使酶的构象发生一定的变化，才能转变成具有催化活性的酶。这种使无活性酶原转变为有活性酶原的过程，称为酶原激活，实际上就是酶活性中心形成或者暴露的过程，该过程是不可逆的。例如，胃蛋白酶在刚被胃黏膜细胞分泌出来时，是没有催化活性的酶，只有食物到达胃内，酶原在胃液中盐酸的作用下，才转变成具有活性的蛋白酶；胰蛋白酶刚从胰腺细胞分泌出来时，也是没有催化活性的胰蛋白酶原。当它随胰液进入小肠后，受肠激酶激活，第6位赖氨酸残基与第7位异亮氨酸残基之间的肽键断开，水解掉一个六肽，分子构象发生变化，形成酶的活性中心，才变成有催化活性的胰蛋白酶（图5-2）。

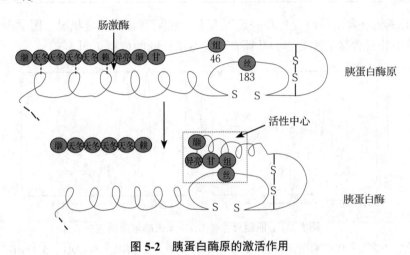

图 5-2 胰蛋白酶原的激活作用

💡 *知识链接* ⋅

临床上，当患者伤口出血时，用脱脂棉或纱布等纤维物品压迫伤口止血的过程，就是激活凝血酶原，使血液凝固发生的过程。

酶原存在与酶原激活的意义在于不仅可避免细胞产生的蛋白酶对细胞自身的消化作用、避免血液在血管内凝固，而且可保证酶在特定部位、特定环境下发挥催化作用。

四、同工酶

同工酶（isoenzyme）是指催化的化学反应相同，而酶蛋白的分子结构、理化性质及免疫学特性不同的一组酶。目前已发现数百种同工酶，如乳酸脱氢酶、酸性和碱性磷酸酶、肌酸激酶等。同工酶在不同组织、器官和亚细胞结构中的分布和含量有很大差异。正常人血清中同工酶活性很低，当某一组织或器官发生病变时，该组织、器官的同工酶被释放入血液，引起血清同工酶电泳图谱发生改变，所以，临床上常测定血清同工酶，以对某种组织和器官的疾病进行诊断。

人类发现最早、研究最多的同工酶是乳酸脱氢酶（lactate dehydrogenase，LDH）。该酶是四聚体，有两种不同的亚基：骨骼肌型（M型）和心肌型（H型）。这两型亚基以不同的比例组成五种同工酶，即 LDH_1（H_4）、LDH_2（H_3M）、LDH_3（H_2M_2）、LDH_4（HM_3）和 LDH_5（M_4）。心肌中的 LDH_1 对 NAD^+ 亲和力大，易受丙酮酸抑制，故其作用主要是使乳酸脱氢生成丙酮酸，有利于心肌利用乳酸氧化供能。LDH_5 主要存在于骨骼肌，它对 NAD^+ 亲和力小，不易受丙酮酸抑制，主要作用是使丙酮酸还原成乳酸，有利于骨骼肌中糖酵解产生乳酸。五种同工酶在不同组织和器官中的分布和含量有很大的差异（表 5-1）。

表 5-1　LDH 在各器官中的差异

合成部位	酶原	激活条件	激活的酶
胃	胃蛋白酶原	H^+ 或胃蛋白酶	胃蛋白酶
胰	胰蛋白酶原	肠激酶或胰蛋白酶	胰蛋白酶
胰	糜蛋白酶原	胰蛋白酶或糜蛋白酶	糜蛋白酶
胰	羧肽酶原	胰蛋白酶	羧肽酶
胰	弹性蛋白酶原	胰蛋白酶	弹性蛋白酶

LDH 同工酶相对含量的改变可在一定程度上反映某器官的功能状况。医学上也常用 LDH 同工酶在血清中相对含量的改变作为某器官病变鉴别诊断的依据（图 5-3）。

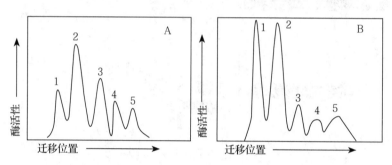

图 5-3　心肌梗死患者 LDH 同工酶电泳图谱

A. 正常人；B. 心肌梗死患者；1. LDH_1；2. LDH_2；3. LDH_3；4. LDH_4；5. LDH_5

> **知识链接**
>
> **同工酶的应用**
>
> 　　动、植物的遗传变异可通过子代和亲代同工酶谱的比较来鉴别。法医学中也可用多种同工酶谱的分析来鉴定亲子关系。细胞杂交或植物杂交育种后是否出现新品种也可通过同工酶谱的比较来确定。在个体发育中，从胚胎到出生，再到成年，随着组织的分化和发育，各种同工酶谱也有一个分化转变的过程。
>
> 　　在医学方面，同工酶是研究肿瘤发生的重要手段，肿瘤组织的同工酶谱常发生胚胎化现象，即合成过多的胎儿型同工酶。

第二节　酶促反应的特点与催化机制

一、酶促反应的特点

　　酶是生物催化剂，具有一般催化剂的共性：①在化学反应前后都没有质和量的改变；②只能催化热力学允许的化学反应；③只能缩短化学反应达到平衡所需的时间，而不能改变反应的平衡点。

由于酶的化学本质是蛋白质，故酶促反应又具有一般催化反应所没有的特殊性质。

（一）高度的催化效率

酶的催化效率极高，比一般催化剂高 $10^6 \sim 10^{12}$ 倍。例如酵母蔗糖酶催化蔗糖水解的速度比 H^+ 的催化速度快 2.5×10^{12} 倍，脲酶水解尿素的速度比酸水解尿素快 7×10^{12} 倍。酶高度的催化效率有赖于酶蛋白与底物分子之间独特的作用机制，主要原因是因为酶能大幅度降低反应活化能，即反应只需要很少的能量就可以发生（图 5-4）。例如过氧化氢在没有催化剂的情况下分解成为水和氧气，需要活化能为 75.4 kJ/mol，而如有过氧化氢酶参与反应，则所需活化能仅为 8.4 kJ/mol。

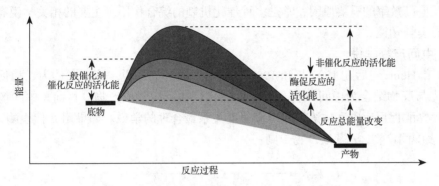

图 5-4　酶促反应和非酶促反应与活化能的关系

（二）高度的特异性

酶的特异性（specificity）是指酶对所催化的底物有严格的选择性，即一种酶只能作用于一种或一类底物，或一定的化学键，催化一定的反应，生成相应的产物。酶催化作用的特异性取决于酶蛋白分子特定的结构。根据酶对底物选择的严格程度不同，酶的特异性通常可分为三种类型。

1. 绝对特异性　一种酶只能作用于一种底物，催化一种反应，生成一定的产物，这种严格的选择性称为绝对特异性。如脲酶只能催化尿素水解，而对甲基尿素没有催化作用。

2. 相对特异性　有些酶作用于一类化合物或一种化学键，这种不太严格的选择性称为相对特异性。例如磷酸酶可催化磷酸酯水解，对甘油和一元醇或酚的磷酸酯都有水解作用；蔗糖酶不仅能水解蔗糖，也可水解棉子糖中的同一种糖苷键。

3. 立体异构特异性　当底物具有立体异构现象时，一种酶仅作用于底物的一种立体异构体，称为立体异构特异性。例如乳酸脱氢酶只能催化 L- 乳酸脱氢，而不作用于 D- 乳酸；淀粉酶只能水解 α-1，4- 糖苷键，而不能水解 β-1，4- 糖苷键。

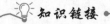 **知识链接**

人体为什么不能消化分解纤维素

淀粉和纤维素均是由葡萄糖分子缩合成的多糖。为什么人体只能水解利用淀粉，而不能分解利用纤维素？

这是因为淀粉中的葡萄糖是通过 α-1，4- 糖苷键形成主链和 α-1，6- 糖苷键来分支，而纤维素中的葡萄糖是通过 β-1，4- 糖苷键连接组成的不分支的直链葡聚糖，淀粉酶只能水解 α-1，4- 糖苷键，而不能水解 β-1，4- 糖苷键。

（三）高度不稳定性

酶的化学本质是蛋白质，凡可使蛋白质变性的因素均能使酶变性而失活，因此酶促反应一般要求比较温和的条件，如一定的 pH、温度和压力等。强酸、强碱、有机溶剂、重金属盐、高温、紫外线、剧烈震荡等理化因素都可使酶蛋白变性失活。

（四）酶活性的可调节性

酶促反应速度的快慢，取决于酶活性的高低。酶活性受体内多种因素的调节。可以通过改变酶的构象或者使酶与某些基团共价结合来改变酶的活性，从而改变酶促反应的速度。机体通过对各条代谢途径关键酶含量与活性的调节，使不同途径的反应速度和方向刚好符合机体的生理需要，以保证生命活动的正常进行。

二、酶促反应的机制

酶促反应高效率的重要原因，常是多种催化机制的综合作用。主要的相关学说有中间产物学说和诱导契合学说。

（一）中间产物学说

Bronn 和 Henri 先后在 1902 年和 1903 年提出中间产物学说。该学说认为，酶促反应进行时，酶首先与底物结合为中间产物，然后再催化底物反应生成产物。目前，中间产物学说已被公认为解释酶促反应中底物浓度和反应速度关系最合理的学说。如果用 E 代表酶，S 代表底物，ES 代表中间产物，P 代表产物，则：

$$E+S \Longleftrightarrow ES \longrightarrow E+P$$

在反应体系中，底物分子必须具有的最低能量水平称为能阈。只有那些能量水平达到或超过能阈的分子，也就是活化分子，才有可能发生化学反应。活化分子具有的达到能阈水平的能量，也就是高出平均水平，使底物分子从初态转变为过渡态所需的能量称为活化能。

酶和一般催化剂加速化学反应的原理都是降低反应所需活化能，但酶通过其特有的作用机制，比一般化学催化剂更能有效地降低反应的活化能，故表现为高效的催化活性。

（二）诱导契合学说

当酶分子与底物分子接近时，彼此结构相互诱导而变形，以致相互适应而结合，即在此过程中，酶的构象发生有利于与底物结合的变化。同时在酶的诱导下，底物发生变形，酶构象的改变和底物的变形，使酶和底物相吻合，彼此"契合"结合成中间产物（ES），故为诱导契合学说（图 5-5）。近年来 X 射线衍射晶体结构分析的实验结果也支持这一学说，因此，人们认为这学说较满意地解释了酶的特异性。

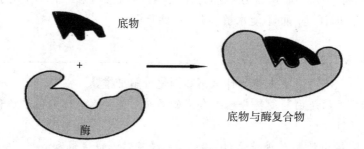

图 5-5　酶与底物诱导契合示意图

诱导契合反应，加速了中间产物（ES）的形成，使过渡态的底物增加，底物的活化能显著降低，酶促反应速度加快。

第三节 影响酶促反应速度的因素

酶促反应速度常用单位时间内底物的消耗量或产物的生成量来表示。酶促反应速度受底物浓度、酶浓度、pH、温度、激活剂和抑制剂等多种因素的影响。研究这些因素的影响需要测定的是酶促反应开始时的速度，即初速度，因为初速度与酶浓度呈正比，而且能避免反应产物及其他因素对酶促反应的影响。在研究某一影响因素时，应保持反应体系中的其他因素不变。

一、底物浓度对反应速度的影响

（一）底物浓度与酶促反应速度的关系

在酶浓度及其他条件不变的情况下，底物浓度 $[S]$ 对酶促反应速度 $[V]$ 的影响呈矩形双曲线（图 5-6）。

当底物浓度很低时，增加底物浓度，反应速度随之迅速增快，两者呈正比关系；随着底物浓度的进一步增高，反应速度不再呈正比增快，反应速度增快的幅度不断下降；当底物浓度增加到一定程度时，如继续增加底物浓度，反应速度也不再增快，达到酶促反应的最大速度（V_{max}）。

中间产物学说可以解释该现象。当 $[S]$ 很低时，酶的活性中心没有全部与底物结合，ES 的量是随 $[S]$ 的增加而增多的，此时，随着 $[ES]$ 的增

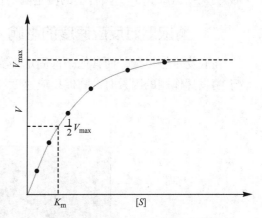

图 5-6 底物浓度与反应速度的关系

加，反应速度会不断加快。当酶浓度不变时，增加 $[S]$ 最终会使 E 全部成为 ES，即酶的活性中心完全被底物分子饱和，这时再增加 $[S]$ 也不会使 $[ES]$ 增加，达到最大速度。

（二）米氏方程

1913 年 Michaelis 和 Menten 对中间产物学说进行数学推导，用简单的快速平衡或准平衡概念推导出单底物的酶促反应方程，即著名的米氏方程，说明底物浓度与反应速度之间双曲线关系的数学表达式。

$$V = \frac{V_{max} \cdot [S]}{K_m + [S]}$$

式中 V_{max} 为最大反应速度，K_m 为米氏常数（Michaelis constant），$[S]$ 为底物浓度，V 是底物 S 在不同浓度时的反应速度。K_m 是酶的特征性常数之一，只与酶的性质有关，而与酶浓度无关，具有重要的临床应用价值。

（三）K_m 的意义

1. **K_m 计算** 当 $V=1/2 V_{max}$ 时，由米氏方程推导出 $K_m+[S]=2[S]$，$K_m=[S]$。因此，K_m 等于酶促反应速度达最大值一半时的底物浓度，K_m 的单位为 mmol/L。

2. **鉴定酶的种类** K_m 是酶的特征性常数，在反应条件一定时，只与酶的种类和底物的性质有关，与酶浓度无关。不同种类的酶 K_m 值不同，大多数酶的 K_m 值在 $10^{-8} \sim 10^{-1}$ mmol/L。对于一种未知的酶，可在规定的条件下测定其 K_m 来判断是否为不同的酶。这一点在同工酶测定中有应用价值。

3. **反映酶和底物的亲和力** 酶与底物的亲和力体现在反应速率上，从米氏方程中可以看出，V 与 K_m 呈反比关系。K_m 值越大，酶与底物的亲和力越小；K_m 值越小，酶与底物的亲和

力越大。用 $1/K_m$ 表示酶与底物的亲和力更加直观，$1/K_m$ 越大，表明酶与底物的亲和力越大。

4. **选择酶的最适底物** K_m 可用来判断酶活性测定时的最适底物。当酶有几种不同的底物存在时，K_m 值最小者，为该酶的最适底物。一般 K_m 值最大的酶所催化的反应是该酶的系列反应中的限速酶。如蔗糖酶既可催化蔗糖水解（K_m=28 mmol/L），也可催化棉子糖水解（K_m=350 mmol/L），从 K_m 的大小我们可以判断蔗糖是蔗糖酶的最适底物。

5. **设计适宜的底物浓度** K_m 可用来确定酶活性测定时所需的底物浓度。酶促反应进程曲线表明，只有初速度才能真正代表酶活性，一般要求初速度达到最大速度的92%左右，这样既可近似表示酶的活性，又不至于使底物浓度过高而造成浪费。从米氏方程计算得出，底物浓度范围设计在 10～20 K_m，初速度可达最大反应速度的90%～95%。当 $[S]$=10 K_m 时，V=91%V_{max}，这时 $[S]$ 为最合适的测定酶活性所需的底物浓度。

二、酶浓度对反应速度的影响

在底物足够过量，而其他条件固定不变，并且反应系统中不含有抑制酶活性物质及其他不利于酶发挥作用的因素时，酶促反应速度和酶浓度呈正比（图 5-7）。

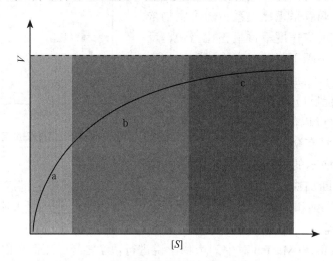

图 5-7 酶浓度对酶促反应速度的影响

三、温度对反应速度的影响

温度对酶促反应速度的影响如图 5-8 的钟罩形曲线所示，也叫双重影响。从图上曲线可以看出，在较低的温度范围内，酶促反应速度随温度升高而增大，但超过一定温度后，反应速度反而下降，因此只有在某一温度下，反应速度才达到最大值，这个温度通常称为酶促反应的最适温度。每种酶在一定条件下都有其最适温度，但不同种类不同来源的酶，其最适温度有很大的差别，从温血动物细胞提取的酶最适温度为 35～40℃，植物细胞中的酶最适温度稍高，通常为 40～50℃，微生物中的酶最适温度差别较大，某些酶最适温度可达

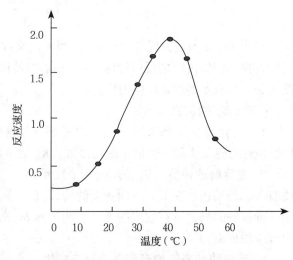

图 5-8 温度对酶促反应速度的影响

70℃，人体内酶最适温度在 37℃左右。

温度对酶促反应速度的影响表现在两个方面：①在其他条件一定的情况下，当温度升高时，与一般化学反应一样，反应速率加快。②由于酶是蛋白质，所以随着温度升高，酶蛋白逐渐变性甚至最终丧失催化活性，引起酶促反应速率下降。

酶所表现的最适温度是这两个过程综合平衡的结果：低于最适温度时，以上述第一种效应为主，反应速率随着温度升高而加快；高于最适温度时，以酶蛋白变性效应为主，酶活性迅速下降。

最适温度不是酶的特征物理常数，常受到其他测定条件（如底物种类、作用时间、pH 和离子强度等因素）影响而改变。对于一种酶而言，其最适温度并不是一个固定值，会随着酶促作用时间的长短而改变。由于温度使酶蛋白变性是随时间累加的，通常反应时间长，酶的最适温度低，反应时间短则最适温度高，只有在规定的反应时间内才可确定酶的最适温度。

高温可使酶发生变性。但有少数的酶能够耐受较高的温度，如耐高温的淀粉酶在 90℃甚至更高的温度条件下，仍能发挥其催化活性。一般酶在干燥情况下比潮湿的情况下更耐高温，例如，有的酶干粉在室温下可放置一段时间，但其水溶液必须保存在冰箱中。虽然酶活性随温度降低而减弱，但低温一般不会破坏酶活性，当温度回升时，酶又恢复其活性，如用低温保存菌种和生物制品。

四、pH 对反应速度的影响

环境 pH 对酶的影响很大，不同的 pH 值时酶活性的大小是不一样的，酶促反应速度也不一样。在一定的 pH 条件下，酶促反应具有最大速度，高于或低于此值，反应速度下降，通常称此 pH 为酶促反应的最适 pH（图 5-9）。

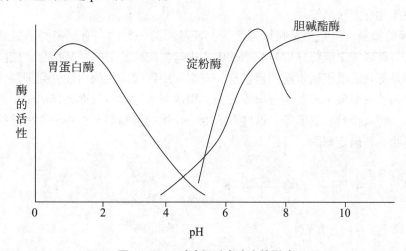

图 5-9 pH 对酶促反应速度的影响

各种酶在一定的条件下都有其特定的最适 pH，最适 pH 是酶的特性之一，但并不是一个固定的常数，它受到许多因素的影响，如因底物种类、浓度及缓冲溶液成分不同而不同，而且常与酶的等电点不一致。因此，酶的最适 pH 只是在一定条件下才有意义。大多数酶的最适 pH 一般为 4.0 ~ 8.0，植物及微生物酶的最适 pH 为 4.5 ~ 6.5。但也有例外，如胃蛋白酶为 1.8，精氨酸酶（肝内）为 9.7。

pH 影响酶活性的原因可能有以下 3 个方面：①强酸、强碱会影响酶蛋白的构象，甚至使酶变性而失活。②pH 会影响底物分子的解离状态，也会影响酶分子的解离状态，从而影响酶与底物的结合能力，使酶促反应速度降低。③pH 可影响酶分子、底物分子中某些基团的解离，这些基团的离子化状态与酶的专一性、酶分子中活性中心的构象有关，可影响酶与底物的结合、催化等。

酶在体外反应的最适 pH 与它所在正常细胞的生理 pH 值并不一定完全相同。这是因为一个细胞内可能会有几百种酶，可能一些酶的最适 pH 是细胞生理 pH 值，而另一些酶则不是，不同的酶在相同的 pH 值可能表现出不同的活性。

五、激活剂对反应速度的影响

使酶由无活性变为有活性或使酶活性增加的物质称为酶的激活剂（activator）。激活剂多数是金属离子，如 Mg^{2+}、K^+、Mn^{2+} 等；少数为阴离子，如 Cl^- 等；也有的激活剂是有机化合物。

激活剂具有以下功能：①维持酶的空间结构；②作为酶与底物之间的桥梁；③作为辅助因子的一部分参与活性中心的构成。

大多数金属离子激活剂对酶促反应是不可缺少的，否则酶促反应就不能进行，这种激活剂称为必需激活剂，如 Mg^{2+} 为己糖激酶的必需激活剂。有些酶在没有激活剂存在时，仍有一定的催化活性，但加入激活剂后可使酶活性增加，这类激活剂称为非必需激活剂，如 Cl^- 能增加唾液淀粉酶的催化活性。

六、抑制剂对反应速度的影响

凡能使酶活性降低或消失但并不使酶变性的物质均称为酶的抑制剂（inhibitor）。抑制剂多与酶的活性中心内、外必需基团相结合，从而抑制酶的催化活性。根据抑制剂与酶结合的紧密程度不同，可将酶的抑制作用分为不可逆性抑制（irreversible inhibition）与可逆性抑制（reversible inhibition）两大类。

（一）不可逆性抑制

此类抑制剂与酶活性中心内的必需基团以共价键结合，从而使酶失活。这种抑制作用不能用透析、超滤等物理方法来解除。

1. **羟基酶的抑制**　羟基酶是指以羟基为必需基团的一类酶。有机磷类杀虫剂（如美曲膦酯、敌敌畏、对硫磷等）能特异地与酶活性中心内丝氨酸残基上的羟基结合，使酶失活。

胆碱酯酶是催化乙酰胆碱水解的羟基酶，有机磷中毒时，此酶活性受到抑制，造成胆碱能神经末梢分泌的乙酰胆碱不能及时分解而堆积，引起胆碱能神经过度兴奋的中毒症状，如心率减慢、肌痉挛、呼吸困难、流涎等。这些具有专一作用的抑制剂常被称为专一性抑制剂，其中毒症状可用药物碘解磷定解除。可用下式表示：

有机磷化合物　　　　　羟基酶　　　　　　　失活的酶　　　　　　酸

失活的酶　　　碘解磷定　　　碘解磷定结合有机磷复合物　　　恢复活性的酶

2. **巯基酶的抑制**　某些金属离子（如 Hg^{2+}、Ag^+、Pb^{2+} 等）及 AS^{3+} 可与酶分子中的巯基结合，使酶失活。这些抑制剂所结合的巯基不局限于必需基团，所以此类抑制剂又称为非专一性抑制剂。化学毒气路易士气（lewisite）是一种含砷的化合物，它能抑制体内的巯基酶而使人畜中毒。富含巯基的药物（如二巯丙醇）含有两个巯基，在体内达到一定浓度后，可与抑制剂结合，使酶恢复活性。可用下式表示：

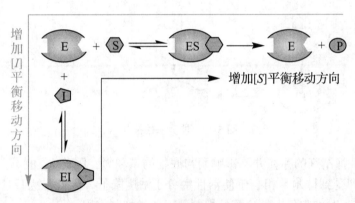

（二）可逆性抑制

可逆性抑制剂与酶分子以非共价键结合，使酶活性降低或消失，用透析或超滤的方法可将抑制剂除去，使酶恢复活性。根据抑制剂与酶分子的结合方式不同，将可逆性抑制分为三种类型：竞争性抑制、非竞争性抑制和反竞争性抑制。

1. **竞争性抑制** 抑制剂与底物的结构相似，可与底物竞争酶的活性中心，从而阻碍酶与底物结合产生中间产物，使酶活性下降，这种抑制作用称为竞争性抑制（competitive inhibition）（图 5-10）。

图 5-10 竞争性抑制

由于底物、抑制剂与酶的结合均是可逆的，所以抑制程度取决于抑制剂和底物与酶的亲和力以及抑制剂浓度与底物浓度的相对比例。在抑制剂浓度不变的情况下，增加底物浓度能减弱甚至解除竞争性抑制剂的抑制作用。当底物浓度 [S] 足够高时，几乎所有酶分子均与底物结合，酶仍然可以被底物饱和，因此仍可以达到最大反应速度 V_{max}，只不过达到最大反应速度时所需的底物浓度 [S] 要比没有竞争性抑制剂时高一些，因此 K_m 值也相应增高。

利用竞争性抑制作用的原理能阐明某些药物的作用机制，如磺胺类药物之所以能抑制某些细菌生长繁殖，是因为这些细菌不能利用环境中的叶酸，在生长繁殖过程中需利用对氨基苯甲酸、二氢蝶呤及谷氨酸合成二氢叶酸（FH_2），进而还原成四氢叶酸（FH_4）。四氢叶酸是核苷酸合成过程中的重要辅酶之一。磺胺类药物的结构与对氨基苯甲酸相似，可竞争性抑制二氢叶酸合成酶，从而抑制二氢叶酸的合成，进而减少四氢叶酸的生成（图 5-11）。细菌则因四氢叶酸缺乏，导致核酸合成障碍而使生长繁殖受到抑制。人类能直接利用食物中的叶酸，所以人类核酸的合成不受磺胺类药物的干扰。根据竞争性抑制的特点，在使用磺胺类药物时，应使血液中的药物迅速达到有效浓度，才能发挥抑菌作用。

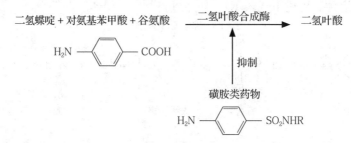

图 5-11　磺胺类药物对酶的竞争性抑制作用

丙二酸、苹果酸及草酰乙酸与琥珀酸的结构相似，都是琥珀酸脱氢酶的竞争性抑制剂。许多治疗肿瘤的抗代谢药（如氨甲蝶呤、5- 氟尿嘧啶、6- 巯基嘌呤等），几乎都是酶的竞争性抑制剂，它们分别抑制四氢叶酸、脱氧胸苷酸及嘌呤核苷酸的合成，从而抑制肿瘤的生长。

2. **非竞争性抑制**　抑制剂与酶活性中心外的必需基团结合，从而抑制酶的活性。抑制剂与底物之间无竞争关系，即抑制剂与酶的结合不影响酶与底物的结合，酶与底物的结合也不影响酶与抑制剂的结合，三者可以结合在一起形成酶 – 底物 – 抑制剂复合物（enzyme-substrate-inhibitor，ESI）。ESI 不能进一步释放出产物，这种抑制作用称为非竞争性抑制（noncompetitive inhibition）作用，其反应过程（图 5-12）如下：

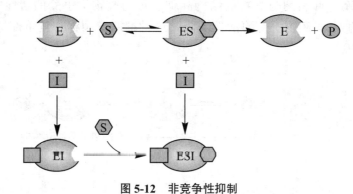

图 5-12　非竞争性抑制

由于非竞争性抑制剂的存在并不影响酶与底物的亲和力，因此 K_m 值不变。但由于抑制剂与酶结合后，酶即受到抑制，相当于使活性酶分子浓度降低，因此最大反应速度 V_{max} 是减慢的。氰化物（CN^-）对细胞色素氧化酶的抑制属于此类抑制作用。

竞争性抑制与非竞争性抑制作用的反应过程如图 5-13 所示。

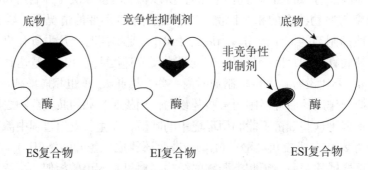

ES复合物　　　　　　EI复合物　　　　　　ESI复合物

图 5-13　竞争性抑制与非竞争性抑制作用机制

3. **反竞争性抑制**　反竞争性抑制剂的作用与竞争性抑制剂的作用刚好相反，抑制剂仅与酶和底物形成的中间复合物 ES 结合（图 5-14）。反竞争性抑制剂不仅不排斥 E 与 S 的结合，反而可以增加两者的亲和力，使 E、S、I 三者结合在一起形成酶 – 底物 – 抑制剂复合物（ESI），ESI 同样不能进一步释放出产物。这样，既减少从中间产物转化为产物的量，又减少从中间产物解离出游离酶的量，这种抑制作用称为反竞争性抑制（uncompetitive inhibition）作用。反竞争性抑制剂的存在，虽然增加了酶与底物的亲和力，但能生成产物的 ES 和游离酶的量是降低的，因此 K_m 值和 V_{max} 均下降。

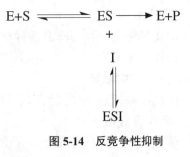

图 5-14 反竞争性抑制

第四节 酶的命名与分类

一、酶的命名

随着生命科学的发展，现已发现几千种酶，并且新的酶还在不断地发现中。为了研究和使用的方便，需对已发现的酶进行分类并给予科学的命名。1961 年，国际生物化学学会酶学委员会推荐了一套新的系统命名方案及分类方法，已被国际生物化学学会接受。于是对每一种酶都有一个系统命名和一个习惯命名。

（一）习惯命名法

1. **根据酶作用底物来命名** 如催化水解淀粉的酶称淀粉酶，催化水解蛋白质的称蛋白酶。有时还根据来源不同以区别同一类酶，如菠萝蛋白酶、胃蛋白酶等。

2. **根据酶催化反应的性质及类型命名** 如氧化酶、水解酶。

3. **综合以上两个原则来命名** 如琥珀酸脱氢酶是催化琥珀酸脱氢的酶等。

（二）系统命名法

国际生化学会酶学委员会以酶的分类为依据，于 1961 年提出系统命名法，它包括酶的系统命名和 4 个数字分类的酶编号。每种酶的名称均标明酶的所有底物和催化反应的性质，底物名称之间以 "：" 分隔。每一种酶都有特定的四位数字的编号，依次表示该酶所属的类别、亚类、次亚类及编号。如乳酸脱氢酶属于第 1 大类，第 1 亚类，第 1 亚 – 亚类，在第 1 亚 – 亚类中的编号为 27，故此酶的专有编号为 EC1.1.127，英文缩写为 LDH。这种命名和编号是相当严谨的，没有 "同名同姓"，而且从酶的名称中就可以直观地知道其所参与的是何种作用物，催化何种反应类型。

系统命名法虽然合理，但比较繁琐，所以习惯命名法仍在沿用。目前国际生化学会酶学委员会选用一种公认的习惯命名作为推荐名称。

二、酶的分类

国际酶学委员会制定的 "国际系统分类法" 将酶按其催化的反应性质分为六大类：

（一）氧化还原酶类

催化底物进行氧化还原反应的酶类，如乳酸脱氢酶、细胞色素氧化酶等。

（二）转移酶类

催化底物分子之间某种基团进行交换或转移的酶类，如丙氨酸氨基转移酶、转甲基酶等。

（三）水解酶类

催化底物发生水解反应的酶类，如淀粉酶、脂肪酶、蛋白酶等。

（四）裂合酶类

催化一种化合物分解成两种化合物或催化两种化合物合成为一种化合物的酶类，如醛缩酶、柠檬酸合酶等。

（五）异构酶类

催化各种同分异构体之间相互转变的酶，如磷酸己糖异构酶、磷酸丙糖异构酶等。

（六）合成酶类

催化两分子底物合成为一分子化合物，同时使 ATP 分子中的高能磷酸键水解的酶类，如谷氨酰胺合成酶、氨基酰 -tRNA 合成酶等。

第五节　酶在医学中的应用

生命是一个化学过程，各种生命活动、现象都有其化学基础。人体所进行的各种化学反应过程基本上都要靠酶催化才能进行。酶催化的化学反应是机体进行物质代谢及维持生命活动的必要前提。人体许多疾病与酶活性改变有关，各种原因（如微生物、损伤、中毒、细胞恶变、先天异常等）引起的疾病无一不是破坏了酶促反应的正常规律。体液中酶活性的变化对许多疾病的发生、发展及预后判断具有重要意义。随着临床医学实践和生物化学的发展，酶在医学中的应用也日趋广泛。酶与疾病的关系体现在以下几个方面。

一、酶与疾病的发生

（一）酶缺失与先天性代谢障碍

人类现已发现的 200 多种遗传性酶缺陷病是由于基因突变，不能生成某些特定的酶，从而引起其所催化的生物化学反应链发生改变所产生一类疾病（表 5-2）。例如，皮肤黑色素细胞酪氨酸酶缺乏则引起白化病；肝内苯丙氨酸羟化酶缺乏引起苯丙酮尿症；红细胞内葡萄糖 -6- 磷酸脱氢酶缺乏致红细胞膜异常引起溶血性贫血（蚕豆病）等。

表 5-2　酶缺乏导致的疾病

疾病名称	酶缺陷
白化病	酪氨酸羟化酶
尿黑酸症	尿黑酸氧化酶
苯丙酮尿症	苯丙酮酸羟化酶
糖原贮积症	葡萄糖 -6- 磷酸酶
蚕豆病	葡萄糖 -6- 磷酸脱氢酶
新生儿黄疸	谷胱甘肽过氧化物酶

（二）酶活性改变与疾病的发生

一些酶活性升高或降低也可使机体代谢反应异常，导致疾病发生。临床上某些疾病是由于酶活性受到抑制所致，如有机磷农药中毒时，胆碱酯酶活性被抑制，引起乙酰胆碱分解减少而堆积，导致神经肌肉和心脏功能严重紊乱。许多疾病可引起酶活性异常，进而加重病情，如急性胰腺炎时胰蛋白酶原在胰腺中被激活，造成胰腺组织被水解破坏；严重肝病时由于肝合成凝血酶原不足而导致血液凝固障碍。

二、酶与疾病的诊断

正常人体液中酶的含量相对稳定，许多器官组织病变可致体液中相关酶含量和活性异常，通过对血液、尿液等体液中某些酶活性的测定，可以反映这些器官组织的病变情况并有助于疾病的诊断（表 5-3）。

表 5-3　常用于临床诊断的血清酶

酶名称	主要来源	诊断的主要疾病
丙氨酸氨基转移酶	肝、心脏、骨骼肌	肝实质疾病
醛缩酶	骨骼肌、心脏	肌肉疾病
淀粉酶	胰腺、卵巢、唾液腺	胰腺疾病
胆碱酯酶	肝	肝实质疾病、有机磷农药中毒
乳酸脱氢酶	心脏、肝、骨骼肌、红细胞等	心肌梗死、溶血、肝实质疾病
酸性磷酸酶	红细胞、前列腺	骨病、前列腺癌
碱性磷酸酶	肝、骨、肾、肠黏膜、胎盘	骨病、肝胆疾病

血液中某些酶活性改变是因为：①组织器官疾病造成细胞损伤，细胞膜通透性升高，细胞内酶释放入血，血清中相应酶活性升高。例如，急性肝炎或心肌炎时，血清中转氨酶活性升高；急性胰腺炎时血清和尿液中淀粉酶活性升高等。②细胞转换率增加或细胞增殖加快，恶性肿瘤迅速生长时，其标志酶的释放量亦增加，如前列腺癌患者血清中可有大量酸性磷酸酶出现。③酶的清除障碍或分泌受阻也可引起血清酶活性升高，例如肝硬化时，血清碱性磷酸酶清除的受体减少，造成血清中该酶活性增强。④酶的合成增加，如胆管堵塞造成胆汁反流，可诱导肝合成碱性磷酸酶增加。⑤酶合成减少，血清中相应酶活性下降，如肝功能严重受损时，血液中凝血酶原、因子Ⅶ等许多肝合成的酶量减少。

临床上可通过测定血清中某些酶的含量及活性辅助诊断某些疾病。例如，心肌梗死患者的血清中乳酸脱氢酶和肌酸激酶的活性增高，常用于心肌梗死的诊断。

三、酶与疾病的治疗

临床上常应用某些酶作为替代治疗或对症治疗的药物，一些酶是抗菌、抗肿瘤等药物设计的重要依据等。

（一）替代治疗

对于某些酶缺乏所引起的疾病，酶通常作为药物直接用于临床治疗。如对于消化腺分泌功能不良所致的消化不良，常可服用胃蛋白酶、胰蛋白酶，胰脂肪酶、胰淀粉酶等来助消化。某些酶先天性代谢障碍，也可补充相应酶达到治疗目的。近年来发展的用脂质体将所需酶靶向导入体内是一种补充酶的方法，也可用各种方法引入该酶的基因等。

（二）对症治疗

临床上常用链激酶、尿激酶及纤溶酶等溶解血栓，用于治疗心脏病、脑血管栓塞等。一些蛋白酶（如胰蛋白酶、糜蛋白酶、链激酶等）有助于溶解及清除炎症渗出物，常用于外科扩创、化脓伤口净化以及治疗脑膜、腹膜粘连。

（三）抗菌治疗

根据酶的竞争性抑制原理，可以合成酶底物的类似物与酶结合，从而阻碍酶的催化作用，如磺胺类药物，可竞争性抑制细菌体内的二氢叶酸合成酶，阻碍细菌体内核酸代谢而破坏其生长、繁殖，达到杀菌或抑菌目的。某些抗生素（如氯霉素、红霉素）通过抑制转肽酶活性，阻断菌体的蛋白质合成而起抑菌作用。青霉素是通过阻断细菌细胞壁合成中糖肽转肽酶的活性而产生杀菌作用的。

（四）抗肿瘤治疗

肿瘤细胞有其特殊的代谢方式，若能阻断相应的酶活性，即可达到阻止肿瘤生长的目的。应用竞争性抑制的原理合成代谢物的类似物，使其与酶结合而阻碍代谢，这些类似物称为抗代谢物。很多抗肿瘤药就是根据这一原理设计的，如 5- 氟尿嘧啶、6- 巯基嘌呤可竞争性抑制 DNA 复制过程，阻止细胞无限制地生长而达到治疗肿瘤的目的。另外，还有一些药物通过抑制某些酶的活性而起到纠正机体代谢紊乱的作用，如抑郁症是由于脑内兴奋性递质（如儿茶酚胺）与抑制性递质失衡而造成的。给予单胺氧化酶（使儿茶酚胺灭活的酶）抑制剂，可减少儿茶酚胺的代谢和灭活，使儿茶酚胺含量提高，进而改变神经递质不平衡现象，达到治疗抑郁症的作用。

四、酶在医药学上的其他应用

酶在医药学上应用广泛，主要包括以下几个方面：①在临床检验和科学研究中，酶常作为试剂用以测定某些酶活性、进行底物浓度的定量分析等。②酶还可作为工具用于科学研究和生产领域，如在基因工程中，用各种限制性核酸内切酶、连接酶等达到基因重组的目的。PCR 反应中应用的热稳定的 Taq DNA 聚合酶在科学研究和疾病诊断中起很重要的作用。③酶还能代替放射性核素与某些物质结合，使该物质被酶标记，这就是酶标记测定法。目前常用的酶联免疫吸附测定（enzyme-linked immunosorbent assay，ELISA），通过测定酶活性来判断被标记物质或与其定量结合的物质的存在和含量。此法灵敏度高，又可克服放射性核素应用的一些缺点。

自测题

一、选择题

1. 酶原激活是由于

    A. 激活剂将结合在酶分子上的抑制解除

    B. 激活剂使酶原的空间构象发生变化

    C. 激活剂携带底物进入酶原的活性中心

    D. 激活剂活化酶原上的催化基团

    E. 激活剂使酶原分子的一段肽水解，从而形成活性中心或使活性中心暴露出来

2. 急性肝炎时 LDH 同工酶变化最明显的是

    A. LDH_1 B. LDH_2 C. LDH_3

    D. LDH_4 E. LDH_5

3. 某酶现有 4 种底物（S），其 Km 值如下，该酶的最适底物为

    A. S_1：$K_m = 5 \times 10^{-5}$ M   B. S_2：$K_m = 1 \times 10^{-5}$ M

    C. S_3：$K_m = 10 \times 10^{-5}$ M   D. S_4：$K_m = 0.1 \times 10^{-5}$ M

    E. S_5：$K_m = 0.01 \times 10^{-5}$ M

4. 重金属 Hg、Ag 是一类

    A. 竞争性抑制剂   B. 不可逆抑制剂

    C. 非竞争性抑制剂   D. 反竞争性抑制剂

    E. 可逆性抑制剂

二、简答题

简述磺胺类药物的作用机制。

（韦带莲）

第六章
数字资源

第六章

糖 代 谢

本章思维导图

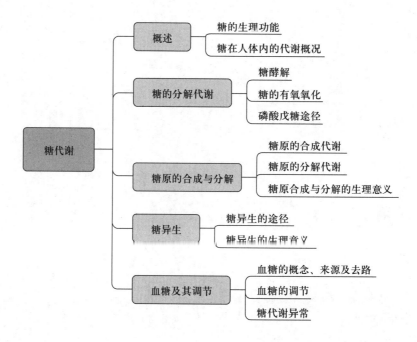

```
          ┌─ 概述 ──────── 糖的生理功能
          │               糖在人体内的代谢概况
          │
          │              糖酵解
          ├─ 糖的分解代谢 ─ 糖的有氧氧化
          │              磷酸戊糖途径
          │
 糖代谢 ──┤              糖原的合成代谢
          ├─ 糖原的合成与分解 ─ 糖原的分解代谢
          │              糖原合成与分解的生理意义
          │
          ├─ 糖异生 ──── 糖异生的途径
          │              糖异生的生理意义
          │
          │              血糖的概念、来源及去路
          └─ 血糖及其调节 ─ 血糖的调节
                         糖代谢异常
```

学习目标

1. 掌握：糖酵解、糖有氧氧化、糖异生、糖原合成、糖原分解的概念，细胞内糖代谢反应的发生部位、关键酶及生理意义；血糖、高血糖及低血糖的概念；血糖水平异常的判断和可能原因。

2. 熟悉：糖酵解、糖有氧氧化、糖原合成与分解的过程；血糖浓度调节的几种重要激素及作用；血糖的来源和去路。

3. 了解：磷酸戊糖途径，了解糖尿病的发病机制。

糖是一大类有机化合物，其化学本质是多羟基醛或多羟基酮及其衍生物或多聚物。糖广泛存在于自然界，以植物中含量最为丰富，占其干重的 85%～95%；人体含糖量约占干重的 2%。

糖是人类从自然界摄取的除水以外最多的物质，是人类食物的主要成分，占食物总量的 50% 以上，主要来自于植物中的淀粉，另外还有动物糖原和少量蔗糖、麦芽糖、乳糖。淀粉的基本组成单位是葡萄糖（glucose）。葡萄糖是机体的主要供能物质，可在体内氧化分解并产生能量，供生命活动所需。葡萄糖也是重要的碳源物质，在体内可转变成多种非糖物质。本章将重点介绍葡萄糖在体内的代谢。

第一节　概　述

一、糖的生理功能

（一）氧化供能

糖的主要生理功能是为机体生命活动提供能量。糖是人体最主要的能量来源，人体每日所需的能量 50% ~ 70% 来自糖的氧化分解。1 mol 葡萄糖在体内彻底氧化可释放 2840 kJ（679 kcal）的能量，其中 40% 左右转化为 ATP 中活跃的化学能，供机体生命活动所需，另一部分以热能形式散发，以维持体温。

（二）机体重要的碳源

糖代谢的中间产物可转变为其他含碳化合物，如氨基酸、脂肪酸、胆固醇、核苷酸等，是体内物质合成的重要碳源。

（三）参与构建组织细胞

糖是组成机体组织细胞的重要成分。例如，糖与蛋白质结合形成的糖蛋白或蛋白聚糖是构成结缔组织、软骨和骨基质的成分。另外，糖蛋白还是构成细胞膜的重要成分。糖与脂类结合形成的糖脂是构成神经组织和细胞膜的成分。

（四）其他功能

此外，糖还参与构成体内许多具有重要生理功能的物质。如核糖、脱氧核糖分别是 RNA 和 DNA 的组成成分；糖的磷酸衍生物参与构成 ATP、NAD^+、FAD 等；某些激素、酶、免疫球蛋白、血型物质、凝血因子等中都含有糖。

二、糖在人体内的代谢概况

体内的糖主要来源于食物中的淀粉及少量双糖（蔗糖、麦芽糖、乳糖），经消化道水解酶的作用分解为单糖（主要是葡萄糖）。葡萄糖主要在小肠上段被吸收。在小肠黏膜细胞的细胞膜朝向肠腔侧有各种单糖的转运载体，其中 Na^+- 依赖型葡萄糖转运体通过钠离子的推动将肠腔里的葡萄糖转运到小肠黏膜细胞内。因此，小肠黏膜细胞对葡萄糖的吸收是一个依赖于特定载体、耗能的主动吸收过程。在小肠黏膜细胞的基底侧也有相应的载体蛋白，葡萄糖通过易化扩散的方式扩散到血液中，经门静脉入肝。

葡萄糖经门静脉入肝后，其中一部分在肝内利用和转化储存，另一部分经肝静脉进入体循环，通过血液转运至全身组织细胞内进行代谢。

糖代谢主要是指葡萄糖在体内的一系列复杂的化学变化，有多条代谢通路。供氧充足时，葡萄糖能彻底氧化分解，生成 CO_2、H_2O 并释放能量；缺氧时，葡萄糖分解生成乳酸；在一些代谢旺盛的组织，葡萄糖可通过磷酸戊糖途径代谢。体内血糖充足时，肝、肌肉等组织可以使葡萄糖合成糖原储存；反之，糖原则进行分解。同时，有些非糖物质（如乳酸、丙酮酸、生糖氨基酸、甘油等）能通过糖异生作用转变成葡萄糖或糖原；葡萄糖也可转变成其他非糖物质。糖在体内的代谢概况如图 6-1 所示。

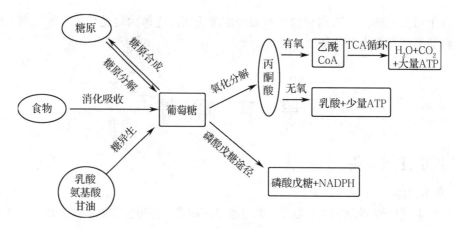

图 6-1 体内糖代谢概况

第二节 糖的分解代谢

> **案例 6-1**
>
> 患儿，男，7岁，2017年6月在食用新鲜蚕豆约3小时后，出现精神倦怠、头晕、恶心、畏寒、发热、全身酸痛、萎靡不振、呼吸困难。经医院查体，发现患儿肝脾大、黄疸、肾衰竭。血象检查红细胞明显减少，黄疸指数明显升高，诊断为蚕豆病。
>
> **问题与思考：**
>
> 1. 蚕豆病的发病机制是什么？
>
> 2. 蚕豆病患者在饮食上要注意些什么？

体内葡萄糖的分解代谢途径主要有三条：①糖的无氧氧化（糖酵解）；②糖的有氧氧化；③磷酸戊糖途径。

一、糖酵解

（一）概念

葡萄糖或糖原分解产生的葡萄糖单位在无氧或缺氧的条件下先分解为丙酮酸，进而还原成乳酸，同时伴随少量能量的释放，称为糖的无氧氧化。由于该过程与酵母菌使糖生成醇发酵的过程相似，故又称为糖酵解（glycolysis）。

（二）反应过程

糖酵解是一个连续进行的酶促反应，反应均在细胞的胞液中进行。为了便于理解，可将其分为两个阶段：第一阶段是1分子葡萄糖（或糖原的葡萄糖单位）分解生成2分子丙酮酸，称为糖酵解途径；第二阶段是丙酮酸还原生成乳酸。

1. 糖酵解途径

（1）6-磷酸葡萄糖的生成：葡萄糖在己糖激酶（在肝细胞内是葡萄糖激酶）的催化下，由ATP提供所需能量和磷酸基团，磷酸化生成6-磷酸葡萄糖（G-6-P）。该反应需要 Mg^{2+} 参与，与糖原合成的第一步反应相同。

葡萄糖　　　　　　　　　　　　　6-磷酸葡萄糖
　　　　　　　　　　　　　　　　　　（G-6-P）

该反应是不可逆反应，消耗 ATP，催化该反应的己糖激酶是糖酵解的关键酶之一。所谓关键酶，是指在代谢途径中，催化不可逆反应步骤、起着控制代谢通路的阀门作用的酶，其活性受到变构剂和激素的调节。己糖激酶可作用于多种己糖，如葡萄糖、果糖、甘露糖等。目前已在哺乳动物体内发现四种己糖激酶的同工酶，其中Ⅳ型称为葡萄糖激酶，主要存在于肝细胞，只能作用于葡萄糖的磷酸化，其作用是在餐后血糖浓度较高时将血液中的葡萄糖转移进入肝代谢，在维持血糖水平和糖代谢中起着重要作用。

糖原进行糖酵解时，非还原端的葡萄糖单位先进行磷酸化生成 1-磷酸葡萄糖，再经磷酸葡萄糖变位酶催化生成 6-磷酸葡萄糖，此过程不消耗 ATP。

（2）6-磷酸葡萄糖转化为 6-磷酸果糖（F-6-P）：由磷酸己糖异构酶催化，该反应为可逆反应，也需要 Mg^{2+} 参与。

6-磷酸葡萄糖　　　　　　　　　　6-磷酸果糖
（G-6-P）　　　　　　　　　　　　（F-6-P）

（3）6-磷酸果糖磷酸化生成 1,6-二磷酸果糖（F-1,6-BP）：由 6-磷酸果糖激酶-1 催化，该反应为不可逆反应，消耗 ATP，需要 Mg^{2+} 参与。6-磷酸果糖激酶-1 是糖酵解的第二个关键酶，也是最重要的限速酶，胰岛素可诱导其合成。此酶为变构酶，ATP、柠檬酸为该酶的变构抑制剂，ADP、AMP 为其变构激活剂。

6-磷酸果糖　　　　　　　　　　　1,6-二磷酸果糖
（F-6-P）　　　　　　　　　　　　（F-1,6-BP）

（4）1,6-二磷酸果糖分解为 2 分子磷酸丙糖：在醛缩酶作用下，F-1,6-BP 裂解为 2 分子磷酸丙糖，分别为磷酸二羟丙酮和 3-磷酸甘油醛。二者互为同分异构体，可在磷酸丙糖异构酶的作用下相互转变。此步反应是可逆的。

1,6-二磷酸果糖　　　　　　　　　磷酸二羟丙酮
　　　　　　　　　　　　　　　　　3-磷酸甘油醛

（5）3- 磷酸甘油醛氧化为 1, 3- 二磷酸甘油酸：在 3- 磷酸甘油醛脱氢酶的催化下，3- 磷酸甘油醛脱去一对氢离子，脱下的氢离子由辅酶 NAD^+ 接受，生成 $NADH+H^+$。这是糖酵解途径中唯一的氧化反应，产物 1, 3- 二磷酸甘油酸（1, 3-BPG）为含有高能磷酸键的高能化合物。

$$
\begin{array}{c}
\text{CHO} \\
\text{CHOH} \\
\text{CH}_2\text{O} - \text{(P)}
\end{array}
\quad
\xrightarrow[\text{Pi} \;\; NAD^+ \;\; NADH+H^+]{\text{3-磷酸甘油醛脱氢酶}}
\quad
\begin{array}{c}
\text{COO} \sim \text{(P)} \\
\text{CHOH} \\
\text{CH}_2\text{O} - \text{(P)}
\end{array}
$$

3-磷酸甘油醛   1, 3-二磷酸甘油酸

（6）1, 3- 二磷酸甘油酸转变为 3- 磷酸甘油酸：在磷酸甘油酸激酶的催化下，1, 3- 二磷酸甘油酸的高能磷酸基团转移给 ADP，使之磷酸化生成 ATP，自身转变为 3- 磷酸甘油酸。这种伴随高能键断裂，同时 ADP 磷酸化生成 ATP 的过程称为底物水平磷酸化，该过程是糖酵解途径中的第一次底物水平磷酸化。

$$
\begin{array}{c}
\text{COO} \sim \text{(P)} \\
\text{CHOH} \\
\text{CH}_2\text{O} - \text{(P)}
\end{array}
\quad
\xrightarrow[\text{Mg}^{2+} \;\; ADP \;\; ATP]{\text{磷酸甘油酸激酶}}
\quad
\begin{array}{c}
\text{COOH} \\
\text{CHOH} \\
\text{CH}_2\text{O} - \text{(P)}
\end{array}
$$

1, 3-二磷酸甘油酸   3-磷酸甘油酸

（7）3- 磷酸甘油酸的变位反应：3- 磷酸甘油酸在磷酸甘油酸变位酶的催化下，将 C_3 位上的磷酸基转移到 C_2 位，生成 2- 磷酸甘油酸，反应需要 Mg^{2+} 参与。

$$
\begin{array}{c}
\text{COOH} \\
\text{CHOH} \\
\text{CH}_2\text{O} - \text{(P)}
\end{array}
\quad
\xrightarrow{\text{磷酸甘油酸变位酶}}
\quad
\begin{array}{c}
\text{COOH} \\
\text{CHO} - \text{(P)} \\
\text{CH}_2\text{OH}
\end{array}
$$

3-磷酸甘油酸   2-磷酸甘油酸

（8）2- 磷酸甘油酸脱水生成磷酸烯醇式丙酮酸：2- 磷酸甘油酸经烯醇化酶催化发生脱水反应，同时，分子内发生电子重排和能量重新分布，生成含有高能磷酸键的磷酸烯醇式丙酮酸。

$$
\begin{array}{c}
\text{COOH} \\
\text{CHO} - \text{(P)} \\
\text{CH}_2\text{OH}
\end{array}
\quad
\xrightarrow{\text{烯醇化酶}}
\quad
\begin{array}{c}
\text{COOH} \\
\text{C} - \text{O} \sim \text{(P)} \\
\text{CH}_2
\end{array}
+ H_2O
$$

2-磷酸甘油酸   磷酸烯醇式丙酮酸

（9）丙酮酸的生成：在丙酮酸激酶（PK）催化下，磷酸烯醇式丙酮酸的高能磷酸基转移给 ADP 生成 ATP，自身转变为烯醇式丙酮酸，并自发转变为丙酮酸。该过程为不可逆反应，这是糖酵解途径的第二次底物水平磷酸化。丙酮酸激酶是糖酵解途径的第三个关键酶，具有变构酶性质，ATP、长链脂肪酸为其变构抑制剂，ADP、AMP、F-1, 6-BP 等为变构激活剂，胰岛素能诱导其合成。

$$
\begin{array}{c}
\text{COOH} \\
\text{C} - \text{O} \sim \text{(P)} \\
\text{CH}_2
\end{array}
\quad
\xrightarrow[\text{Mg}^{2+} \;\; ADP \;\; ATP]{\text{丙酮酸激酶}}
\quad
\begin{array}{c}
\text{COOH} \\
\text{C} - \text{OH} \\
\text{CH}_2
\end{array}
\quad
\longrightarrow
\quad
\begin{array}{c}
\text{COOH} \\
\text{C} = \text{O} \\
\text{CH}_3
\end{array}
$$

磷酸烯醇式丙酮酸   烯醇式丙酮酸   丙酮酸

至此，1 分子葡萄糖分解为 2 分子丙酮酸。此过程经过 2 次磷酸化，消耗了 2 分子 ATP，但通过底物水平磷酸化共生成 4 分子 ATP 和 2 分子 NADH+H$^+$。丙酮酸在无氧情况下转变为乳酸，而供氧充足时进入线粒体进行彻底氧化分解。

2. 丙酮酸还原为乳酸　在乳酸脱氢酶催化下，丙酮酸还原生成乳酸，反应所需的氢离子由 3- 磷酸甘油醛脱氢生成的 NADH+H$^+$ 提供。

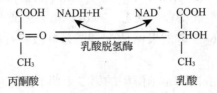

（三）反应特点

1. 糖酵解的全过程均在胞液中进行，没有氧的参与，乳酸是糖酵解的终产物。

2. 糖酵解是体内葡萄糖分解供能的重要途径之一，反应为不完全氧化分解，释放的能量较少，主要通过两次底物水平磷酸化产生。1 分子葡萄糖经糖酵解可净生成 2 分子 ATP。若从糖原分子开始，则净生成 3 分子 ATP。

3. 在糖酵解的整个过程中，有三步反应是不可逆的单向反应。催化这三步反应的酶分别是己糖激酶、6- 磷酸果糖激酶 -1 和丙酮酸激酶，这三个酶是整个糖酵解的关键酶，调节其活性可影响糖酵解的速度。其中，6- 磷酸果糖激酶 -1 的催化活性最低，是最重要的限速酶。

4. 红细胞中的糖酵解存在 2, 3- 二磷酸甘油酸支路。在红细胞中，1, 3- 二磷酸甘油酸除了可以脱去高能磷酸基团生成 3- 磷酸甘油酸外，还可通过磷酸甘油酸变位酶的催化生成 2, 3- 二磷酸甘油酸，进而在 2, 3- 二磷酸甘油酸磷酸酶催化下生成 3- 磷酸甘油酸。此代谢通路称为 2, 3-BPG 支路。

（四）生理意义

1. 糖酵解可以迅速提供能量，这对肌肉组织尤为重要。肌肉组织中的 ATP 含量甚微，肌肉收缩几秒钟就可全部耗尽。此时即使不缺氧，葡萄糖进行有氧氧化的过程也比糖酵解长得多，不能及时满足生理需要，而通过糖酵解则可迅速获得 ATP，以满足肌肉收缩所需。

2. 糖酵解是机体在缺氧条件下的重要供能方式。如剧烈运动时，能量需求增加，但氧的供应量不足，此时肌肉处于相对缺氧状态，必须通过糖酵解供能。某些病理情况，如严重贫血、大量失血、呼吸障碍、循环衰竭等，因供氧不足长时间依靠糖酵解供能，可导致乳酸堆积，引起乳酸酸中毒。

3. 糖酵解是红细胞的主要供能方式。成熟红细胞没有线粒体，完全依靠糖酵解供能。

4. 糖酵解还是供氧充足时少数组织的能量来源。如视网膜、睾丸、白细胞、肿瘤细胞等，即使在有氧条件下，仍以糖酵解为其主要的供能方式；代谢活跃的神经细胞、白细胞、骨髓等部分靠糖酵解供能。

5. 糖酵解能为其他物质合成提供原料。如磷酸二羟丙酮可以转化为 3- 磷酸甘油参与脂肪的合成，丙酮酸可以转化为丙氨酸参与蛋白质合成等。

（五）糖酵解的调节

糖酵解的调节主要通过激素和变构效应剂对三个关键酶活性的调节来实现。

1. 激素的调节作用　胰岛素或胰高血糖素等激素可以通过共价修饰调节，影响糖酵解途径中三个关键酶的合成，提高或抑制其催化活性，从而使糖酵解过程增强或减弱。胰岛素是体内促进糖代谢的激素，可诱导糖酵解三个关键酶的合成，增加其催化活性，使糖酵解加速。胰高血糖素、肾上腺素、糖皮质激素等则使糖酵解减弱。

2. 代谢物对限速酶的变构调节

（1）6-磷酸果糖激酶-1：6-磷酸果糖激酶-1是糖酵解的限速酶，受多种代谢物的变构调节。因此，对6-磷酸果糖激酶-1活性的调节，是糖酵解最重要的调节点。ATP、柠檬酸等是此酶的变构抑制剂，1,6-二磷酸果糖、2,6-二磷酸果糖、ADP、AMP等是其变构激活剂。其中，2,6-二磷酸果糖是6-磷酸果糖激酶-1最强的激活剂。当细胞内能量消耗过多时，ATP减少，AMP和ADP增多，使[ATP]/[ADP]、[ATP]/[AMP]比值降低，6-磷酸果糖激酶-1被激活，糖分解速度加快，ATP生成增多。反之，则6-磷酸果糖激酶-1活性被抑制，糖的分解速度减慢，ATP生成减少。1,6-二磷酸果糖是6-磷酸果糖激酶-1的反应产物，是少见的产物正反馈调节。

（2）丙酮酸激酶：丙酮酸激酶是糖酵解的第二个调节点，1,6-二磷酸果糖是此酶的变构激活剂，而ATP是该酶的变构抑制剂，能降低该酶对底物磷酸烯醇式丙酮酸的亲和力。乙酰辅酶A及游离长链脂肪酸也是该酶的抑制剂，它们都是产生ATP的重要物质。

（3）己糖激酶：己糖激酶受其反应产物6-磷酸葡萄糖的反馈抑制。肝内的葡萄糖激酶的直接调节因素是血糖浓度，由于葡萄糖激酶 K_m 相对较大，餐后血糖浓度较高时，过量的葡萄糖被运输到肝内，肝内的葡萄糖激酶被激活。葡萄糖激酶也是变构酶，其活性受到6-磷酸果糖的抑制，而不受6-磷酸葡萄糖的抑制，这样可保证肝糖原顺利合成。

二、糖的有氧氧化

（一）有氧氧化的概念

葡萄糖或糖原在有氧条件下彻底氧化分解生成 CO_2 和 H_2O 并释放大量能量的过程称为糖的有氧氧化（aerobic oxidation）。糖的有氧氧化是机体糖分解代谢的主要方式，可以生成大量ATP。

（二）有氧氧化的反应过程

有氧氧化的过程大致分为三个阶段：①葡萄糖或糖原经过糖酵解途径生成丙酮酸；②丙酮酸进入线粒体，氧化脱羧生成乙酰辅酶A、CO_2 和 $NADH+H^+$；③乙酰辅酶A进入三羧酸循环，生成 $NADH+H^+$、$FADH_2$ 和 CO_2，如图6-2所示。

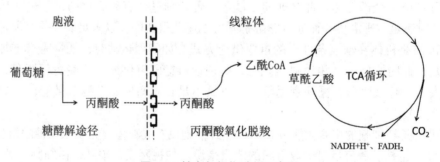

图6-2 糖有氧氧化过程示意图

1. **葡萄糖在胞液中转化为丙酮酸** 此过程与糖酵解途径基本相同，唯一不同的是有氧氧化时胞液中生成的 $NADH+H^+$ 通过不同的穿梭途径进入线粒体进行代谢（具体过程见第七章）。

2. **丙酮酸进入线粒体氧化脱羧生成乙酰辅酶A** 胞液中生成的丙酮酸通过线粒体内膜上的特异载体转运至线粒体内，在丙酮酸脱氢酶复合体的催化下发生氧化脱羧，生成乙酰辅酶A，同时生成 $NADH+H^+$，此反应为不可逆反应。

$$\underset{\text{丙酮酸}}{\begin{array}{c}COOH \\ | \\ C{=}O \\ | \\ CH_3\end{array}} + \underset{\text{辅酶A}}{HS{-}CoA} \xrightarrow[\underset{NAD^+ \quad NADH+H^+}{}]{\text{丙酮酸脱氢酶复合体}} \underset{\text{乙酰辅酶A}}{\begin{array}{c}CH_3 \\ | \\ CO{\sim}SCoA\end{array}} + CO_2$$

丙酮酸脱氢酶复合体属于多酶复合体，存在于线粒体中，由三种酶蛋白和五种辅酶（或辅基）按照不同比例组成（表6-1），该组合比例随生物体不同而不同。

表 6-1 丙酮酸脱氢酶复合体的组成

酶	辅酶（辅基）	所含维生素
丙酮酸脱氢酶（E_1）	TPP	维生素 B_1
二氢硫辛酸乙酰转移酶（E_2）	硫辛酸、辅酶 A	硫辛酸、泛酸
二氢硫辛酸脱氢酶（E_3）	FAD、NAD^+	维生素 B_2、维生素 PP

3. 三羧酸循环 乙酰辅酶 A 首先与草酰乙酸缩合生成柠檬酸，再通过 4 次脱氢、2 次脱羧等一系列反应，最终彻底氧化分解生成 CO_2 和 H_2O 并释放大量能量，这些能量用于生成大量 ATP。此循环过程的第一个反应产物是含有三个羧基的柠檬酸，因而将其称为三羧酸循环（TCA 循环）或柠檬酸循环，同时为了纪念德国科学家 Hans Krebs 在阐明三羧酸循环方面所做的贡献，这个循环也被称为 Krebs 循环。三羧酸循环共有 8 步反应。

（1）乙酰辅酶 A 与草酰乙酸缩合生成柠檬酸：该反应为不可逆反应，由柠檬酸合酶催化，柠檬酸合酶是三羧酸循环的关键酶之一。反应底物乙酰辅酶 A 通过其高能硫酯键的水解，提供反应所需能量，生成柠檬酸并释放辅酶 A。柠檬酸合酶对草酰乙酸的 K_m 很低，即便线粒体内草酰乙酸浓度很低，反应也能迅速进行。

（2）柠檬酸异构为异柠檬酸：柠檬酸通过脱水再加水两步反应，使羟基由 C_3 移位至 C_2，生成易于脱氢氧化的异柠檬酸，催化此反应的酶为顺乌头酸酶。

（3）异柠檬酸脱氢、脱羧生成 α- 酮戊二酸：该反应是三羧酸循环的第二个不可逆反应，由异柠檬酸脱氢酶催化，脱下的氢离子由 NAD^+ 接受，同时生成 CO_2。异柠檬酸脱氢酶是三羧酸循环的关键酶之一，是变构酶，ADP 为其变构激活剂，ATP 则是其变构抑制剂。

（4）α- 酮戊二酸脱氢、脱羧生成琥珀酰辅酶 A：该反应为三羧酸循环的第三个不可逆反应，催化该反应的酶是 α- 酮戊二酸脱氢酶复合体，是三羧酸循环的关键酶之一。该复合体与丙酮酸脱氢酶复合体一样，也含有三种酶蛋白、五种辅酶（或辅基）。结果使 α- 酮戊二酸转化为含有高能硫酯键的琥珀酰辅酶 A。

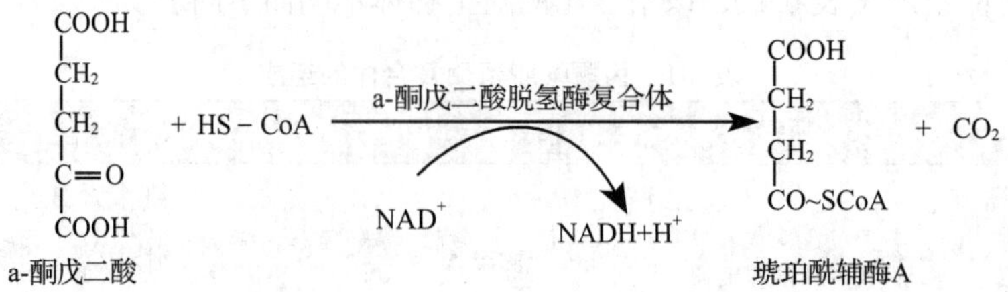

（5）琥珀酰辅酶 A 生成琥珀酸：琥珀酰辅酶 A 的高能硫酯键断裂，释放的能量转移给 GDP，使之磷酸化生成 GTP。这是三羧酸循环的唯一一次底物水平磷酸化，生成的 GTP 可以直接给机体供能，也可以将其高能磷酸基团交给 ADP 生成 ATP。催化这个反应的酶是琥珀酰辅酶 A 合成酶。

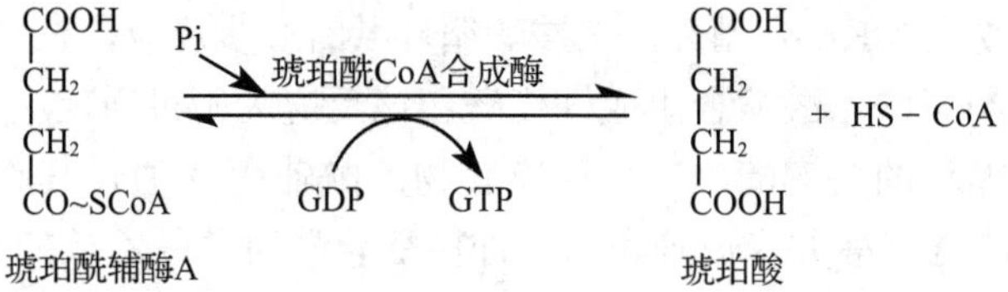

（6）琥珀酸脱氢生成延胡索酸：催化此反应的酶是琥珀酸脱氢酶，此酶是三羧酸循环中唯一一个结合在线粒体内膜的酶，辅基为 FAD，同时含有铁硫中心，脱下的一对氢离子由 FAD 接受生成 $FADH_2$。

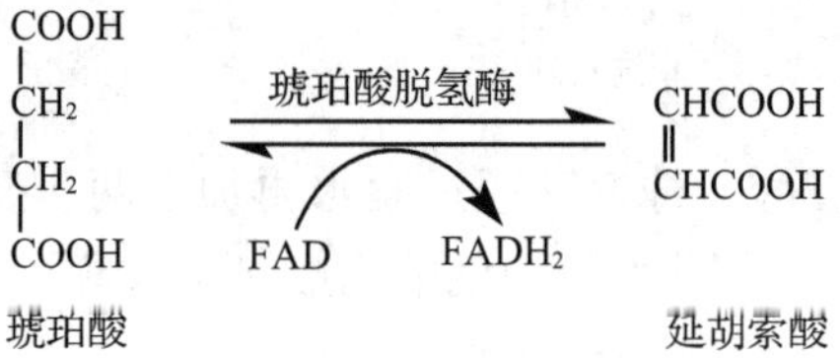

（7）延胡索酸加水生成苹果酸：延胡索酸在延胡索酸酶催化下，加水生成苹果酸。

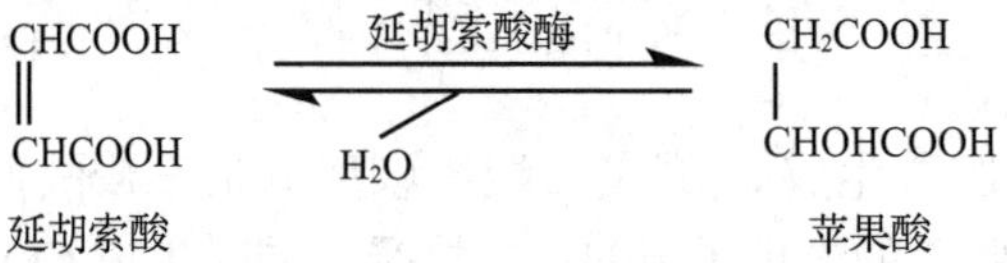

（8）苹果酸脱氢生成草酰乙酸：在苹果酸脱氢酶催化下，苹果树脱氢生成草酰乙酸完成此反应，脱下的一对氢离子由 NAD^+ 接受。

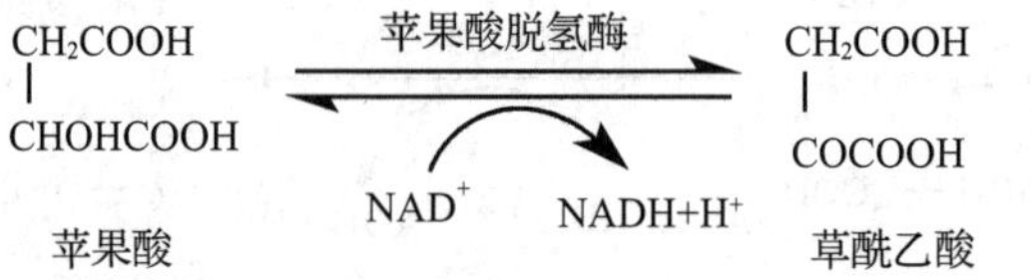

三羧酸循环的总反应过程如图 6-3 所示。

（三）三羧酸循环的特点和生理意义

1. 三羧酸循环的特点

（1）三羧酸循环在线粒体中进行，柠檬酸合酶、异柠檬酸脱氢酶和 α- 酮戊二酸脱氢酶系

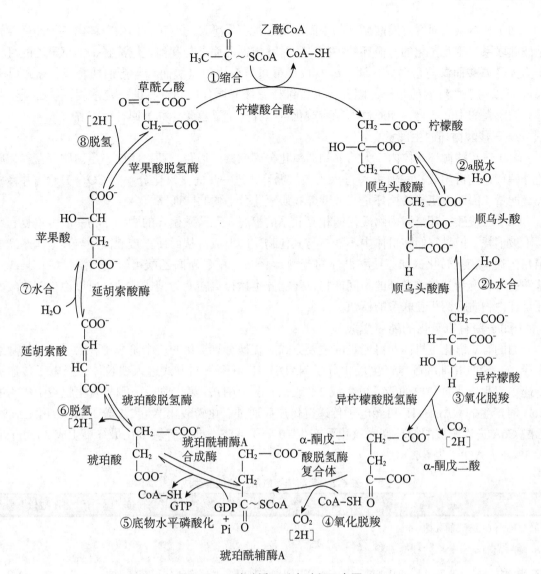

图 6-3 三羧酸循环反应过程示意图

是该代谢途径的关键酶，其中异柠檬酸脱氢酶是最主要的关键酶。它们所催化的反应多是单向不可逆的，所以三羧酸循环是不可逆反应。

（2）三羧酸循环由草酰乙酸与乙酰 CoA 缩合成含三个羧基的柠檬酸开始，以草酰乙酸的再生成结束。乙酰 CoA 的主要来源是糖、脂肪、氨基酸的氧化分解。糖酵解途径中生成的丙酮酸在有氧条件下进入线粒体，经丙酮酸脱氢酶系催化后生成乙酰 CoA；脂肪酸的氧化和氨基酸经脱氨基后生成的 α- 酮酸再进一步氧化分解也可生成乙酰 CoA。三羧酸循环每进行一次，即发生 2 次脱羧反应，生成 2 分子 CO_2。从量上来看，相当于消耗了乙酰 CoA 的乙酰基。

（3）三羧酸循环必须在有氧条件下进行。当氧供给充足时，丙酮酸氧化脱羧生成乙酰 CoA，进入 TAC 彻底氧化，故糖的氧化分解以有氧氧化为主，而无氧氧化被抑制，此种现象被称为巴斯德效应（Pasteur effect）。

（4）三羧酸循环是机体的主要产能途径。三羧酸循环包括一次底物水平磷酸化反应，生成 GTP；2 次脱羧反应；3 个关键酶（柠檬酸合酶、异柠檬酸脱氢酶、α- 酮戊二酸脱氢酶复合体）；4 次脱氢反应，生成 3 个 NADH+H^+ 和 1 个 FADH$_2$。NADH+H^+ 和 FADH$_2$ 通过呼吸链将氢离子传递给氧生成水，同时释放大量能量，可以生成 9 分子 ATP。因此，每次三羧酸循环共可生成 10 分子 ATP。

（5）虽然从表面看三羧酸循环的中间产物并没有发生量的变化，但由于体内各代谢途径间是彼此联系、相互转化的，循环的中间产物常移出循环而参与其他代谢途径，如草酰乙酸可转变为天冬氨酸而参与蛋白质代谢，α-酮戊二酸可转变为谷氨酸而参与蛋白质合成，琥珀酰辅酶A可以用于血红素的合成，因此，为了维持三羧酸循环中间产物的一定浓度，就必须不断补充被消耗的中间产物，如通过丙酮酸羧化可以补充草酰乙酸，称为回补反应。

2. 三羧酸循环的生理意义

（1）三羧酸循环是体内三大营养物质氧化分解的共同通路。糖、脂肪、蛋白质等营养物质的分解代谢均可生成乙酰辅酶A进入三羧酸循环，进一步完全氧化分解为CO_2、H_2O，并释放大量能量。因此，三羧酸循环是三大营养物质氧化分解的共同通路。

（2）三羧酸循环是体内物质代谢相互联系的枢纽。三羧酸循环的中间产物一般可重复利用而不被消耗，但是它们在机体中不断参与其他物质的形成，从而使三羧酸循环与其他代谢途径相互沟通，相互转化，如三羧酸循环的产物α-酮戊二酸、草酰乙酸可转变为氨基酸；某些氨基酸也可转变为三羧酸循环的中间产物，经糖异生途径再转变为糖或甘油。所以说，三羧酸循环是体内物质代谢相互联系的枢纽。

（四）糖有氧氧化的能量生成

糖的有氧氧化是机体获得能量的主要方式。在糖有氧氧化的三个阶段中，第一阶段糖酵解途径，3-磷酸甘油醛脱氢产生的1分子$NADH+H^+$可经不同方式进入线粒体，经电子传递链传递给氧生成水，释放的能量可生成2.5或1.5分子ATP。第二阶段丙酮酸氧化脱羧生成乙酰CoA时产生的$NADH+H^+$可经电子传递链传递后通过氧化磷酸化产生2.5分子ATP。第三阶段乙酰CoA进入三羧酸循环彻底氧化可产生10分子ATP。糖经有氧氧化最终可生成30分子或者32分子ATP（表6-2）。

表6-2　葡萄糖有氧氧化的能量生成

	ATP的生成方式	ATP数量
葡萄糖→6-磷酸葡萄糖		−1
6-磷酸葡萄糖→1,6-二磷酸果糖		−1
3-磷酸甘油醛→1,3-二磷酸甘油酸	NADH（$FADH_2$）呼吸链氧化磷酸化	2.5（1.5）×2
1,3-二磷酸甘油酸→3-磷酸甘油酸	底物水平磷酸化	1×2
磷酸烯醇式丙酮酸→烯醇式丙酮酸	底物水平磷酸化	1×2
丙酮酸→乙酰辅酶A	NADH呼吸链氧化磷酸化	2.5×2
异柠檬酸→α-酮戊二酸	NADH呼吸链氧化磷酸化	2.5×2
α-酮戊二酸→琥珀酰辅酶A	NADH呼吸链氧化磷酸化	2.5×2
琥珀酰辅酶A→琥珀酸	底物水平磷酸化	1×2
琥珀酸→延胡索酸	FADH呼吸链氧化磷酸化	1.5×2
苹果酸→草酰乙酸	NADH呼吸链氧化磷酸化	2.5×2
合计		30或32

（五）糖有氧氧化的调节

糖有氧氧化的主要功能在于提供机体活动所需要的能量，机体可根据能量需求调整糖的分解速度。在有氧氧化的三个阶段中，糖酵解途径的调节如上所述，这里重点介绍丙酮酸脱氢酶系及三羧酸循环的调节。

1. 丙酮酸脱氢酶系的调节　丙酮酸脱氢酶系有变构调节和共价修饰调节两种调节方式。乙酰CoA、NADH、ATP和脂肪酸等是丙酮酸脱氢酶系的变构抑制剂。ADP、CoA、NAD^+和

Ca^{2+} 等则是其变构激活剂。当 [ATP]/[ADP]、[NADH]/[NAD$^+$] 和 [乙酰 CoA]/[CoA] 升高时，丙酮酸脱氢酶系活性下降，有氧氧化被抑制。丙酮酸脱氢酶系还受到共价修饰作用的调节。在特定的激酶作用下，酶系组成成分之一的丙酮酸脱氢酶的丝氨酸残基被磷酸化，使丙酮酸脱氢酶失活。这个特定的激酶又受到 ATP 的变构激活：当 ATP 浓度升高时，该激酶被变构激活，丙酮酸脱氢酶被磷酸化而失活。相应的磷酸酶也可使磷酸化的丙酮酸脱氢酶系去磷酸化而恢复其活性。

2. 三羧酸循环的调节　三羧酸循环的速率受多种因素的调控。在三个催化不可逆反应的关键酶中，异柠檬酸脱氢酶和 α- 酮戊二酸脱氢酶系是两个重要的调节点。调节因素不仅包括代谢物浓度，而且更为重要的是 ATP 和 NADH 的浓度。当 [ATP]/[ADP]，[NADH]/[NAD$^+$] 比值增高时，三个关键酶活性被反馈抑制，三羧酸循环速率减慢。反之，这三个限速酶的活性被激活。此外，底物乙酰 CoA、草酰乙酸的不足，产物柠檬酸、ATP 产生过多，都能抑制柠檬酸合酶。

三、磷酸戊糖途径

磷酸戊糖途径是糖分解代谢的另一条重要途径。它的功能不是产生 ATP，而由 6- 磷酸葡萄糖开始形成旁路，生成具有重要生理功能的 5- 磷酸核糖和 NADPH。在此基础上，通过氧化、基因转移生成 6- 磷酸果糖和 3- 磷酸甘油醛，从而返回糖酵解途径，故该途径也称为磷酸戊糖旁路。此反应途径主要存在于肝、脂肪组织、甲状腺、肾上腺皮质、骨髓、性腺和红细胞等组织中。代谢相关的酶存在于细胞质中。

（一）反应过程

磷酸戊糖途径可分为两个阶段：第一阶段为不可逆的氧化反应阶段，生成磷酸戊糖、NADPH 和 CO_2；第二阶段为可逆的基团转换阶段，最终生成 6- 磷酸果糖和 3- 磷酸甘油醛。

1. 氧化反应阶段　6- 磷酸葡萄糖在 6- 磷酸葡萄糖脱氢酶的催化下脱氢，生成 6- 磷酸葡萄糖酸。6- 磷酸葡萄糖脱氢酶是磷酸戊糖途径的限速酶，其辅酶是 NADP$^+$，接受脱下的 H 生成 NADPH+H$^+$，反应需要 Mg^{2+} 参与。然后在 6- 磷酸葡萄糖酸脱氢酶的催化下，6- 磷酸葡萄糖脱氢、脱羧生成 5- 磷酸核酮糖，同时生成 NADPH+H$^+$ 和 CO_2。

在第一个阶段中，1 分子 6- 磷酸葡萄糖经过 2 次脱氢反应、1 次脱羧反应，生成 1 分子 5- 磷酸核酮糖，同时生成 2 分子 NADPH+H$^+$ 和 1 分子 CO_2。脱氢反应生成的 NADPH+H$^+$ 可用于许多化合物的合成。

5- 磷酸核酮糖可在磷酸戊糖异构酶的催化下转变为 5- 磷酸核糖，也可在差向酶的催化下生成 5- 磷酸木酮糖。

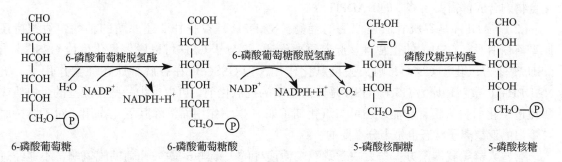

2. 基团转换阶段　第一阶段生成的 5- 磷酸核糖是合成核苷酸的原料。部分磷酸核糖通过一系列可逆的基团转移反应，转变为 6- 磷酸果糖和 3- 磷酸甘油醛，进入糖酵解途径进行代谢（图 6-4）。因此，磷酸戊糖途径也被称为磷酸戊糖旁路。

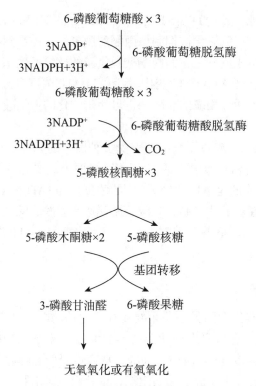

图 6-4 磷酸戊糖途径的基团转换

磷酸戊糖途径总反应为：

3×6- 磷酸葡萄糖 $+ 6NADP^+ \rightarrow 2 \times 6$- 磷酸果糖 $+ 3$- 磷酸甘油醛 $+ 6NADPH + 6H^+ + 3CO_2$

6- 磷酸葡萄糖脱氢酶是磷酸戊糖途径的限速酶，$NADPH+H^+$ 的浓度可影响该酶的活性，$NADPH+H^+$ 浓度增高时可抑制该酶活性，故该酶的活性主要受体内 $NADPH+H^+$ 需求量的调节。

（一）生理意义

1. 提供核酸生物合成的原料 5- 磷酸核糖是合成核苷酸及其衍生物的重要原料。体内的核糖并不依赖从食物中摄取，主要来自于磷酸戊糖途径。葡萄糖可以通过 6- 磷酸葡萄糖氧化脱羧产生磷酸核糖，磷酸戊糖途径是体内生成 5- 磷酸核糖的唯一途径。损伤后的组织再生、更新旺盛的组织（如肾上腺皮质等）此代谢比较活跃。

2. 体内生成 NADPH 的主要途径

（1）NADPH 是体内许多物质合成过程中重要的供氢体，脂肪酸、胆固醇、类固醇激素等化合物的合成都需要足够多的 NADPH。

（2）NADPH 是谷胱甘肽还原酶的辅酶：NADPH 是谷胱甘肽还原酶的辅酶，对维持还原型谷胱甘肽（GSH）的正常含量起着重要作用。2 分子 GSH 可以脱氢氧化生成 GSSG，当 GSH 转变为氧化型 GSSG，则失去抗氧化作用，但 GSSG 可在谷胱甘肽还原酶作用下，被 $NADPH+H^+$ 重新还原为 GSH。GSH 是体内重要的抗氧化剂，可以保护一些含巯基的蛋白质或酶免遭氧化而丧失正常功能，还可与氧化剂（如 H_2O_2）作用而消除其氧化作用，对于维持血红蛋白的亚铁离子状态也是十分重要的。

有些人群（我国南方）先天缺乏磷酸戊糖途径的关键酶 6- 磷酸葡萄糖脱氢酶，不能经过磷酸戊糖途径获得足够多的 NADPH，很难使谷胱甘肽维持还原状态。此时红细胞尤其是衰老的红细胞易于破裂，常由于某些诱因（如大量食用蚕豆）而出现急性溶血性黄疸，称为蚕豆病。

（3）NADPH 是加单氧酶体系的辅酶之一，参与体内的羟化反应，也可以参与激素、药物、毒物的生物转化作用。

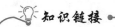**知识链接**

蚕 豆 病

　　蚕豆病是一种 6- 磷酸葡萄糖脱氢酶缺乏所导致的疾病，表现为患者食用新鲜蚕豆后突然发生的急性血管内溶血。此病好发于儿童，男性患者占 90% 以上。大多数患者食蚕豆后 1~2 天发病，早期症状有厌食、疲劳、低热、恶心、不定性的腹痛，接着因溶血而发生眼角黄染及全身黄疸，出现酱油色尿和贫血症状。严重时有休克、心力衰竭和肾衰竭，重度缺氧时还可见双眼固定性偏斜。此时如不及时抢救，则患者可于 1~2 天内死亡。

第三节　糖原的合成与分解

　　糖原（glycogen）是由葡萄糖聚合而成的多分支大分子多糖化合物。在糖原分子中，葡萄糖通过 α-1, 4 糖苷键形成直链结构，通过 α-1, 6 糖苷键形成分支（图 6-5），支链末端为非还原端。整个糖原分子呈树枝状，分子量为 1 000 000 ~ 10 000 000 D，多分枝状结构有利于增加糖原的水溶性。1 分子糖原只有 1 个还原性末端，而有多个非还原性末端。糖原每形成 1 个新的分支，就增加 1 个非还原性末端。糖原的合成与分解都是从非还原性末端开始的，非还原性末端越多，合成与分解的速度越快。糖原合成与分解的酶类均存在于细胞液中，所以糖原的合成与分解在细胞液中进行。

　　糖原是糖在体内的储存形式。人体内约有 400 g 糖原，可提供 8 ~ 12 小时的能量消耗。肝和肌肉组织是糖原的主要储存器官。肝组织中的糖原占肝重的 5% ~ 7%，总量为 70 ~ 100 g，肌肉中的糖原总量为 250 ~ 400 g。

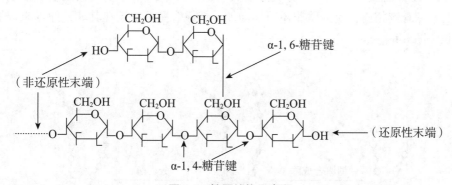

图 6-5　糖原结构示意图

一、糖原的合成代谢

　　由单糖（主要是葡萄糖）合成糖原的过程称为糖原生成（glycogenesis），整个反应过程在肝、肌肉组织细胞的胞质中进行，需要消耗 ATP 和 UTP。

（一）糖原的合成过程

1. **葡萄糖转化为 6- 磷酸葡萄糖**　该过程与糖酵解途径中葡萄糖转化为 6- 磷酸葡萄糖的过程相同。

2. 6- 磷酸葡萄糖在变位酶的作用下转化为 1- 磷酸葡萄糖（G-1-P），此步骤为可逆反应。

6-磷酸葡萄糖 ⇌ 磷酸葡萄糖变位酶 ⇌ 1-磷酸葡萄糖

3. 尿苷二磷酸葡萄糖的生成　在尿苷二磷酸葡萄糖焦磷酸化酶作用下，1-磷酸葡萄糖与UTP反应，生成尿苷二磷酸葡萄糖（uridine diphosphate glucose，UDPG）和焦磷酸。由于焦磷酸能在细胞中被焦磷酸酶迅速水解成 2 分子磷酸，从而使反应向糖原合成方向进行。UDPG 是葡萄糖的活化形式，在体内充当葡萄糖的供体。该反应可逆。

1-磷酸葡萄糖 + 尿苷 ⟶ UDPG焦磷酸化酶 ⟶ UDPG
（PPi）

4. UDPG 加到糖原引物上　在糖原合酶作用下，UDPG 的葡萄糖基移到糖原引物上，以 α-1, 4 糖苷键连接。每进行一次反应，糖原引物上即增加一个葡萄糖单位，由此使糖原分子不断延长。所谓引物，是指在聚合反应中作为底物而引发聚合反应的分子。游离的葡萄糖不能作为 UDPG 中葡萄糖基的接受体。

$$糖原（Gn*）+UDPG \xrightarrow{糖原合酶} 糖原（Gn+1）+UDP$$

* n 为糖原引物中糖基的数目

5. 糖原支链的形成　糖原合酶只能催化 α-1, 4 糖苷键生成，因此只能形成直链。当直链长度达到 12～18 个葡萄糖残基时，分支酶将其中的一段（5～8 个葡萄糖残基）移至相邻糖链上，以 α-1, 6 糖苷键相连，使糖原非还原端增加，糖原合酶可继续在其非还原性末端催化进行糖链的延长（图 6-6）。

图 6-6　分支酶的作用

（二）糖原合成反应的特点

1. 糖原的合成是耗能过程　UDPG 在形成过程中需要 ATP 和 UTP 提供所需能量。糖原引物每延长一个葡萄糖单位，需要消耗 2 个高能磷酸键。

2. 糖原合成需要糖原引物　糖原合酶不能催化 2 个葡萄糖分子从头开始以 α-1, 4 糖苷键形成连接，只能将 UDPG 中的葡萄糖基通过 α-1, 4 糖苷键连接在含有至少 4 个葡萄糖残基的葡聚糖分子上，这个含至少 4 个葡萄糖残基的分子被称为糖原引物。实际上起引物作用的是一种被称为糖原引物蛋白的蛋白质，糖原引物连接在该蛋白分子第194位酪氨酸残基的酚羟基上。

3. **糖原合酶是糖原合成过程的关键酶** 糖原合酶主要受共价修饰调节，胰岛素可以增强其活性，胰高血糖素、肾上腺素、糖皮质激素等能抑制该酶活性。

二、糖原的分解代谢

肝糖原分解为葡萄糖以补充血糖的过程，称为糖原分解（glycogenolysis），主要发生在胞液。肌糖原不能分解为葡萄糖，主要是循糖酵解途径进行代谢。糖原分解的过程如下：

1. **糖原磷酸化为1-磷酸葡萄糖** 磷酸化酶可以从糖原分子的非还原端开始，催化 α-1, 4 糖苷键断裂，逐个水解下葡萄糖单位，并将其磷酸化生成1-磷酸葡萄糖。糖原磷酸化酶是糖原分解的关键酶。

$$糖原（Gn+1）+ Pi \xrightarrow{\text{磷酸化酶}} 糖原（Gn）+ 1\text{-磷酸葡萄糖}$$

2. **1-磷酸葡萄糖异构为6-磷酸葡萄糖** 1-磷酸葡萄糖在磷酸葡萄糖变位酶的催化下转变为6-磷酸葡萄糖。

$$1\text{-磷酸葡萄糖} \xleftrightarrow{\text{磷酸葡萄糖变位酶}} 6\text{-磷酸葡萄糖}$$

3. **6-磷酸葡萄糖水解为葡萄糖** 6-磷酸葡萄糖在葡萄糖-6-磷酸酶催化下水解为葡萄糖。葡萄糖-6-磷酸酶主要存在于肝细胞，因此只有肝糖原能直接分解为葡萄糖以补充血糖。由于肌肉组织中缺乏葡萄糖-6-磷酸酶，因此肌糖原不能直接分解为葡萄糖补充血糖，只能以6-磷酸葡萄糖的形式进行糖酵解或有氧氧化。

$$6\text{-磷酸葡萄糖} + H_2O \xrightarrow{\text{葡萄糖-6-磷酸酶}} 葡萄糖 + Pi$$

4. **脱支酶的作用** 磷酸化酶只能水解糖原直链部分的 α-1, 4 糖苷键，但由于空间位阻的作用，当距分支点剩4个葡萄糖基时就不起作用。此时由脱支酶继续发挥作用。脱支酶首先发挥 4-α 葡聚糖转移酶活性，将分支上的3个葡聚糖基转移到邻近的糖链非还原端上，以 α-1, 4 糖苷键连接。然后脱支酶发挥 α-1, 6 糖苷酶活性，将分支处剩余一个葡萄糖基的 α-1, 6 糖苷键水解，生成游离葡萄糖。目前认为脱支酶是一种双功能酶，包括葡聚糖转移酶和 α-1, 6 糖苷酶两种活性，合称脱支酶。

在糖原磷酸化酶与脱支酶的共同作用下，糖原分支逐渐减少，分子也越来越小，最终生成约85% 1-磷酸葡萄糖和约15% 游离葡萄糖（图6-7）。

三、糖原合成与分解的生理意义

糖原是机体储存葡萄糖的形式，也是机体储存能量的一种方式。糖原合成与分解对维持机体血糖浓度的相对恒定有重要作用。在饱食或能量供应充足情况下，机体将摄入的葡萄糖合成糖原储存起来，以免血糖浓度过高。肝糖原分解能提供葡萄糖，主要在饥饿期间维持血糖浓度的相对恒定，如饥饿或禁食12小时以内主要靠肝糖原分解补充血糖，以满足脑组织的能量需求。肌糖原分解则为肌肉自身收缩提供能量。

四、糖原合成与分解的调节

糖原合成与分解代谢是由两套不同酶催化的反应过程。两个过程的关键酶分别是糖原合酶和糖原磷酸化酶，这两种酶在体内都以活性、无（低）活性两种形式存在，均受到共价修饰调

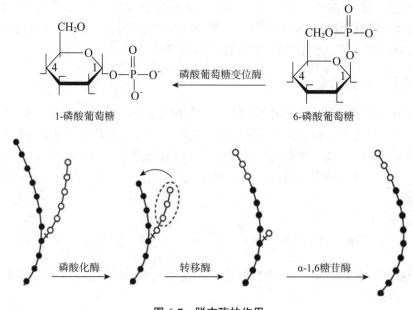

1-磷酸葡萄糖　　　　　　　　　　　　　　　　　6-磷酸葡萄糖

图 6-7　脱支酶的作用

节和变构调节双重调节作用，共同维持血糖浓度的相对恒定。它们的活性强弱，直接影响糖原代谢的方向与速度。

（一）共价修饰调节

糖原合酶和糖原磷酸化酶均受到磷酸化与去磷酸化调节，其磷酸化状态使酶活性发生根本的改变。糖原合酶磷酸化后失去活性（此时称为糖原合酶 b，有活性的糖原合酶称为糖原合酶 a），糖原磷酸化酶发生磷酸化后则变得有活性（此时称为磷酸化酶 a，无活性的磷酸化酶称为磷酸化酶 b）。

当机体受到某些影响时，如血糖水平下降、剧烈运动、应激反应状态等，肾上腺素和胰高血糖素分泌增加，这两种激素与肝或肌肉等组织细胞膜受体结合，由 G 蛋白介导活化腺苷酸环化酶，使 cAMP 生成增加，cAMP 进而激活蛋白激酶 A（protein kinase，PKA）。活化的蛋白激酶一方面使有活性的糖原合酶 a 发生磷酸化，变为无活性的糖原合酶 b，使糖原合成过程减弱；另一方面使糖原磷酸化酶 b 发生磷酸化，变为有活性的糖原磷酸化酶 a，使糖原分解加强。这种双向调节的最终结果是抑制了糖原合成，促进了糖原分解（图 6-8）。

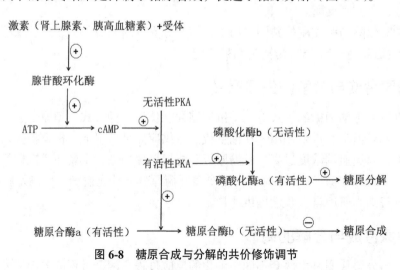

图 6-8　糖原合成与分解的共价修饰调节

（二）变构调节

糖原合酶与糖原磷酸化酶都是变构酶，可受到代谢物的变构调节。

6-磷酸葡萄糖是糖原合酶 b 的变构激活剂。当血糖浓度增高时，进入组织细胞的葡萄糖增多，6-磷酸葡萄糖生成增加，可激活糖原合酶 b，使之转变为有活性的糖原合酶 a，加速糖原合成。同时，抑制糖原磷酸化酶，阻止糖原分解。

ATP 和葡萄糖也是糖原磷酸化酶抑制剂，高浓度 AMP 可激活无活性的糖原磷酸化酶 b 使之产生活性，加速糖原分解。反之，ATP 是糖原磷酸化酶 a 的变构抑制剂，使糖原分解减弱。Ca^{2+} 可激活磷酸化酶激酶，进而激活磷酸化酶，促进糖原分解。

第四节　糖　异　生

由非糖物质转变为葡萄糖或者糖原的过程称为糖异生（gluconeogenesis）作用。糖异生作用主要在肝内进行，原料主要有甘油、乳酸、生糖氨基酸等物质。肾也有较弱的糖异生作用，正常情况下约为肝的 1/10，但是在长期饥饿、酸中毒等情况下，其糖异生作用显著加强，几乎与肝持平。

一、糖异生的途径

糖异生过程基本上是糖酵解途径的逆过程，但是糖酵解途径中的己糖激酶（葡萄糖激酶）、6-磷酸果糖激酶-1 及丙酮酸激酶催化的反应是不可逆的，因此实现糖异生必须要有另外不同的一组酶来催化其逆反应过程，这些酶同时也是糖异生的限速酶（图 6-9）。

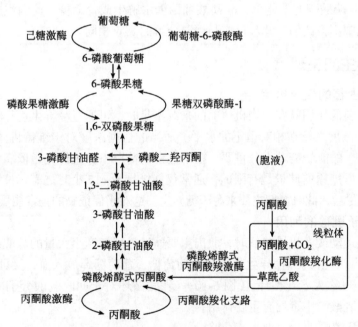

图 6-9　糖酵解途径与糖异生途径示意图

（一）丙酮酸转化为磷酸烯醇式丙酮酸

丙酮酸不能直接转化为磷酸烯醇式丙酮酸，需经两步反应才能转化为磷酸烯醇式丙酮酸。首先，胞液中的丙酮酸进入线粒体，由线粒体中的丙酮酸羧化酶催化，丙酮酸羧化为草酰乙酸。丙酮酸羧化酶只存在于线粒体，其辅酶为生物素。CO_2 首先在 ATP 供能的情况下与生物素结合，然后活化的 CO_2 再与丙酮酸反应生成草酰乙酸。第二步，草酰乙酸转移到胞液中，由磷酸烯醇式丙酮酸羧激酶催化，GTP 供能，脱羧生成磷酸烯醇式丙酮酸。此过程称为丙酮酸羧化支路，由 ATP 和 GTP 分别提供两步反应所需的能量，因此共消耗 2 分子高能磷酸键。

在葡萄糖 -6- 磷酸酶的催化下，6- 磷酸葡萄糖水解生成葡萄糖，此酶主要存在于肝、肾细胞中，肌肉组织中不含此酶。此步反应与糖原分解的反应相同。

草酰乙酸不能自由穿过线粒体膜，需借助两种方式才能转运：一种是苹果酸穿梭机制。草酰乙酸经苹果酸脱氢酶催化生成苹果酸，苹果酸出线粒体后再由苹果酸脱氢酶催化生成草酰乙酸。另一种方式是谷氨酸 – 天冬氨酸穿梭机制。线粒体中的草酰乙酸经谷草转氨酶催化生成天冬氨酸，天冬氨酸出线粒体转运至胞液，再由谷草转氨酶催化生成草酰乙酸。后面的反应均在胞液中进行。

（二）1, 6- 双磷酸果糖转化为 6- 磷酸果糖

在果糖双磷酸酶 -1 的催化下，1, 6- 双磷酸果糖脱去一个磷酸基团，生成 6- 磷酸果糖。

（三）6- 磷酸葡萄糖水解生成葡萄糖

在葡萄糖 -6- 磷酸酶的催化下，6- 磷酸葡萄糖水解生成葡萄糖，此酶主要存在于肝、肾细胞中，肌肉组织中不含此酶。此步反应与糖原分解的反应相同。

二、糖异生的生理意义

（一）维持血糖的相对恒定

糖异生最主要的作用就在于当机体糖的来源不足时，可通过糖异生途径将非糖物质转变为葡萄糖，使血糖浓度维持在相对恒定的水平。适当的血糖浓度对于维持机体重要器官（如脑、红细胞、骨髓等）的能量需求十分重要。在不进食的情况下，机体先是依靠肝糖原的分解来维持血糖浓度，但肝糖原的储量是有限的，通常仅能维持 8 ~ 12 小时之需；长期饥饿状况下，肝糖原基本分解殆尽后，此时血糖主要来源于糖异生。这对于保证脑的正常能量供应十分有必要。

（二）有利于乳酸的利用

当进行剧烈运动或者机体缺氧时，肌肉主要通过糖酵解产生大量的乳酸，这些乳酸随着血液循环转运至肝，在肝内经糖异生作用合成葡萄糖，葡萄糖释放入血，又可被肌肉摄取利用，形成乳酸循环（也称为 cori 循环）（图 6-10）。乳酸循环对于回收乳酸分子中的能量、更新肌糖原，以及防止乳酸酸中毒均有重要作用。

（三）补充肝糖原

20 种氨基酸中的生糖氨基酸，可以分别转化为丙酮酸、α- 酮戊二酸和草酰乙酸等，参与糖异生作用。实验证明，进食蛋白质后，肝糖原的含量增加。禁食晚期，由于组织蛋白质分解增强，血中氨基酸含量升高，糖异生作用十分活跃，是饥饿时维持血糖的主要原料来源。

（四）调节酸碱平衡

长期饥饿时，肾糖异生作用增强，有利于维持酸碱平衡。其机制可能是长期饥饿时酮体生成增加，导致代谢性酸中毒，体液 pH 降低，可促进肾小管上皮细胞中磷酸烯醇式丙酮酸羧激

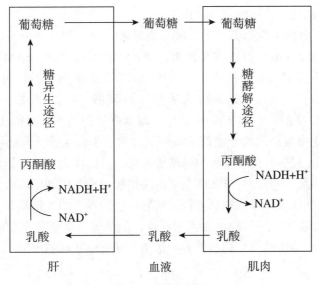

图 6-10　乳酸循环

酶合成，从而促进肾糖异生作用。由于三羧酸循环中间代谢物进行糖异生，造成 α- 酮戊二酸含量降低，促使谷氨酸和谷氨酰胺脱氨基生成的 α- 酮戊二酸补充三羧酸循环，产生的氨则分泌进入肾小管，与原尿中 H^+ 结合成 NH_4^+，随尿液排出体外，从而降低原尿中 H^+ 的浓度。

三、糖异生的调节

糖异生与糖酵解是方向相反的两条代谢途径，但通过相互协调，共同调节机体血糖的相对恒定。两条代谢途径中关键酶的激活或抑制要互相配合：当糖供应充足时，糖酵解有关的酶活性增高，糖异生有关的酶活性减低；当糖供应不足时，糖酵解有关的酶活性减低，糖异生有关的酶活性增高。体内通过改变酶的合成速度、变构调节和共价修饰调节来调控这两条途径中关键酶的活性，以达到维持血糖浓度相对恒定的目的。

（一）代谢物的变构调节作用

1. **ATP/AMP、ADP 的调节作用**　ATP 是丙酮酸羧化酶和果糖双磷酸酶 -1 的变构激活剂，同时又是丙酮酸激酶和 6- 磷酸果糖激酶 -1 的变构抑制剂。所以当细胞内 ATP 含量较高时，可促进糖异生作用而抑制糖的氧化分解。与此相反，AMP、ADP 是丙酮酸羧化酶和果糖双磷酸酶的变构抑制剂，同时又是丙酮酸激酶和 6- 磷酸果糖激酶 -1 的变构激活剂，因而抑制糖异生作用，促进糖的氧化分解。

2. **乙酰辅酶 A 的调节作用**　乙酰辅酶 A 是丙酮酸脱氢酶复合体的变构抑制剂，又是丙酮酸羧化酶的激活剂。当脂肪酸大量氧化时，可产生过多的乙酰辅酶 A，它一方面反馈抑制丙酮酸脱氢酶复合体的活性，使丙酮酸氧化脱羧受阻而大量堆积，为糖异生提供了丰富的原料；另一方面又可激活丙酮酸羧化酶，加速丙酮酸生成草酰乙酸，从而促进糖异生作用。

3. **2, 6- 双磷酸果糖的调节作用**　2, 6- 双磷酸果糖在糖酵解、糖异生的相互调节中起着重要作用。2, 6- 双磷酸果糖是 6- 磷酸果糖激酶 -1 最强烈的变构激活剂，同时也是果糖双磷酸酶 -1 的变构抑制剂。在糖供应充足时，2, 6- 双磷酸果糖浓度增高，激活 6- 磷酸果糖激酶 -1，抑制果糖双磷酸酶 -1，促进糖酵解。在糖供应缺乏时，2, 6- 双磷酸果糖浓度降低，减低对 6- 磷酸果糖激酶 -1 的激活、减低对果糖双磷酸酶 -1 的抑制，使糖异生增加。

（二）激素的调节作用

激素对糖异生作用的调节，主要是通过调节糖异生途径关键酶的活性以及调节糖异生的原料供应这两方面来实现的。起主要调节作用的激素是胰高血糖素、肾上腺素、肾上腺皮质激素及胰岛素，通过共价修饰方式达到调节作用。

1. 胰高血糖素 血糖浓度降低可导致胰高血糖素、肾上腺素等分泌增加，激素与细胞膜受体结合，由 G 蛋白介导活化腺苷酸环化酶，使 cAMP 生成增加，cAMP 进而激活蛋白激酶 A（PKA）。PKA 将丙酮酸激酶磷酸化，磷酸化后的丙酮酸激酶活性降低，糖酵解受到抑制。胰高血糖素和肾上腺素还通过 cAMP-PKA 通路对 6- 磷酸果糖激酶 -2 进行磷酸化共价修饰，抑制 6- 磷酸果糖激酶 -2 的活性，从而减少 2, 6- 双磷酸果糖的量，降低 2, 6- 双磷酸果糖对 6- 磷酸果糖激酶 -1 的变构激活作用，使糖酵解受到抑制。胰高血糖素等还可以促进脂肪动员和蛋白质分解，给糖异生提供甘油和生糖氨基酸等原料，总的作用是促进糖异生作用。

当血糖浓度升高时，一方面可导致胰岛素分泌增加，成为增加糖酵解关键酶合成的诱导因素；另一方面可抑制糖皮质激素和胰高血糖素诱导产生糖异生的关键酶。

2. 胰岛素 胰岛素的作用与胰高血糖素相反，能诱导糖酵解关键酶的生成和活性，促进组织利用葡萄糖，减少脂肪动员，抑制糖异生作用（详见糖酵解的调节）。

第五节 血糖及其调节

一、血糖的概念、来源及去路

（一）血糖的概念

血糖（blood glucose）指血液中的单糖，主要是指血液中的葡萄糖。血糖浓度随进食、活动等变化而有所波动。血糖浓度相对较为恒定，正常成人空腹血糖浓度为 3.89 ~ 6.11 mmol/L（葡萄糖氧化酶法）。血糖浓度的相对恒定对保证组织器官，特别是脑组织的正常生理活动具有重要意义。血糖浓度的相对恒定依赖于体内血糖来源和去路的动态平衡。

（二）血糖的来源和去路

1. 血糖的来源

（1）食物中经消化、吸收入血的糖类：食物中的糖类物质在肠道经消化、吸收入血的葡萄糖，是血糖的主要来源。

（2）肝糖原分解：空腹时血糖浓度降低，肝糖原分解成游离葡萄糖释放入血，补充血糖。这是空腹时血糖的重要来源。

（3）糖异生作用：长期饥饿时，肝糖原分解殆尽，非糖物质在肝、肾中经糖异生作用转变为葡萄糖，以维持血糖水平的相对稳定。这是饥饿时血糖的主要来源。

2. 血糖的去路

（1）在组织细胞中氧化分解供能，这是血糖的主要去路。

（2）合成糖原：当血糖来源充足时，在肝、肌肉等组织合成糖原贮存。

（3）转化为其他物质：血糖可以转变成其他糖类及非糖物质，如核糖、脱氧核糖、糖脂、有机酸、非必需氨基酸等。

（4）随尿液排出：血糖浓度超过 8.89 ~ 10.0 mmol/L 时，超过肾小管对葡萄糖的最大重吸收能力，则随尿液排出，出现尿糖。此时的血糖值称为肾糖阈。

血糖的来源及去路概况如图 6-11 所示。

二、血糖的调节

血糖浓度受多种因素调节，如肝、肌肉等组织器官以及激素等。这些高效率的调节机制保证了血糖浓度的恒定。

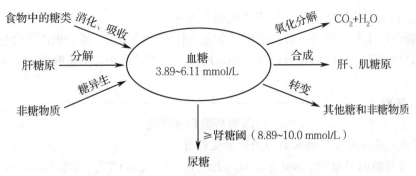

图 6-11 血糖的来源和去路

（一）肝对血糖的调节

肝是三大物质代谢的重要器官，在血糖浓度调节方面具有重要的作用。当餐后血糖浓度增高时，肝糖原合成加强而分解减弱，因而血糖仅在短时间增高，然后迅速恢复正常；空腹或饥饿时，肝糖原分解加强，用以补充血糖；长期饥饿情况下，肝的糖异生作用加强，血糖仍可保持在低水平状态，以保证脑组织的需要。

肌肉也对血糖浓度有一定的调节作用，可利用血糖合成肌糖原。

（二）激素对血糖的调节

可将调节血糖的激素分为两类：一类是降低血糖的激素，为胰岛素；另一类是升高血糖的激素，如肾上腺素、胰高血糖素、肾上腺糖皮质激素和生长素等。两类不同作用的激素相互协调，共同调节血糖的正常水平（表 6-3）。

表 6-3 激素对血糖水平的调节作用

降低血糖的激素		升高血糖的激素	
胰岛素	1. 促进组织细胞摄取葡萄糖	胰高血糖素	1. 促进肝糖原分解，抑制糖原合成
	2. 加速糖原合成		2. 促进糖异生
	3. 促进糖的有氧氧化		3. 激活激素敏感脂肪酶，加速脂肪动员
	4. 促进糖转变为脂肪	肾上腺素	1. 促进糖原分解
	5. 抑制糖异生		2. 促进糖异生
	6. 抑制糖原分解	糖皮质激素	1. 促进糖异生
			2. 抑制组织细胞摄取葡萄糖

三、糖代谢异常

（一）高血糖与糖尿病

高血糖（hyperglycemia）是指空腹血糖浓度高于 6.9 mmol/L。如果血糖高于肾糖阈（8.89 ~ 10.0 mmol/L），超过肾小管对糖的最大重吸收能力，就会出现尿糖。

高血糖出现的原因多种多样，生理情况下，如情绪激动致交感神经兴奋、肾上腺素等分泌增加，可以使血糖浓度升高，称为情感性高血糖；一次性食入大量糖，血糖急剧升高，称为饮食性高血糖。上述两种高血糖及尿糖，受试者空腹血糖浓度均在正常水平，且无临床症状和意义。临床上最常见的病理性高血糖症是糖尿病。糖尿病（diabetes mellitus，DM）是一种以糖代谢紊乱为主要表现的慢性、复杂的代谢性疾病，由胰岛素合成分泌不足或利用缺陷引起。由于胰岛素分泌绝对或者相对不足，导致葡萄糖不易进入细胞，糖的分解代谢受阻，糖原合成减少，糖原分解增加，糖异生作用增强。总之是使血糖的来源增加、去路减少，出现持续性的高血糖。糖尿病的典型表现为多食、多饮、多尿和体重减轻的"三多一少"症状，严重时可出现酸中毒、继发感染、多器官损伤、功能紊乱和衰竭等。

除高血糖可以引起尿糖外，肾脏病变（如先天性肾功能不全）或肾糖阈下降也会导致尿糖出现，称为肾性糖尿。此时血糖可以没有明显增高，主要是由于肾的重吸收能力下降引起。

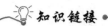

知识链接

口服葡萄糖耐量试验

糖耐量：是指人体对摄入葡萄糖的耐受能力。

口服葡萄糖耐量试验（oral glucose tolerance test，OGTT）：临床上检验人体糖耐量的一种方法，能够辅助诊断糖代谢紊乱的相关性疾病，多用于疑似糖尿病者。方法是：空腹 10 小时以上进行，一次服用 75 g 葡萄糖（WHO 推荐），溶于 250~300 ml 水中，5 分钟内饮完，2 小时后测血糖。其血糖值 < 7.8 mmol/L 为正常；≥ 7.8 且 < 11.1 mmol/L 为糖耐量减低，是正常血糖代谢与糖尿病之间的中间状态；≥ 11.1 mmol/L 考虑为糖尿病（需另一天再次证实）。

（二）低血糖

1. **概念** 低血糖（hypoglycemia）是指各种原因引起的血糖浓度过低，一般以成人血浆血糖浓度小于 2.8 mmol/L 为低血糖。由于脑组织的主要能量来源于糖有氧氧化，故低血糖可以严重影响脑的正常功能，导致低血糖性休克，甚至死亡。

2. **低血糖的常见原因**

（1）饥饿或不能进食时，外源性血糖的来源断绝，内源性的肝糖原已经耗竭，因而造成低血糖。

（2）胰岛 B 细胞增生（如胰岛肿瘤），胰岛素分泌过多，引起低血糖。

（3）严重肝疾患（如肝癌），肝功能普遍低下，糖原的合成、分解及糖异生等糖代谢过程均受损，肝不能及时、有效地调节血糖浓度，故易产生低血糖。

（4）内分泌功能异常（垂体功能或肾上腺功能低下），使对抗胰岛素的激素分泌减少，也会引起低血糖。

（5）空腹饮酒，也可引起低血糖。

3. **低血糖的危害及处理** 低血糖时，患者常出现头晕、心悸、出冷汗、手震颤、倦怠无力等症状，并影响脑的正常功能。因为脑细胞中几乎不储存糖原，其所需能量直接靠摄取血液中的葡萄糖进行氧化分解。当血糖含量降低时，可影响脑细胞的能量供应，进而影响脑的正常功能，严重时出现昏迷，甚至导致死亡。

一旦出现低血糖症状，即应及时进行处理：

（1）早期可给患者饮用糖溶液，或进食含糖较多的饼干或点心。

（2）如患者神志已发生改变，可静脉注射 50% 葡萄糖溶液 40~60 ml。患者病情更严重时，可用 10% 葡萄糖溶液持续静脉滴注。

（3）有条件时可用胰高血糖素 1 mg 肌内注射。

简答题

1. 2008 年汶川大地震中被埋矿洞 172 个小时获救的"最牛矿工"彭国华，如今已是一名技术娴熟的泥瓦匠，过着幸福的生活。请分析，在那灾难的 172 小时中，其体内血糖浓度的变化过程及原因。

2. 请说出血糖的来源与去路。为什么说肝是维持血糖浓度恒定的重要器官？

3. 一般情况下肌肉（如腹肌）组织中的糖主要通过什么途径分解？剧烈运动（如连续仰卧起坐 100 次）时肌肉主要通过什么途径获得能量？为什么剧烈运动后会感觉肌肉酸痛，酸痛感过几天又会消失？两种状况下的能量获取方式各有什么特点？

（付达华）

第七章

生 物 氧 化

本章思维导图

```
生物氧化
├─ 概述
│   ├─ 生物氧化的概念
│   ├─ 生物氧化的特点
│   └─ 生物氧化过程中 CO₂ 的生成
│       ├─ α- 单纯脱羧
│       ├─ α- 氧化脱羧
│       ├─ β- 单纯脱羧
│       └─ β- 氧化脱羧
│
├─ 线粒体生物氧化体系
│   ├─ 呼吸链的概念
│   ├─ 呼吸链的组成与作用
│   ├─ 线粒体内重要的氧化呼吸链
│   │   ├─ NADH 呼吸链
│   │   └─ FADH₂ 呼吸链
│   ├─ 线粒体外 NADH 氧化
│   │   ├─ 苹果酸－天冬氨酸穿梭
│   │   └─ α- 磷酸甘油穿梭
│   └─ 能量生成、利用、转移和储存
│       ├─ 底物水平磷酸化：高能磷酸键的能量直接转移给 ADP（GDP）
│       ├─ 氧化磷酸化（主要方式）
│       │   ├─ 通过呼吸链传递，氧化过程和磷酸化过程偶联
│       │   └─ 影响因素
│       │       ├─ 抑制剂
│       │       │   ├─ 电子传递抑制剂
│       │       │   │   ├─ 抑制电子传递
│       │       │   │   └─ 抑制 ATP 生成
│       │       │   ├─ 氧化磷酸化抑制剂
│       │       │   │   ├─ 抑制 ATP 生成
│       │       │   │   └─ 间接抑制电子传递
│       │       │   └─ 解偶联剂
│       │       │       ├─ 抑制 ATP 生成
│       │       │       └─ 不抑制电子传递
│       │       ├─ ADP/ATP 浓度的调节
│       │       └─ 甲状腺激素：ATP 合成、分解加快
│       └─ ATP 的储存与利用
│
└─ 非线粒体氧化体系
    ├─ 微粒体氧化体系
    │   ├─ 加单氧酶
    │   └─ 加双氧酶
    ├─ 过氧化物酶体氧化体系
    │   ├─ 过氧化氢酶
    │   └─ 过氧化物酶
    └─ 超氧化歧化酶
```

学习目标

1. 掌握：生物氧化的概念、特点、方式；呼吸链的概念、组成成分及作用；CO_2、H_2O 和 ATP 的生成方式。

2. 熟悉：氧化磷酸化的概念、偶联部位及影响因素。

3. 了解：氧化磷酸化偶联机制，微粒体氧化体系和过氧化物酶氧化体系的基本作用。

第一节 概 述

 案例 7-1　　某市，一对新婚夫妇相约好友刘某等 9 人到自己经营的店内吃火锅。本来聚餐是一件开开心心的事，谁知因为就餐房间内未安装通风设施，造成刘某等人出现不同程度的呼吸困难、头晕、恶心等症状。经医院检查，9 人均被诊断为"急性一氧化碳中毒"。

问题与思考： 一氧化碳中毒的机制是什么？

一、生物氧化的概念

生物氧化（biological oxidation）是指糖、脂肪、蛋白质等营养物质在生物体内氧化分解时逐步释放能量，最终生成 CO_2 和 H_2O 的过程。因生物氧化过程中细胞要摄取 O_2 和释放 CO_2，故也将其称为细胞呼吸或组织呼吸。

二、生物氧化的特点

线粒体内的生物氧化与有机物体外氧化相比，具有相同的反应本质，即物质在氧化时所消耗的氧量、生成的终产物（CO_2 和 H_2O），以及释放的能量均相同。但线粒体内的生物氧化又具有自身的特点。

（1）生物氧化是在细胞内温和的环境中（37 ℃、pH 7.35～7.45），在酶的催化下逐步进行的过程。

（2）生物氧化的方式以代谢物脱氢氧化为主。

（3）生物氧化的最终产物 H_2O 是由代谢物脱下的氢经呼吸链传递给氧而获得，而 CO_2 则是通过有机酸脱羧基作用产生。

（4）生物氧化中产生的能量是逐步释放的，约 40% 的能量以 ATP 的形式储存、转移和利用，其余部分以热能的形式维持体温。

（5）生物氧化的反应速度受体内多种因素的调控。

线粒体内的生物氧化与体外氧化的比较见表 7-1。

表 7-1　线粒体内的生物氧化与体外氧化的比较

	生物氧化	体外氧化
相同点	氧化方式均为加氧、脱氢、失电子	
	耗氧、释放能量、终产物（CO_2，H_2O）均相同	

		生物氧化	体外氧化
不同点	反应程度	温和	剧烈
	反应条件	体温、pH 近中性	高温、高压
	反应过程	酶促反应逐步进行	一步完成
	CO_2 生成方式	有机酸脱羧	C 和 O 直接结合
	酶	需要	不需要
	能量释放	逐步	瞬间
	能量形式	ATP	热能

三、生物氧化过程中 CO_2 的生成

营养物质糖、脂肪及蛋白质在人体内代谢过程中产生不同的有机酸，而生物氧化中产生的 CO_2 则来自这些有机酸的脱羧反应。根据脱去羧基的位置不同，将脱羧反应分为 α- 脱羧和 β- 脱羧。根据反应是否伴有脱氢反应，又将其分为单纯脱羧和氧化脱羧。故可将脱羧反应分为：α- 单纯脱羧、α- 氧化脱羧、β- 单纯脱羧、β- 氧化脱羧四种类型。

1. α- 单纯脱羧

$$R-\underset{\underset{NH_2}{|}}{CH}-\boxed{COOH} \xrightarrow[\text{磷酸吡哆醛}]{\text{氨基酸脱羧酶}} R-CH_2-NH_2 + CO_2$$

2. α- 氧化脱羧

$$H_3C-\underset{\underset{}{\overset{O}{\|}}}{C}-\boxed{COOH} + CoA\ SH \xrightarrow[NAD^+ \quad NADH+H^+]{\text{丙酮酸脱氢酶系}} H_3C-\underset{\overset{O}{\|}}{C}\sim SCoA + CO_2$$

3. β- 单纯脱羧

$$\begin{array}{c} COOH \\ | \\ C=O \\ | \\ CH_2 \\ | \\ \boxed{COOH} \end{array} \underset{\text{丙酮酸羧化酶}}{\rightleftarrows} \begin{array}{c} COOH \\ | \\ C=O \\ | \\ CH_3 \end{array} + CO_2$$

4. β- 氧化脱羧

$$\begin{array}{c} COOH \\ | \\ CHOH \\ | \\ CH_2 \\ | \\ \boxed{COOH} \end{array} \xrightarrow[NAD^+ \quad NADH+H^+]{\text{苹果酸酶}} \begin{array}{c} COOH \\ | \\ C=O \\ | \\ CH_3 \end{array} + CO_2$$

第二节　线粒体生物氧化体系

一、呼吸链的概念

在生物氧化过程中，代谢物脱下的成对氢原子（2H）通过多种酶和辅酶所催化的连锁反应逐步传递，最终与 O_2 结合生成 H_2O，并且逐步释放的能量使 ADP 磷酸化生成 ATP。该过程与细胞呼吸有关，故称为呼吸链（respiratory chain）。传递氢原子的酶和辅酶称为递氢体；传递电子的酶和辅酶称为电子传递体。无论递氢体还是电子传递体都起传递电子的作用，所以呼吸链又称电子传递链（electron transport chain）。

二、呼吸链的组成与作用

（一）辅酶或辅基

1. **烟酰胺核苷酸**　包括烟酰胺腺嘌呤二核苷酸（nicotinamide adenine dinucleotide，NAD^+）和烟酰胺腺嘌呤二核苷酸磷酸（nicotinamide adenine dinucleotide phosphate，$NADP^+$），是体内多种不需氧脱氢酶的辅酶。二者分子中烟酰胺部分能可逆地加氢和脱氢反应，发挥递氢体作用。每次烟酰胺只接受一个氢原子和一个电子，另一个质子则留在介质中（图 7-1）。

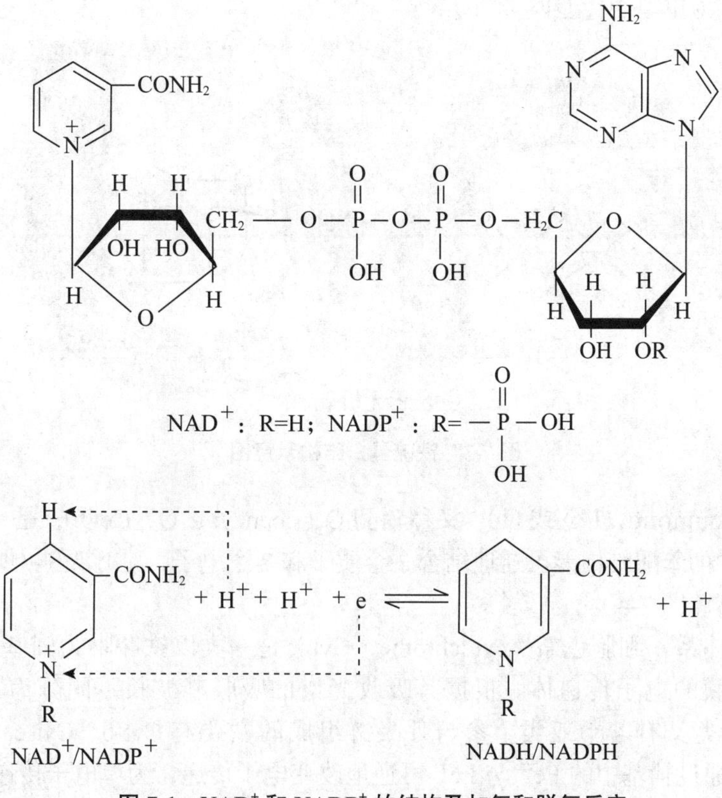

NAD^+：R=H；$NADP^+$：R=$—P$ ...

$NAD^+/NADP^+$　　　　　$NADH/NADPH$

图 7-1　NAD^+ 和 $NADP^+$ 的结构及加氢和脱氢反应

2. **黄素蛋白（flavoprotein，FP）**　黄素蛋白是以黄素单核苷酸（flavin mononucleotide，FMN）和黄素腺嘌呤二核苷酸（flavin adenine dinucleotide，FAD）为辅基的脱氢酶，两者均含维生素 B_2。其中 FMN 是 NADH-CoQ 还原酶的辅基，FAD 是琥珀酸脱氢酶、脂酰 CoA 脱氢酶等几种脱氢酶的辅基。在 FMN 或 FAD 分子中的异咯嗪部分能可逆地进行加氢、脱氢反应，故也是递氢体，每次能接受 2 个氢原子（图 7-2）。

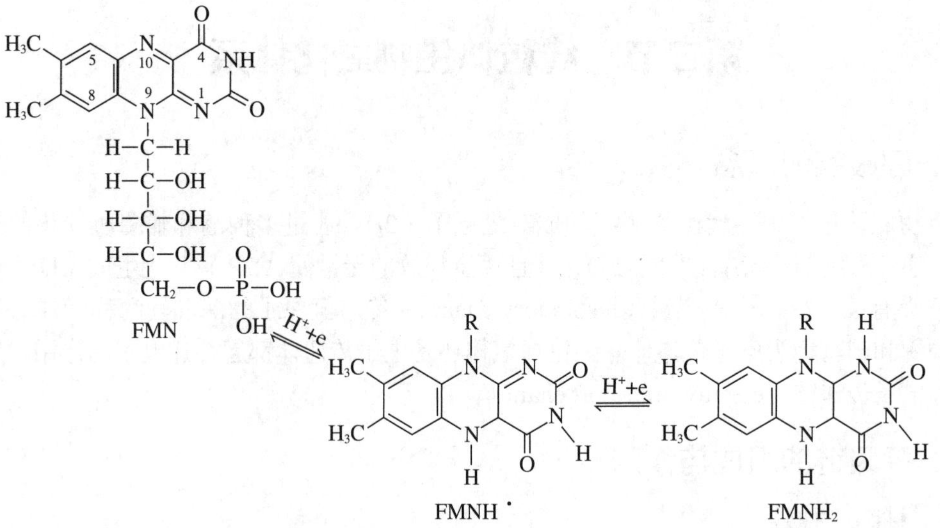

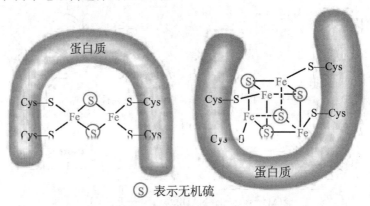

图 7-2　FMN 的加氢和 FMNH 的脱氢反应

3. **铁硫蛋白**（iron–sulfur protein，Fe–S）又称铁硫中心，是一类分子中含有等量铁原子和硫原子（如 Fe_2S_2，Fe_4S_4）的蛋白质。在线粒体内膜上常与黄素酶或细胞色素 b 等结合成复合物存在。其中铁能可逆地进行氧化还原反应，通过二价和三价的相互转变来传递电子，每次传递一个电子，为单电子传递体（图 7-3）。

图 7-3　铁硫蛋白结构示意图

4. **泛醌**（**ubiquinone，UQ 或 Q**）又称辅酶 Q（coenzyme Q，CoQ），是一类脂溶性醌类化合物，其分子中的苯醌结构能可逆地结合 2 个质子和 2 个电子，是呼吸链中唯一不与蛋白质紧密结合的递氢体（图 7-4）。

5. **细胞色素体系**　细胞色素（cytochrome，Cyt）是一类以铁卟啉为辅基的结合蛋白质，是位于线粒体内膜的电子传递体。根据其吸收光谱的吸收峰波长不同分为 Cyt a、Cyt b 和 Cyt c 三大类，每类又有若干亚类。参与呼吸链组成的主要有 Cyt b、Cyt c_1、Cyt c、Cyt a、Cyt a_3。细胞色素通过辅基中的 Fe^{2+} 与 Fe^{3+} 可逆地改变电子传递，为单电子传递体。

泛醌（UQ）（氧化型）　　半醌（UQH）　　二氢泛醌（UQH_2）（还原型）

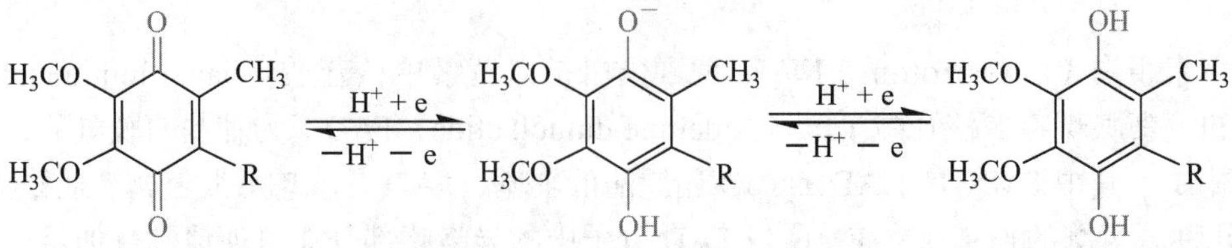

图 7-4 泛醌的加氢与脱氢反应

（二）酶复合体

呼吸链中大部分的组成成分主要是以蛋白复合体的形式存在，只有少数以游离形式存在。用胆酸、脱氧胆酸等反复处理线粒体内膜，并用硫酸铵进行逐级分离，可将呼吸链分离得到四种具有传递电子功能的蛋白复合体，分别是复合体Ⅰ、Ⅱ、Ⅲ和Ⅳ（表 7-2）。它们分别由多种不同的蛋白质组成，具有传递电子的能力。各酶复合体在线粒体内膜的分布情况如图 7-5 所示。

表 7-2 酶复合体的分子组成

	名称	多肽链数	辅基或辅酶	分布
复合体Ⅰ	NADH-泛醌还原酶	39	FMN、Fe-S	线粒体内膜
复合体Ⅱ	琥珀酸-泛醌还原酶	4	FAD、Fe-S	线粒体内膜
复合体Ⅲ	泛醌-细胞色素 c 还原酶	11	Cyt b、Cyt c_1、Fe-S	内膜的内侧
复合体Ⅳ	细胞色素 c 氧化酶	13	Cyt aa_3、Cu	线粒体内膜

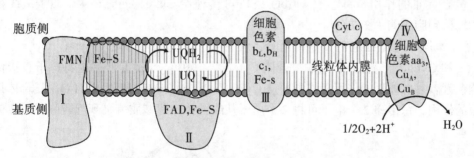

图 7-5 呼吸链各酶复合体在线粒体内膜上的分布情况

1. **复合体Ⅰ** 又称 NADH-泛醌还原酶，整个复合体镶嵌在线粒体内膜，呈"L"形，是线粒体内膜中最大的复合体。其作用是将 $NADH+H^+$ 脱下的氢经 FMN、Fe-S 传递给泛醌（图 7-6）。复合体Ⅰ具有质子泵的作用，每传递 2 个电子可将 4 个质子从线粒体内膜基质侧泵到胞质侧。

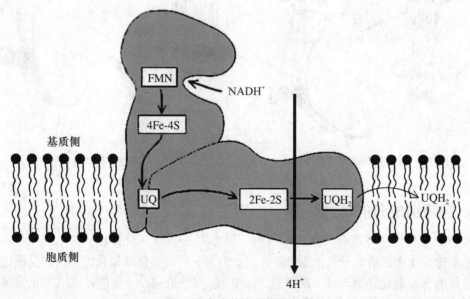

图 7-6 复合体Ⅰ的传递顺序

2. **复合体 Ⅱ** 又称琥珀酸 – 泛醌还原酶，含有以 FAD 为辅基的黄素蛋白、铁硫蛋白和 Cyt c。其作用是将琥珀酸脱氢，经 FAD、Fe-S 传递给泛醌。该过程由于传递电子释放较少的自由能，不足以将 H^+ 泵出内膜，故复合体 Ⅱ 不具备质子泵的功能（图 7-7）。

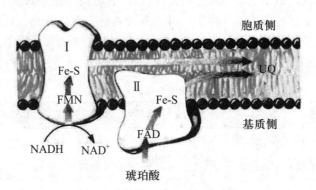

图 7-7　复合体 Ⅱ 的传递顺序

3. **复合体 Ⅲ** 又称泛醌 – 细胞色素 c 还原酶，含有 Cyt b（b_{562} 和 b_{566} 两种亚型）、Cyt c_1 和 Fe-S。复合体 Ⅲ 的作用是将电子从 CoQ 经 Fe-S 传递给 Cyt c，同时将 4 个质子从线粒体内膜基质侧转移到胞质侧（图 7-8）。

4. **复合体 Ⅳ** 又称细胞色素 c 氧化酶，含有 4 个氧化还原中心：Cyt a、Cyt a_3、Cu_B 和 Cu_A。Cyt a 和 Cyt a_3 不易分开，组成复合体 Cyt aa_3。其中 Cyt aa_3 是唯一能将电子直接传递给氧的细胞色素。复合体 Ⅳ 的作用是将电子从 Cyt c 经 Cyt aa_3 传递给氧生成 H_2O。复合体 Ⅳ 也具有质子泵的作用，每传递 2 个电子可将 2 个质子从线粒体内膜基质侧泵到胞质侧（图 7-9）。

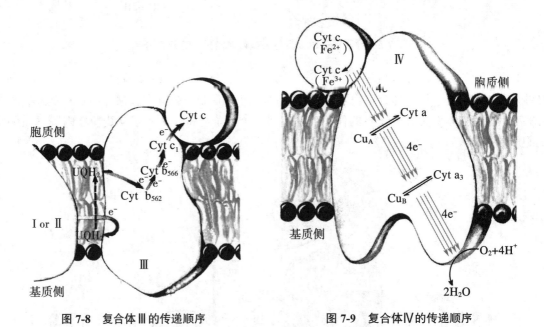

图 7-8　复合体 Ⅲ 的传递顺序　　　　图 7-9　复合体 Ⅳ 的传递顺序

三、呼吸链成分的排列顺序

在呼吸链中各传递体都有严格的排列顺序和方向，电子只能从电子氧化能力弱（亲和力低）的电子传递体传递给电子氧化能力强（亲和力强）的传递体。氧化能力强弱是通过测定各电子传递体的标准氧化还原电位（$E^\ominus$）值来确定的。$E^\ominus$ 值越小（负值越大或者正值越小）的电子传递体供电子能力越强，越排在电子传递链的前列（表 7-3）。

表 7-3 呼吸链中各氧化还原对的标准氧化还原电位（$E^{\ominus}$）

氧化还原对	$E^{\ominus}$（V）	氧化还原对	$E^{\ominus}$（V）
$NAD^+/NADH+H^+$	−0.32	Cyt c_1 Fe^{3+}/Fe^{2+}	0.22
$FMN/FMNH_2$	−0.22	Cyt c Fe^{3+}/Fe^{2+}	0.25
$FAD/FADH_2$	0.03	Cyt a Fe^{3+}/Fe^{2+}	0.29
$CoQ/CoQH_2$	0.05	Cyt a_3 Fe^{3+}/Fe^{2+}	0.35
Cyt b Fe^{3+}/Fe^{2+}	0.07	$1/2$ O_2/H_2O	0.82

四、线粒体内重要的氧化呼吸链

目前认为，在线粒体内膜上存在两条重要的氧化呼吸链。

（一）NADH 氧化呼吸链

NADH 氧化呼吸链是以 NADH 为电子供体，从 $NADH+H^+$ 开始到还原 O_2 生成 H_2O 的过程。它是体内最常见的一条呼吸链。其电子传递顺序如下：

$NADH+H^+$ →复合体 I → CoQ →复合体 III → Cyt c →复合体 IV → O_2

（二）琥珀酸氧化呼吸链

琥珀酸氧化呼吸链是以 $FADH_2$ 为电子供体，经复合体 II 到还原 O_2 生成 H_2O 的过程，故又称为 $FADH_2$ 氧化呼吸链。其电子传递顺序如下：

琥珀酸→复合体 II → CoQ →复合体 III → Cyt c →复合体 IV → O_2

五、线粒体外 NADH 氧化

氧化磷酸化在线粒体进行。在线粒体内代谢物脱下的氢可以直接进入呼吸链进行氧化磷酸化。在线粒体外胞质中生成的 $NADH+H^+$ 不能自由穿过线粒体内膜，必须经过穿梭机制进入线粒体进行氧化磷酸化。两种穿梭机制分别存在于不同的组织器官中。

（一）苹果酸 – 天冬氨酸穿梭

苹果酸 – 天冬氨酸穿梭（malate-aspartate shuttle）主要存在于肝、肾和心肌细胞中。胞质中的 $NADH+H^+$ 在苹果酸脱氢酶的催化下，使草酰乙酸还原生成苹果酸，后者通过线粒体内膜上的载体进入线粒体内，在线粒体内苹果酸脱氢酶的作用下，重新生成草酰乙酸和 $NADH+H^+$。NADH 进入 NADH 氧化呼吸链，进行氧化磷酸化。具体过程如图 7-10 所示。

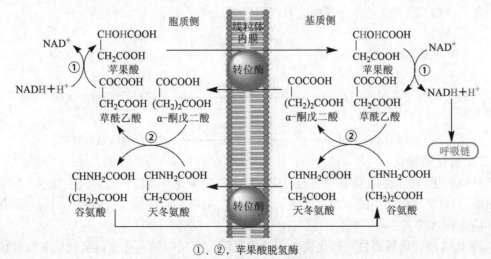

①、②，苹果酸脱氢酶

图 7-10 苹果酸 – 天冬氨酸穿梭

（二）α- 磷酸甘油穿梭

α- 磷酸甘油穿梭（α-glycerophosphate shuttle）主要在脑和骨骼肌进行。甘油磷酸脱氢酶（辅酶为 NAD$^+$）催化在胞质中的 NADH，使其将 2H 传递给磷酸二羟丙酮，生成 α- 磷酸甘油。α- 磷酸甘油通过线粒体外膜，被位于线粒体内膜近胞质侧的磷酸甘油脱氢酶（辅酶为 FAD）催化生成磷酸二羟丙酮和 FADH$_2$。FADH$_2$ 可经琥珀酸氧化呼吸链传递给 O$_2$ 生成 H$_2$O。具体过程如图 7-11 所示。

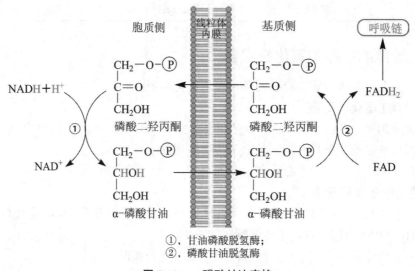

①，甘油磷酸脱氢酶；
②，磷酸甘油脱氢酶

图 7-11 α- 磷酸甘油穿梭

六、能量生成、利用、转移和储存

糖、脂肪和蛋白质等营养物质在体内氧化分解释放的能量，一部分以热能形式散失，另一部分则以高能磷酸键化合物的方式存在于体内，其中 ATP 是体内最重要的高能化合物。机体内生成 ATP 的方式有底物水平磷酸化（substrate level phosphorylation）和氧化磷酸化（oxidative phosphorylation）两种。

（一）底物水平磷酸化

底物水平磷酸化即代谢物在氧化分解过程中因脱氢、脱水等作用引起分子内部能量重新分布，形成高能磷酸键，然后将高能磷酸键的能量转移给 ADP 或 GDP 形成 ATP 或 GTP 的过程。目前，体内已知的底物水平磷酸化有以下三种反应：

（1）
$$1,3- \text{二磷酸甘油酸} + \text{ADP} \xrightarrow{\text{磷酸甘油酸激酶}} 3- \text{磷酸甘油酸} + \text{ATP}$$

（2）
$$\text{磷酸烯醇式丙酮酸} + \text{ADP} \xrightarrow{\text{丙酮酸激酶}} \text{烯醇式丙酮酸} + \text{ATP}$$

（3）
$$\text{琥珀酰 CoA} + \text{H}_3\text{PO}_4 + \text{GDP} \xrightarrow{\text{琥珀酰 CoA 合成酶}} \text{琥珀酸} + \text{CoA} + \text{GTP}$$

（二）氧化磷酸化

氧化磷酸化即代谢物在生物氧化过程中脱下的氢经氧化呼吸链传递给氧生成水，同时释放的能量驱动 ADP 磷酸化生成 ATP，这种氧化反应与 ADP 的磷酸化反应的偶联过程。氧化磷酸化是体内生成 ATP 的主要方式，约占 ATP 生成总量的 80%。

1. 氧化磷酸化偶联部位 氧化磷酸化的偶联部位可根据测定呼吸链氧化的 P/O 比值大致推算出（表 7-4）。P/O 比值是指每消耗 1 摩尔氧原子所消耗的无机磷酸的摩尔数。目前多数实验结果显示，呼吸链偶联部位有 3 个：NADH-CoQ、CoQ-cyt c 及 Cyt aa_3。可见，NADH 氧化呼吸链传递 H 时，P/O 比值约为 2.5，说明每传递 2 个电子生成 2.5 mol ATP；琥珀酸氧化呼吸链传递 H 时，P/O 比值约为 1.5，说明每传递 2 个电子生成 1.5 mol ATP（图 7-12）。

表 7-4 线粒体离体实验测得的一些底物的 P/O 比值

底物	呼吸链的组成	P/O 比值	生成 ATP（mol）
β- 羟丁酸	$NAD^+ \to FMN \to CoQ \to Cyt\ c \to O_2$	2.4 ~ 2.8	2.5
琥珀酸	$FMN \to CoQ \to Cyt\ c \to O_2$	1.7	1.5
抗坏血酸	$Cyt\ c \to Cyt\ aa_3 \to O_2$	0.88	1
细胞色素 c	$Cyt\ aa_3 \to O_2$	0.61 ~ 0.68	1

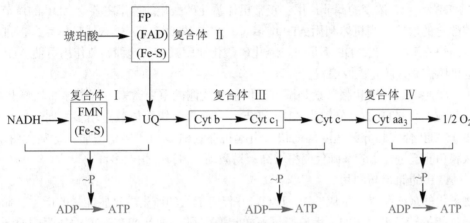

图 7-12 氧化磷酸化偶联部位

2. 氧化磷酸化偶联机制 关于氧化磷酸化偶联机制有很多假说，目前被人们普遍接受的是 20 世纪 60 年代初由 Peter Mitchell 提出的化学渗透学说（chemiosmotic hypothesis）。其基本要点是：电子经呼吸链传递时，可将质子（H^+）从线粒体内膜的基质侧泵到内膜胞质侧，产生膜内、外质子电化学梯度以储存能量。当质子顺浓度梯度回流时，驱动 ADP 与 Pi 生成 ATP。当传递一对电子时，在呼吸链中的复合体 I、III、IV 处分别转移 4、4、2 个质子，而复合体 II 不具备质子泵的作用。每 4 个质子顺浓度梯度回流时可驱动 ADP 与 Pi 生成 1 mol ATP，所以 NADH 氧化呼吸链传递 2H 生成 2.5 mol ATP，琥珀酸氧化呼吸链传递 2H 时生成 1.5 mol ATP。

3. 影响氧化磷酸化的因素

（1）抑制剂：根据其作用部位的不同，可分为电子传递抑制剂、氧化磷酸化抑制剂及解偶联剂三类。

1）电子传递抑制剂：又称呼吸链抑制剂。此类抑制剂可在特异部位阻断呼吸链的电子传递，主要包括鱼藤酮、异戊巴比妥、抗霉素 A、二巯丙醇、CO、CN^-、N_3^-、H_2S 等。这些抑制剂均为毒性物质，可使细胞内呼吸停止，严重时导致细胞活动停止，机体死亡。

2）氧化磷酸化抑制剂：此类抑制剂可同时抑制电子传递和 ADP 磷酸化，如寡霉素。

3）解偶联剂：破坏线粒体内膜两侧的电化学梯度，使氧化与磷酸化偶联脱离而阻止 ADP 转化为 ATP，这种物质称为解偶联剂。最常见的解偶联剂是二硝基苯酚（dinitrophenol，DNP）。

各种抑制剂对呼吸链的抑制作用如图 7-13 所示。

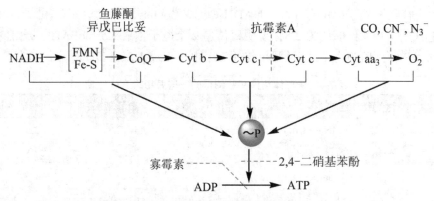

图 7-13　各种抑制剂对呼吸链的抑制作用

（2）ADP 和 ATP 浓度的调节作用：正常机体氧化磷酸化的速率主要受 ADP 的调节。ADP 为氧化磷酸化的底物，当机体利用 ATP 增多时，ADP 浓度增高，进入线粒体后，促进氧化磷酸化速度加快；反之，当 ADP 不足时，氧化磷酸化速度减慢。这种调节作用可使 ATP 的生成速度符合机体需要，防止能源浪费。

（3）甲状腺激素：甲状腺激素是调节机体能量代谢的重要激素，可诱导细胞膜上 Na^+/K^+-ATP 酶的生成，使 ATP 加速分解为 ADP 和 Pi，ADP 进入线粒体数量增多，促进氧化磷酸化反应。由于 ATP 合成与分解速度均增快，引起机体耗氧量和产热量增加，基础代谢率增高。所以甲状腺功能亢进症患者基础代谢率增高，易激动、多食、怕热多汗。

（三）ATP 的储存与利用

生物氧化的最终结果是生成 CO_2、H_2O，并伴有能量的产生。这些能量的产生、储存和利用都是通过能量转换来完成的。无论能量怎样转换，都是围绕 ATP/ADP 循环为中心环节进行的。机体内能量的转移、储存和利用的关系如图 7-14 所示。

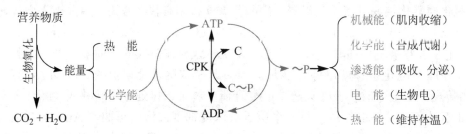

CPK：肌酸磷酸激酶，C：肌酸，C～P：磷酸肌酸

图 7-14　ATP 的生成、储存与利用

肌肉和大脑组织中富含肌酸，当 ATP/ADP 比值增高时，肌酸激酶催化 ATP 的 ～P 转移给肌酸生成磷酸肌酸。磷酸肌酸作为体内高能磷酸键的储存形式。当 ATP 剧烈消耗时，磷酸肌酸中的 ～P 又可转移给 ADP 重新生成 ATP。

知识链接

一氧化碳中毒

临床表现：一氧化碳（CO）中毒也就是我们常说的煤气中毒。大多是因为居室通风不畅或煤炉烟囱闭塞不通原因等导致产生大量 CO。轻度中毒者表现为头晕、头痛、恶心、呕吐、心悸、乏力、嗜睡等。如果此时能及时脱离中毒环境，吸入新鲜空气，确保呼吸道通畅，中毒症状可迅速得到缓解。中、重度中毒时表现为面色潮红、口唇呈樱桃红色，脉搏增快，瞳孔对光反射、角膜反射及腱反射迟钝、呼吸改变、昏迷或抽搐等症状，此时应尽快将患者送往医院救治。

一氧化碳中毒机制：一方面是 CO 可与细胞色素 c 氧化酶的 Fe^{2+} 结合，抑制呼吸链的电子传递；另一方面是 CO 与血红蛋白的亲和力比 O_2 与血红蛋白的亲和力高 $200 \sim 300$ 倍，所以 CO 极易与血红蛋白结合，形成碳氧血红蛋白，失去携 O_2 的能力，使组织细胞缺氧，导致中枢神经系统、呼吸系统、循环系统等中毒症状。

第三节 非线粒体氧化体系

一、微粒体氧化体系

（一）加单氧酶

加单氧酶（monooxygenase）能催化 O_2 中的一个氧原子加到底物分子上（羟化），另一个氧原子与氢离子（来自 $NADPH+H^+$）结合生成 H_2O，因此又称混合功能氧化酶或羟化酶，其反应过程如下：

$$RH + O_2 + NADPH + H^+ \xrightarrow{\text{加单氧酶}} ROH + H_2O + NADP^+$$

上述反应需细胞色素 P450（cytochrome P450，Cyt-P450）参与。Cyt-P450 属于 Cytb 类，参与类固醇激素、胆汁酸及胆色素的生成，以及药物、毒物的生物转化过程。

（二）加双氧酶

加双氧酶（dioxygenase）能催化氧分子中 2 个氧原子加入底物分子中特定双键的 2 个碳原子上，也称为氧转移酶，如色氨酸加双氧酶。

色氨酸   N-甲酰犬尿氨酸

二、过氧化物酶体氧化体系

（一）过氧化氢酶

过氧化氢酶（catalase）又称触酶，以血红素为辅基，可催化 2 分子 H_2O_2 生成 H_2O，并释放出 O_2。此酶有极高的催化效率，故体内一般不会出现 H_2O_2 蓄积。

$$H_2O_2 + H_2O_2 \xrightarrow{\text{过氧化氢酶}} 2H_2O + O_2$$

（二）过氧化物酶

过氧化物酶（peroxidase）可催化 H_2O_2 还原，释放的氧原子直接氧化酚类和胺类等有毒物质，对机体有双重保护作用。

$$R + H_2O_2 \xrightarrow{\text{过氧化物酶}} RO + H_2O \quad \text{或} \quad RH_2 + H_2O_2 \xrightarrow{\text{过氧化物酶}} R + 2H_2O$$

三、超氧化物歧化酶

超氧化物歧化酶（superoxide dismutase，SOD）是人体防御内、外环境中超氧离子损伤的重要的酶。在体内生物氧化过程中，呼吸链电子传递过程中漏出的电子可与 O_2 结合，产生超氧离子（O_2^-），体内其他物质氧化时也可产生超氧离子。超氧离子可进一步生成 H_2O_2、羟自由基等，统称为活性氧类。这些物质氧化功能很强，尤其可对各种生物大分子造成氧化损伤，影响细胞功能。SOD 可催化超氧离子生成 O_2 和 H_2O_2，后者可在过氧化氢酶的催化下分解，从而解除活性氧类对细胞的氧化损伤。催化反应如下：

$$2O_2^- + 2H^+ \xrightarrow{\text{SOD}} H_2O_2 + O_2$$

体内的谷胱甘肽过氧化物酶可使 H_2O_2 或过氧化物还原，从而消除它们的氧化损伤作用。

自测题

一、选择题

1. 在呼吸链中，将复合体 I 和复合体 II 与细胞色素间的电子传递连接起来的物质是
   A. NADH   B. FMN   C. Fe–S
   D. CoQ   E. Cyt–b

2. NADH 氧化呼吸链电子传递的顺序是
   A. NADH+H⁺– 复合体 II –CoQ– 复合体 III –Cyt– 复合体 IV –O₂
   B. NADH+H⁺– 复合体 I –CoQ– 复合体 II –Cyt– 复合体 III –O₂
   C. NADH+H⁺– 复合体 II –CoQ– 复合体 I –Cyt– 复合体 IV –O₂
   D. NADH+H⁺– 复合体 I –CoQ– 复合体 III –Cyt– 复合体 IV –O₂
   E. NADH+H⁺– 复合体 I –CoQ– 复合体 II –Cyt– 复合体 IV –O₂

3. 下列化合物中，不属于呼吸链组成的是
   A. 辅酶 Q   B. 细胞色素 c   C. FAD
   D. NAD⁺   E. 肉毒碱

4. 一氧化碳中毒是抑制了细胞色素中的
   A. 细胞色素 a   B. 细胞色素 a₃   C. 细胞色素 aa₃
   D. 细胞色素 b   E. 细胞色素 c

二、简答题

亚硝酸盐可将铁卟啉中的 Fe^{2+} 氧化成 Fe^{3+}，对机体有一定的毒性。然而，氰化物中毒时立即注射亚硝酸盐却是一种有效的解毒方法，为什么？

（王晓琼）

第八章

脂 类 代 谢

第八章
数字资源

🎓 **本章思维导图** ·······························➤

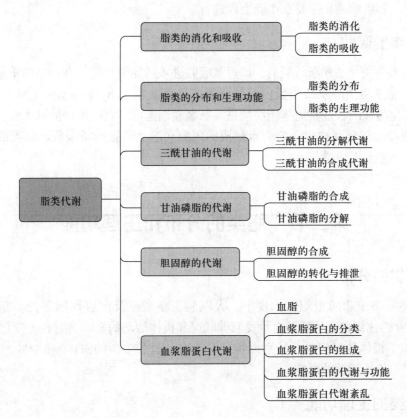

👓 **学习目标** ·······························➤

1. 掌握：脂肪动员；脂肪酸的活化、转运和 β- 氧化过程；酮体的生成、利用和生理意义。掌握各类血浆脂蛋白的生理功能。

2. 熟悉：甘油的代谢；甘油磷脂的合成；胆固醇合成的部位、原料、基本过程；胆固醇的转化及排泄；血脂的种类及含量，血浆脂蛋白的分类方法与组成。

3. 了解：脂类消化与吸收；脂类的生理功能；脂肪酸合成的基本过程；三酰甘油合成的基本途径；血浆脂蛋白的代谢与高脂蛋白血症。

脂类包括脂肪和类脂，是易溶于乙醚、氯仿、丙酮等有机溶剂而不溶于水的有机化合物。

脂肪是由 1 分子甘油和 3 分子脂肪酸通过酯键结合而生成，故又称三酰甘油（triacylglycerol）或甘油三酯（triglyceride，TG）。类脂主要有磷脂（phospholipid，PL）、糖脂（glycolipid，GL）、胆固醇（cholesterol，Ch）和胆固醇酯（cholesterol ester，CE）等。脂肪酸是体内另一种重要的脂类，也称游离脂肪酸（free fatty acid，FFA），包括饱和脂肪酸和不饱和脂肪酸。

第一节　脂类的消化和吸收

一、脂类的消化

食物中的脂类进入小肠，可刺激胆汁分泌。胆汁中的胆汁酸盐将脂类乳化成细小的微团，这些微团经各种消化脂类的酶催化，然后进行水解。消化脂类的酶主要有胰脂肪酶、胆固醇酯酶、磷脂酶等。脂类的消化主要在小肠上段进行。

二、脂类的吸收

脂肪消化为一酰甘油和脂肪酸后，即可被吸收进入肠黏膜细胞，在细胞内重新酯化成三酰甘油，再与磷脂、胆固醇及载脂蛋白等结合形成乳糜微粒（chylomicron，CM），经淋巴进入血液循环。消化生成的甘油及短链脂肪酸进入肠黏膜细胞后可直接由门静脉入肝。

胆固醇酯和磷脂分别被相应的酶水解成胆固醇和溶血磷脂后被吸收。脂类的吸收主要在十二指肠下段和空肠上段进行。

第二节　脂类的分布和生理功能

一、脂类的分布

脂肪主要分布于脂肪组织，如皮下、大网膜、肠系膜及内脏周围等处。脂肪占体重的14%~19%，女性比例稍高。脂肪含量受营养状况和机体活动的影响，有较大变化。

类脂分布于机体各组织中，特别以神经组织中含量最多，约占体重的 5%。其含量恒定，不受营养状况和机体活动的影响。

二、脂类的生理功能

（一）脂肪的生理功能

1. **储能和氧化供能**　1 g 脂肪彻底氧化可释放能量 38.94 kJ（9.3 kcal），是等量的糖或蛋白质的 2 倍多。脂肪含水量极少，储存 1 g 脂肪所占体积仅为等量糖原所占体积的 1/4，在单位体积内可储存较多的能量。脂肪是空腹或禁食时体内能量的主要来源。

2. **维持体温**　脂肪不易导热，皮下脂肪组织可防止热量散失而维持体温。

3. **保护内脏**　内脏周围的脂肪组织可以缓冲外界的机械撞击，固定和保护内脏免受损伤。

4. **协助脂溶性维生素的吸收**　脂肪在肠道内可协助脂溶性维生素的吸收。

5. **提供必需脂肪酸**　亚油酸、亚麻酸和花生四烯酸等多不饱和脂肪酸，在人体内不能合成，必须由食物供给，称为营养必需脂肪酸。它们是维持机体生长发育和皮肤正常代谢所必需的，还有降低血胆固醇和抗动脉粥样硬化的作用。

（二）类脂的生理功能

1. **构成生物膜** 类脂特别是磷脂和胆固醇是生物膜的主要结构成分。它们以双分子层形式构成生物膜的基本结构，对于维持细胞的正常结构和功能具有重要作用。

2. **转变为多种生理活性物质** 胆固醇在体内可转变成胆汁酸、性激素及肾上腺皮质激素、维生素 D_3 等生理活性物质。

第三节　三酰甘油的代谢

> **案例 8-1**
>
> 　　患者男性，57 岁，患 2 型糖尿病 14 年，平时血糖控制欠佳。患者 2 天前受凉后出现咽痛、食欲减退，伴恶心、呕吐。患者 4 小时前出现神志不清，呼之不应。检查发现：心率 120 次 / 分，呼吸深快，30 次 / 分。随机血糖 25.3 mmol/L，尿酮体 +++、尿糖 +++。血气分析：pH 7.14，HCO_3^- 8 mmol/L，BE −10.5 mmol/L。
>
> **诊断：** 1. 2 型糖尿病；2. 糖尿病酮症酸中毒。
>
> **问题与思考：** 什么是酮体？该患者为什么会出现酮症酸中毒？

一、三酰甘油的分解代谢

（一）脂肪动员

储存在脂肪组织中的三酰甘油，在脂肪酶的催化下，逐步水解为游离脂肪酸和甘油，并释放入血，以供其他组织利用的过程，称为脂肪动员。

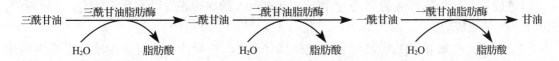

脂肪组织中的脂肪酶包括三酰甘油脂肪酶、二酰甘油脂肪酶和一酰甘油脂肪酶。其中，三酰甘油脂肪酶是脂肪动员的限速酶，其活性受多种激素调节，又称激素敏感性脂肪酶。肾上腺素、去甲肾上腺素及胰高血糖素等均能使该酶活性增高，称为脂解激素；而胰岛素可使该酶活性降低，称为抗脂解激素。

（二）脂肪酸的氧化

在氧供应充足的情况下，脂肪酸在人体内可彻底氧化生成 H_2O 和 CO_2 并释放大量能量。脂肪酸是机体能量的重要来源，除脑组织和成熟红细胞外，大多数组织细胞都能利用脂肪酸氧化供能，但以肝和肌肉组织最为活跃。

1. **脂肪酸的活化——脂酰 CoA 生成** 脂肪酸在脂酰辅酶 A 合成酶催化下，生成脂酰 CoA 的过程，称为脂肪酸的活化。该反应在细胞液中进行，由 ATP 供能，并需要辅酶 A（HSCoA）和 Mg^{2+} 参与。

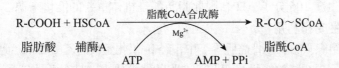

2. 脂酰CoA进入线粒体　催化脂酰CoA氧化的酶系存在于线粒体基质内，因此脂酰CoA必须进入线粒体才能氧化。然而，脂酰CoA不能穿过线粒体内膜，需通过肉毒碱的转运使其进入线粒体基质方可进行氧化分解（图8-1）。

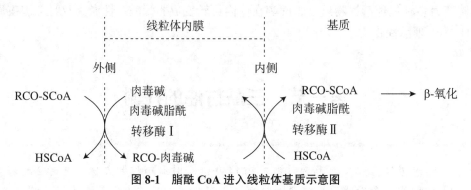

图8-1　脂酰CoA进入线粒体基质示意图

线粒体内膜外侧有肉毒碱脂酰转移酶Ⅰ，催化脂酰CoA的脂酰基转移到肉毒碱分子上，生成脂酰肉毒碱，后者在位于线粒体内膜的肉毒碱–肉毒碱脂酰转移酶的作用下，即可进入线粒体基质。线粒体内膜内侧有肉毒碱脂酰转移酶Ⅱ，可催化脂酰肉毒碱将脂酰基转移到HSCoA分子上，重新在线粒体基质内生成脂酰CoA，肉毒碱则在肉毒碱–肉毒碱脂酰转移酶的作用下转运至内膜外侧，再转运脂酰基。

此转运过程是脂肪酸氧化的限速步骤，肉毒碱脂酰转移酶Ⅰ是限速酶。在饥饿、高脂低糖膳食或糖尿病等情况下，糖利用率降低，需脂肪酸氧化供能，这时肉毒碱脂酰转移酶Ⅰ活性增强，脂肪酸氧化供能增加。

3. 脂酰CoA的β–氧化　脂酰CoA进入线粒体基质后，在一系列酶的催化下，从脂酰基的β碳原子开始，经过脱氢、加水、再脱氢和硫解4步连续的酶促反应，脂酰基断裂生成1分子乙酰辅酶A和1分子比原来少2个碳原子的脂酰CoA（图8-2）。β-氧化的反应过程如下：

（1）脱氢：在脂酰CoA脱氢酶催化下，脂酰CoA的α和β碳原子上各脱去1个氢原子，生成α, β-烯脂酰辅酶A，脱下的2H由辅基FAD接受生成$FADH_2$。

（2）加水：在α, β-烯脂酰辅酶A水化酶催化下，α, β-烯脂酰辅酶A加水，生成β-羟脂酰辅酶A。

（3）再脱氢：在β-羟脂酰辅酶A脱氢酶催化下，β-羟脂酰辅酶A脱去2个氢原子，生成β-酮脂酰辅酶A，脱下的2H由其辅酶NAD^+接受生成$NADH+H^+$。

（4）硫解：在β-酮脂酰辅酶A硫解酶催化下，β-酮脂酰辅酶A与HSCoA作用，使其碳链断裂生成1分子乙酰辅酶A和比原来少2个碳原子的脂酰辅酶A。后者再经过脱氢、加水、再脱氢和硫解4步连续反应，如此反复进行，直至脂酰辅酶A全部生成乙酰辅酶A（图8-2）。

脂酰CoA经β-氧化产生的$FADH_2$和$NADH+H^+$，分别进入$FADH_2$氧化呼吸链和NADH氧化呼吸链。乙酰CoA则进入三羧酸循环彻底氧化生成CO_2和H_2O，并释放大量能量，肝内还有一部分乙酰CoA生成酮体。

4. 脂肪酸氧化的能量生成　脂肪酸作为重要的能源物质可氧化供能。以16碳的饱和脂肪酸（软脂酸）为例，它生成脂酰辅酶A后，需经7次β-氧化生成8分子乙酰CoA，7分子$FADH_2$和7分子$NADH+H^+$。可见，1分子软脂酸氧化可生成108分子ATP，减去活化时消耗的2分子ATP，净生成106分子ATP，因此脂肪酸是机体重要的能量来源。

（三）酮体的生成和利用

脂肪酸在肝外组织（心肌、骨骼肌等）中，经β-氧化生成的乙酰CoA，通过三羧酸循环彻底氧化成CO_2和H_2O，同时释放能量。而在肝细胞的线粒体内，具有活性较强的生成酮体的酶系，

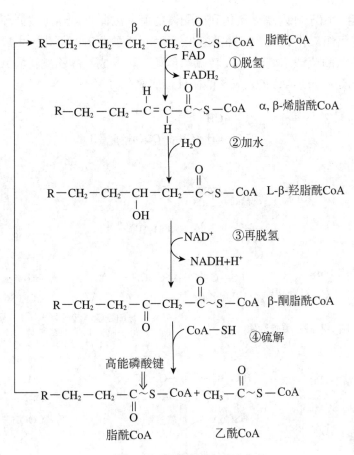

图 8-2 脂肪酸的 ß- 氧化

所以在肝内 β- 氧化生成的乙酰 CoA，一部分可生成乙酰乙酸、β- 羟丁酸和丙酮，统称为酮体。

1. **酮体的生成** 在乙酰辅酶 A C- 酰基转移酶催化下，2 分子乙酰 CoA 缩合成乙酰乙酰 CoA 和 HSCoA，前者在 HMG-CoA 合成酶催化下，再与 1 分子乙酰 CoA 缩合成 β- 羟 -β- 甲戊二酸单酰 CoA（HMG-CoA）。HMG-CoA 经 HMG-CoA 裂解酶催化，裂解成乙酰 CoA 和乙酰乙酸，后者再经 β- 羟丁酸脱氢酶催化，生成 β- 羟丁酸，少量乙酰乙酸可自发脱羧基生成丙酮（图 8-3）。

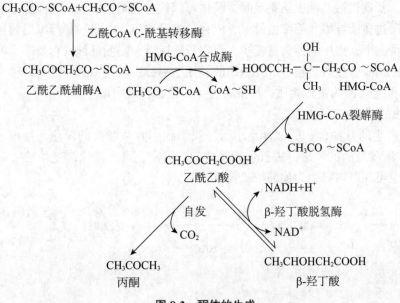

图 8-3 酮体的生成

2. 酮体的利用　由于肝内缺乏氧化利用酮体的酶，因此酮体经血液循环运至骨骼肌、心肌、脑及肾等肝外组织氧化利用。β- 羟丁酸先经 β- 羟丁酸脱氢酶催化，生成乙酰乙酸。乙酰乙酸经乙酰乙酸硫激酶或琥珀酰辅酶 A 转硫酶催化，转变成乙酰乙酰辅酶 A，再经硫解酶催化，分解成 2 分子乙酰辅酶 A，进入三羧酸循环彻底氧化分解（图 8-4）。

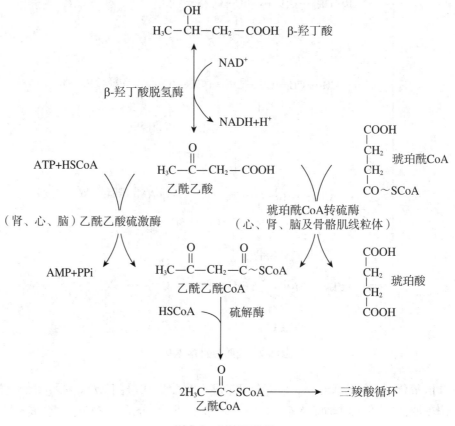

图 8-4　酮体的利用

3. 酮体代谢的生理意义　酮体是脂肪酸在肝内氧化分解特有的中间产物，也是肝输出脂类能源物质的一种形式。此过程对脑组织具有重要意义。在正常生理情况下，脑组织主要依靠血糖供给能量，长期饥饿及糖供给不足时，酮体可以代替葡萄糖成为主要能源。酮体分子小且易溶于水，可通过血脑屏障和毛细血管壁，成为脑、骨骼肌、心肌和肾等组织的重要能源。

正常生理情况下，血中酮体含量极少。但在长期饥饿、高脂低糖饮食及严重糖尿病时，脂肪动员加强，肝内酮体生成量超过肝外组织的利用能力，引起血中酮体升高，称为酮血症。由于乙酰乙酸和 β- 羟丁酸为酸性物质，严重者可导致代谢性酸中毒。

（四）甘油的代谢

脂肪动员产生的甘油，在肝、肾及小肠黏膜细胞中甘油激酶的催化下生成 α- 磷酸甘油，再经 α- 磷酸甘油脱氢酶的催化，脱氢生成磷酸二羟丙酮，进入糖代谢途径继续氧化分解并释放能量，少量也可在肝内异生为葡萄糖或糖原。

甘油 →(甘油激酶, ATP→ADP)→ α-磷酸甘油 →(α-磷酸甘油脱氢酶, NAD⁺→NADH+H⁺)→ 磷酸二羟丙酮 → CO₂ + H₂O / 糖原或葡萄糖

二、三酰甘油的合成代谢

三酰甘油可在人体许多组织内合成，以肝、脂肪组织及小肠为主要部位。三酰甘油的合成原料是 α- 磷酸甘油和脂酰 CoA，反应过程在胞质内进行。三酰甘油储存在脂肪组织中，肝内不能储存。

（一）α- 磷酸甘油的来源

α- 磷酸甘油主要来源于糖代谢的中间产物磷酸二羟丙酮，经 α- 磷酸甘油脱氢酶催化还原生成。另外，甘油经甘油激酶催化，磷酸化生成 α- 磷酸甘油。

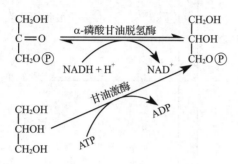

（二）脂肪酸的合成

乙酰 CoA 是合成脂肪酸的原料，合成过程中的供氢体是 $NADPH+H^+$。肝、肾、脑、脂肪组织及乳腺等的细胞液中均存在合成脂肪酸的酶系。

1. 乙酰 CoA 转运出线粒体的机制 乙酰 CoA 在线粒体内生成，其自身不能透过线粒体内膜进入细胞液，须先与草酰乙酸结合生成柠檬酸，再由线粒体内膜上相应的载体转运至细胞液。在细胞液中柠檬酸经柠檬酸裂解酶催化裂解，释放出乙酰 CoA 和草酰乙酸。乙酰 CoA 可用于合成脂肪酸。草酰乙酸经苹果酸脱氢酶催化生成苹果酸，再经相应载体转运进入线粒体。苹果酸也可经苹果酸酶催化，脱羧生成丙酮酸和 $NADPH+H^+$。丙酮酸可经相应载体转运进入线粒体内，从而形成柠檬酸 – 丙酮酸循环（图 8-5）。因此，柠檬酸 – 丙酮酸每循环一次，可使 1 分子乙酰 CoA 由线粒体进入细胞液，同时提供 $NADPH+H^+$，以补充合成反应的需要。草酰乙酸也可经转氨基作用生成天冬氨酸，进入线粒体。

2. 丙二酸单酰辅酶 A 的合成 在细胞液中，以乙酰 CoA 作为原料合成软脂酸不是 β- 氧化的逆过程，而是以丙二酸单酰 CoA 为基础的一个连续反应。

只有 1 分子乙酰 CoA 直接参与脂肪酸合成，其余均需经乙酰 CoA 羧化酶催化，生成丙二酸单酰 CoA 后，再合成脂肪酸。乙酰 CoA 羧化酶是脂肪酸合成的限速酶。

$$CH_3-\overset{O}{\overset{\|}{C}}-SCoA+HCO_3^- \xrightarrow[\text{乙酰CoA羧化酶}]{ATP \quad ADP+Pi} HOOC-CH_2-\overset{O}{\overset{\|}{C}}-SCoA$$

乙酰CoA　　　　　　　　　　　　　丙二酸单酰CoA

3. 软脂酸的合成 软脂酸是 16 碳的饱和脂肪酸，由 1 分子乙酰 CoA 和 7 分子丙二酸单酰 CoA，以 $NADPH+H^+$ 作为供氢体，经脂肪酸合成酶系催化合成。

脂肪酸合成酶系由两个相同的亚基首尾相接组成，每个亚基都含有乙酰转移酶、丙二酸单酰转移酶、β- 酮脂酰合成酶、β- 酮脂酰还原酶、脱水酶、烯脂酰还原酶及硫酯酶和一个酰基载体蛋白质（acyl carrier protein，ACP）。

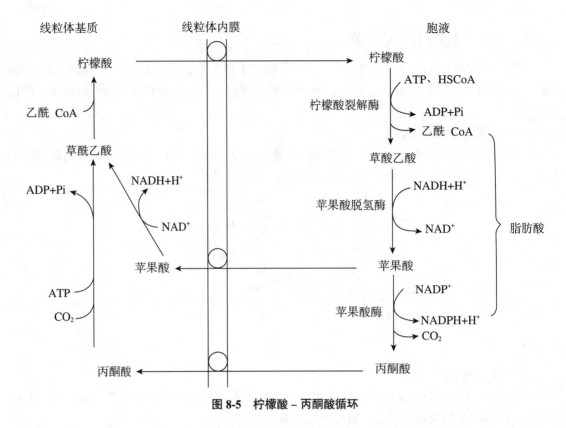

图 8-5 柠檬酸 – 丙酮酸循环

软脂酸的合成是在脂肪酸合成酶系的催化下，重复缩合、加氢、脱水、再加氢的过程，每重复一次，碳链延长 2 个碳原子，直至形成软脂酰 ACP，再经硫酯酶水解生成软脂酸。

其总反应式为：

$$CH_3CO{\sim}SCoA + 7HOOCCH_2CO{\sim}SCoA + 14NADPH + 14H^+ \xrightarrow{\text{脂肪酸合成酶系}}$$

　　乙酰CoA　　　　丙二酸单酰CoA

$$CH_3(CH_2)_{14}COOH + 7CO_2 + 14NADP^+ + 8HSCoA + 6H_2O$$

　　软脂酸

在线粒体和内质网中，软脂酸经相应的酶催化，合成碳链长短不同、饱和度不同的脂肪酸。

（三）三酰甘油的合成

α- 磷酸甘油与 2 分子脂酰 CoA，经脂酰转移酶催化生成磷脂酸（α- 磷酸二酰甘油）。脂酰 CoA 主要在体内合成，少部分来自食物。磷脂酸由磷脂酸磷酸酶催化，将磷酸水解生成二酰甘油，再与 1 分子脂酰 CoA 经酰基转移酶催化，生成三酰甘油。

三酰甘油所含脂肪酸可以是饱和脂肪酸，也可以是不饱和脂肪酸，可以相同也可不同，其中 β 位的脂肪酸多为不饱和脂肪酸或必需脂肪酸。

第四节 甘油磷脂的代谢

甘油磷脂是体内含量最多的磷脂，其基本结构为：

X = — OH	磷脂酸
X = — $CH_2CH_2N(CH_3)_3$	磷脂酰胆碱
X = — $CH_2CH_2NH_2$	磷脂酰乙醇胺
X = — $CH_2CH_2NH_2COOH$	磷脂酰丝氨酸

甘油磷脂包括磷脂酰胆碱（卵磷脂）、磷脂酰乙醇胺与磷脂酰丝氨酸（脑磷脂）、磷脂酰肌醇和双磷脂酰甘油（心磷脂）等。体内含量最多的是卵磷脂和脑磷脂，除小部分来自食物外，大部分在体内合成。

一、甘油磷脂的合成

体内各组织均能合成卵磷脂和脑磷脂，原料为二酰甘油、乙醇胺、胆碱、丝氨酸、肌醇等。乙醇胺由丝氨酸脱羧生成，胆碱除通过食物获得外，也可由乙醇胺接受 S- 腺苷甲硫氨酸（SAM）提供甲基生成。丝氨酸和肌醇主要来源于食物。合成过程除 ATP 供能外，还需 CTP 参与。

甘油磷脂合成过程相似，下面以卵磷脂和脑磷脂为例简述其合成过程。

乙醇胺和胆碱由相应激酶催化，ATP 供能，生成磷酸乙醇胺（胆胺）和磷酸胆碱，然后 CTP 参与反应，生成 CDP- 乙醇胺和 CDP- 胆碱，CDP- 乙醇胺和 CDP- 胆碱再与二酰甘油反应生成脑磷脂和卵磷脂，并释放出 CMP（图 8-6）。

不同组织有不同的磷脂合成酶系。脑组织含丰富的磷酸乙醇胺转移酶，能合成较多的脑磷脂，但不能将其转化为卵磷脂。肝内脑磷脂由 S- 腺苷甲硫氨酸提供甲基，经甲基腺苷转移酶催化，可转变为卵磷脂。

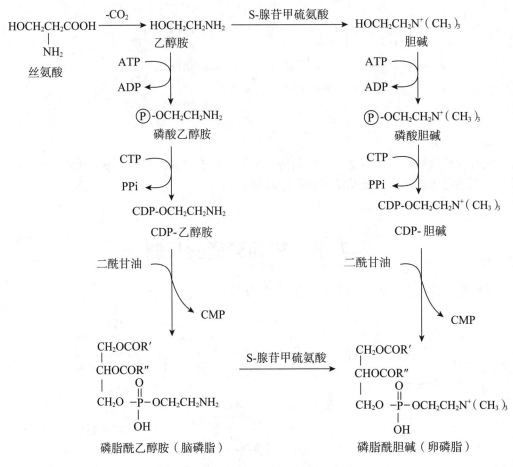

图 8-6　磷脂酰乙醇胺和磷脂酰胆碱合成

二、甘油磷脂的分解

生物体内存在着多种磷脂酶，根据其作用的酯键不同，分为磷脂酶 A_1、磷脂酶 A_2、磷脂酶 B_1、磷脂酶 C 和磷脂酶 D。它们可使甘油磷脂分子中不同的酯键水解，产物是甘油、脂肪酸、磷酸及含氮碱（图 8-7）。

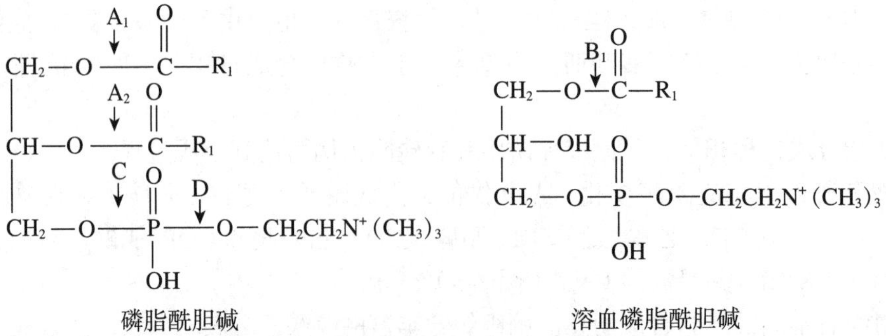

磷脂酰胆碱　　　　　　　　　　　　溶血磷脂酰胆碱

图 8-7　磷脂酶作用于磷脂不同化学键

磷脂酶 A_2 存在于各组织细胞膜及线粒体膜上，Ca^{2+} 是其激活剂，能特异地催化甘油磷脂第 2 位碳原子上的酯键水解，生成多不饱和脂肪酸和溶血磷脂。溶血磷脂是一种作用较强的表面活性物质，可使红细胞膜或其他细胞膜破坏，导致溶血或细胞坏死。各种原因导致磷脂酶 A_2 原在胰腺细胞内激活，致使胰腺细胞坏死，被认为是急性胰腺炎的发病机制之一。

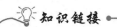

脂肪肝

　　肝内脂肪总量超过肝重的 10%，且以三酰甘油堆积为主，即为脂肪肝。发生脂肪肝常见的原因有：①甘油磷脂合成原料供给不足，甘油磷脂合成减少，进而导致 VLDL 合成障碍，肝内三酰甘油不能顺利转运至肝外组织；②肝功能障碍，VLDL 合成与释放不足；③肝内三酰甘油来源过多，如高糖、高脂饮食。长期脂肪肝可导致肝硬化。

第五节　胆固醇的代谢

　　胆固醇是环戊烷多氢菲的衍生物，在体内以游离胆固醇和胆固醇酯两种形式存在。正常成人体内胆固醇含量约为 140 g，分布极不均匀，其中约 25% 存在于脑和神经组织中，胆固醇约占脑组织重量的 2%。肾上腺、卵巢等内分泌腺胆固醇含量较高，肝、肾、小肠等内脏，以及皮肤和脂肪组织中也含有较多的胆固醇。肌肉组织中胆固醇的含量较低。

　　体内胆固醇的来源有外源性和内源性两条途径。正常人每天可从食物中摄取胆固醇 0.3 ~ 0.5 g，主要来自动物性食物，如肉类、动物内脏、蛋黄及奶油等。体内的胆固醇主要由自身合成，每天可合成 1.0 ~ 1.5 g。

一、胆固醇的合成

　　成年人除脑组织和成熟红细胞外，其余各组织均可合成胆固醇。肝合成的胆固醇量占总合成量的 70% ~ 80%，是合成能力最强的器官，其次是小肠。胆固醇的合成酶系主要存在于细胞液和滑面内质网，故胆固醇的合成在细胞液和内质网中进行。乙酰 CoA 是合成胆固醇的原料，还需 ATP 供能及 NADPH+H$^+$ 供氢。胆固醇合成过程复杂，可概括为 3 个阶段。

（一）甲羟戊酸的生成

　　2 分子乙酰 CoA 由酰基转移酶催化，缩合成乙酰乙酰 CoA，再与 1 分子乙酰 CoA 缩合生成 β- 羟基 -β- 甲戊二酸单酰 CoA（HMG-CoA），此过程由 HMG-CoA 合酶催化。HMG-CoA 经 HMG-CoA 还原酶催化，NADPH+H$^+$ 供氢还原生成甲羟戊酸。HMG-CoA 还原酶是胆固醇合成的限速酶，受胆固醇反馈抑制。

（二）鲨烯的生成

　　甲羟戊酸在一系列酶的催化下，由 ATP 供能，经磷酸化、脱羧、脱羟基等反应生成活性很强的 5 碳焦磷酸化合物，后者再经多次缩合生成 30 碳多烯烃化合物——鲨烯。

（三）胆固醇的合成

　　鲨烯由多种酶催化，经过环化、氧化、脱羧及还原等反应，脱去 3 分子 CO_2，生成 27 碳的胆固醇。胆固醇的合成过程如图 8-8 所示。

（四）胆固醇的合成调节

　　HMG-CoA 还原酶是胆固醇合成的限速酶，因此各种因素对胆固醇合成的调节，主要是通过调节该酶的活性和含量来实现的。

　　1. **胆固醇的反馈抑制**　食入或体内合成胆固醇过多，可反馈抑制肝内 HMG-CoA 还原酶的活性及合成，使胆固醇合成减少。但小肠黏膜细胞内的 HMG-CoA 还原酶活性不受胆固醇的反馈抑制。

　　2. **激素调节**　胰岛素能增强肝 HMG-CoA 还原酶的活性，使胆固醇合成增多。胰高血糖素和糖皮质激素则抑制该酶的活性，从而减少胆固醇的合成。甲状腺素既能增加 HMG-CoA

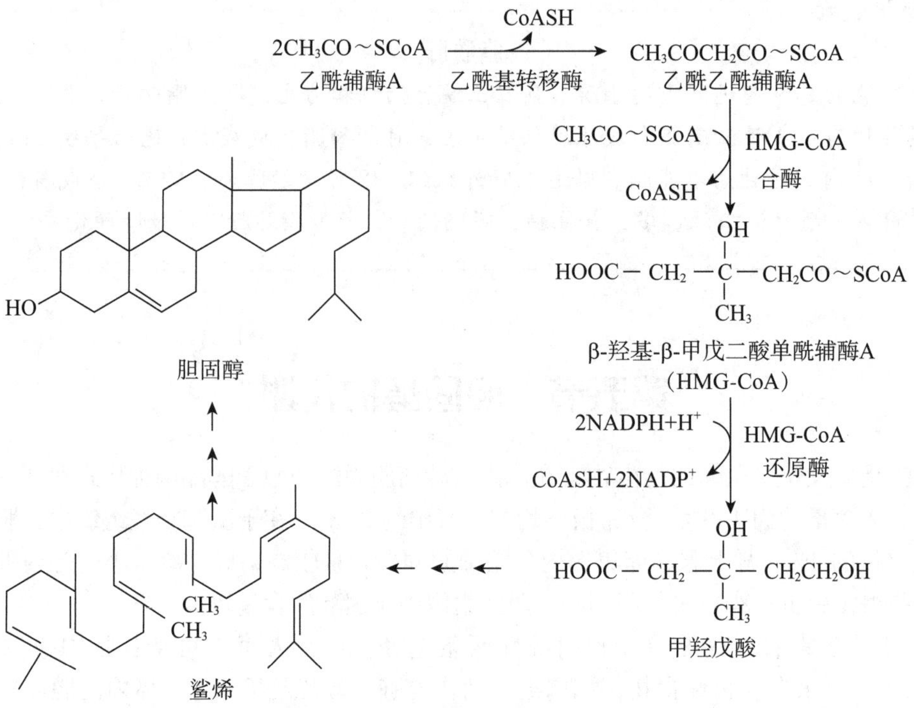

$$2CH_3CO\sim SCoA \xrightarrow[\text{乙酰基转移酶}]{CoASH} CH_3COCH_2CO\sim SCoA$$

乙酰辅酶A　　　乙酰基转移酶　　　　乙酰乙酰辅酶A

CH_3CO～SCoA　　HMG-CoA 合酶

CoASH

$$HOOC-CH_2-\overset{\overset{\displaystyle OH}{|}}{\underset{\underset{\displaystyle CH_3}{|}}{C}}-CH_2CO\sim SCoA$$

β-羟基-β-甲戊二酸单酰辅酶A
（HMG-CoA）

2NADPH+H^+　　HMG-CoA 还原酶

CoASH+2NADP^+

$$HOOC-CH_2-\overset{\overset{\displaystyle OH}{|}}{\underset{\underset{\displaystyle CH_3}{|}}{C}}-CH_2CH_2OH$$

甲羟戊酸

HO 胆固醇

鲨烯

CH_3
CH_3

图 8-8　胆固醇的合成

还原酶的活性，促进胆固醇合成，又可促进胆固醇转化成胆汁酸，而且后者作用更强，所以甲状腺功能亢进症患者，血中胆固醇含量降低。

3. **饥饿与饱食**　饥饿与禁食可使 HMG-CoA 还原酶合成减少，活性降低，同时乙酰CoA、NADPH+H^+ 及 ATP 等来源不足，可抑制胆固醇的合成。饱食特别是高糖、高脂饮食后，HMG-CoA 还原酶活性增高，同时胆固醇合成原料来源增多，可促进胆固醇的合成。

（五）胆固醇的酯化

血浆及细胞内的游离胆固醇都能被酯化成胆固醇酯。

细胞内游离胆固醇在脂酰 CoA- 胆固醇酰基转移酶（acyl-coenzyme A cholesterol acyltransferase，ACAT）的催化下，由脂酰 CoA 提供脂酰基，生成胆固醇酯。

$$胆固醇 + RCO\sim SCoA \xrightarrow{ACAT} 胆固醇酯 + HSCoA$$

血浆中游离胆固醇在卵磷脂 – 胆固醇酰基转移酶（lecithin-cholesterol acyltransferase，LCAT）的催化下，接受卵磷脂第 2 位碳原子上的脂酰基（大多为不饱和脂酰基），生成胆固醇酯和溶血卵磷脂。

$$胆固醇 + 磷脂酰胆碱 \xrightarrow{LCAT} 胆固醇酯 + 溶血卵磷脂$$

卵磷脂 – 胆固醇酰基转移酶（LCAT）由肝细胞合成并释放入血，在维持血浆胆固醇与胆固醇酯的比例中起重要作用。肝功能受损时，LCAT 合成减少，可导致血浆胆固醇酯含量下降。

二、胆固醇的转化与排泄

胆固醇在体内不能被彻底氧化分解为 CO_2 和 H_2O，而是经氧化、还原等反应转化为多种重要的生理活性物质。

（一）转变为胆汁酸

在肝内，每天胆固醇合成量约40%可转变为胆汁酸，是胆固醇的主要代谢去路。胆汁酸随胆汁排出，在小肠下段，大部分胆汁酸又经肠肝循环重新入肝，小部分排出体外。

（二）转变为类固醇激素

胆固醇在睾丸、卵巢内可转变为雄激素、雌激素或孕激素等；在肾上腺皮质可转变成醛固酮、皮质醇等。

（三）转变为维生素 D$_3$

胆固醇可氧化为7-脱氢胆固醇，后者经血液运输至皮下，经紫外线照射转变为维生素 D$_3$。

（四）胆固醇的排泄

胆固醇除以胆汁酸盐的形式排出外，还有一部分胆固醇直接随胆汁进入肠道，经肠道细菌作用，生成粪固醇排出体外。

第六节　血浆脂蛋白代谢

一、血脂

血浆中所含的脂类统称为血脂，包括三酰甘油、磷脂、胆固醇、胆固醇酯以及游离脂肪酸等。血脂含量受饮食、年龄、性别、职业、运动及代谢的影响，波动范围较大。空腹时血脂含量相对恒定，血脂测定可反映机体脂类代谢的情况，有助于相关疾病的诊断。正常人空腹时血脂的主要成分及含量见表8-1。

表 8-1　正常人空腹血脂的主要成分和含量

脂类物质	含量（mmol/L 血浆）
—	总量 6.7 ~ 12.2
三酰甘油	0.11 ~ 1.69
磷脂	48.44 ~ 80.73
总胆固醇	2.59 ~ 6.47
胆固醇酯	1.81 ~ 5.17
游离胆固醇	1.03 ~ 1.81

血脂的来源有：①肝、脂肪组织等合成后释放入血；②脂类食物被消化、吸收。

血脂的主要代谢去路包括：①在组织细胞内氧化供能；②构成生物膜；③进入脂肪组织储存；④转变为其他生理活性物质。

二、血浆脂蛋白的分类

脂类不溶于水，不能直接由血浆转运，需与水溶性较强的蛋白质结合成脂蛋白，才能在血浆中转运，因此脂类在血中转运的主要形式是血浆脂蛋白。血浆脂蛋白中的蛋白质部分，称为载脂蛋白（apolipoprotein, Apo）。

由于各种血浆脂蛋白所含的脂类及载脂蛋白的种类和数量不同，所以各种血浆脂蛋白的密度、颗粒大小、表面电荷、电泳速率和免疫性等亦不相同。通常用超速离心法（密度分类法）和电泳法进行分类。

（一）超速离心法分类（密度分类法）

将血浆置于一定密度的盐溶液中进行超速离心，因脂蛋白密度不同而漂浮或沉降。按密度由小到大将血浆脂蛋白分为：乳糜微粒（CM），极低密度脂蛋白（very low density lipoprotein，VLDL），低密度脂蛋白（low density lipoprotein，LDL）和高密度脂蛋白（high density lipoprotein，HDL）（图8-9）。

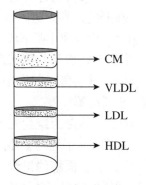

（二）电泳法分类

由于各种脂蛋白中载脂蛋白的种类和数量不同，故其颗粒大小和表面电荷不同，在电场中的迁移率不同。根据迁移率的快慢，将脂蛋白分为 α- 脂蛋白（α-LP），前 β- 脂蛋白（pre β-LP），β- 脂蛋白（β-LP）和乳糜微粒（CM）（图8-10）。

图8-9 超速离心法分离脂蛋白

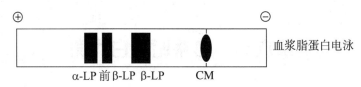

图8-10 血浆脂蛋白电泳示意图

三、血浆脂蛋白的组成

血浆脂蛋白都由载脂蛋白、三酰甘油、磷脂、胆固醇及胆固醇酯组成，但不同脂蛋白其组成比例不同。如 CM 含三酰甘油最多，达90%左右，蛋白质含量最少，其密度最小，颗粒最大。VLDL 也以三酰甘油为主要成分，可达60%左右，而磷脂、胆固醇及蛋白质含量均比 CM 多。LDL 含胆固醇最多，近50%。HDL 蛋白质含量最高，约50%，三酰甘油含量最少，颗粒最小，密度最大。

每种脂蛋白中都含有一种或多种载脂蛋白，主要有 ApoA、ApoB、ApoC、ApoD、ApoE 五大类，其中某些载脂蛋白由于氨基酸组成的差异，又可分为若干亚类。如 ApoA 分为 ApoA I 和 ApoA II；ApoB 分为 ApoB$_{48}$ 和 ApoB$_{100}$；ApoC 分为 ApoC I、ApoC II 和 ApoC III。载脂蛋白的主要功能是转运脂类和稳定脂蛋白结构。另外，不同的载脂蛋白还有其特殊功能。如 ApoC II 能激活脂蛋白脂肪酶（lipoprotein lipase，LPL），促进 CM 和 VLDL 的代谢；ApoA I 是卵磷脂 – 胆固醇酰基转移酶（LCAT）的激活剂。

四、血浆脂蛋白的代谢与功能

（一）乳糜微粒（CM）

CM 在小肠黏膜细胞内合成。食物中的脂类被消化、吸收后，在小肠黏膜细胞再合成三酰甘油，连同磷脂、胆固醇，加上载脂蛋白等形成新生 CM。新生 CM 经淋巴进入血液，然后形成成熟 CM。成熟 CM 含 ApoC，其中 ApoC II 能够激活位于毛细血管内皮细胞表面的脂蛋白脂肪酶（LPL）。在 LPL 催化下，CM 中的三酰甘油被水解成脂肪酸和甘油，被外周组织摄取利用。经 LPL 反复作用，CM 颗粒逐步变小，最后转变成 CM 残粒，被肝细胞摄取利用。因此，乳糜微粒的主要功能是转运外源性三酰甘油。

血液中 CM 的半衰期为 5 ~ 15 分钟，因此正常人空腹血浆中不含 CM。

（二）极低密度脂蛋白（VLDL）

VLDL 在肝细胞内合成。肝细胞利用内源性三酰甘油，与磷脂、胆固醇和载脂蛋白共同形成极低密度脂蛋白（VLDL），直接释放入血。经脂蛋白脂肪酶催化，三酰甘油被逐步水解，VLDL

颗粒逐渐变小，其组成也发生相应改变，最后转变成富含胆固醇的低密度脂蛋白（LDL）。VLDL的主要功能是转运内源性三酰甘油到肝外组织。VLDL 在血液中的半衰期为 6 ~ 12 小时。

（三）低密度脂蛋白（LDL）

LDL 由 VLDL 在血浆中转变而来，是唯一在血浆中生成的脂蛋白。正常人空腹时血浆中的胆固醇主要存在于 LDL 中。LDL 的主要功能是将肝合成的胆固醇转运到肝外组织。LDL 在血液中的半衰期为 2 ~ 4 天。

（四）高密度脂蛋白（HDL）

HDL 主要由肝细胞合成，其次是小肠黏膜细胞。HDL 主要在肝细胞降解。在肝细胞内，HDL 中的胆固醇酯分解为脂肪酸和胆固醇，后者再转变为胆汁酸或直接排出体外。因此，HDL 的主要功能是将肝外胆固醇转运至肝内代谢。HDL 在血浆中的半衰期为 3 ~ 5 天。

血浆脂蛋白的分类、性质、组成及功能见表 8-2。

表 8-2 血浆脂蛋白的分类、性质、组成及功能

分类	超速离心法 电泳法	乳糜微粒 （CM） CM	极低密度脂蛋白 （VLDL） 前 β– 脂蛋白	低密度脂蛋白 （LDL） β– 脂蛋白	高密度脂蛋白 （HDL） α– 脂蛋白
性质	密度（g/ml）	< 0.95	0.95 ~ 1.006	1.006 ~ 1.063	1.063 ~ 1.210
	颗粒直径（nm）	80 ~ 500	25 ~ 80	20 ~ 25	7.5 ~ 10
组成（%）	蛋白质	0.5 ~ 2	5 ~ 10	20 ~ 25	50
	脂类	98 ~ 99	90 ~ 95	75 ~ 80	50
	三酰甘油	80 ~ 95	50 ~ 70	10	5
	磷脂	5 ~ 7	15	20	25
	胆固醇	1 ~ 4	15	45 ~ 50	20
	游离胆固醇	1 ~ 2	5 ~ 7	8	5
	胆固醇酯	3	10 ~ 12	40 ~ 42	15 ~ 17
合成部位		小肠黏膜细胞	肝细胞	血浆	肝、小肠
功能		转运外源性 三酰甘油	转运内源性 三酰甘油	转运内源性 胆固醇	逆向转运 胆固醇

五、血浆脂蛋白代谢紊乱

正常生理状态下，血浆脂蛋白水平能恒定在一定范围内。血液中总胆固醇（CH）、三酰甘油（TG）等脂类水平高于正常参考值的上限称为高脂血症，因血脂以脂蛋白的形式存在，故又称为高脂蛋白血症。1970 年世界卫生组织（WHO）建议，将高脂血症分为六型，见表 8-3。临床上发病率较高的是 Ⅱ 型（高胆固醇血症）和 Ⅳ 型（高三酰甘油血症）。

表 8-3 高脂蛋白血症分型

分型	血浆脂蛋白变化	血脂变化
I	CM ↑	TG ↑↑↑　CH ↑
II	LDL ↑	CH ↑↑
II	LDL ↑　VLDL ↑	TG ↑↑　CH ↑↑
III	IDL ↑	TG ↑↑　CH ↑↑
IV	VLDL ↑	TG ↑↑
V	VLDL ↑　CM ↑	TG ↑↑↑　CH ↑

　　根据病因不同,高脂蛋白血症可分为原发性和继发性两大类。原发性高脂蛋白血症与脂蛋白的组成及代谢过程中的相关载脂蛋白、酶与受体等的先天性缺陷有关;继发性高脂蛋白血症常继发于其他疾病,如糖尿病、肾病、肥胖、肝胆疾病及甲状腺功能减退症等。

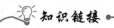

动脉粥样硬化

　　脂类代谢障碍是动脉粥样硬化的病变基础,受累动脉病变从内膜开始,一般先有脂质沉积,进而纤维组织增生及钙化,导致动脉壁增厚变硬、失去弹性,血管腔狭窄。由于在动脉内膜沉积的脂质外观呈黄色粥样,因此称为动脉粥样硬化。引起动脉粥样硬化的因素很多,如高脂血症(特别是高胆固醇血症)、高血压、糖尿病、大量吸烟和肥胖及遗传因素等。

自测题

一、选择题

1. 酮体生成的部位是
   A. 肝　　　　　B. 肾　　　　　C. 脑　　　　　D. 骨骼肌　　　　　E. 心
2. 脂酰 CoA 进入线粒体需经
   A. 柠檬酸 – 丙酮酸循环　　　　　B. 肉毒碱转运
   C. LCAT 催化　　　　　D. 直接穿过线粒体膜
   E. 苹果酸穿梭
3. 胆固醇在休内不能转变成
   A. 胆汁酸　　　　　B. 雄激素　　　　　C. 胆色素
   D. 维生素 D_3　　　　　E. 雌激素
4. 转运外源性三酰甘油的是
   A. CM　　　　　B. VLDL　　　　　C. LDL　　　　　D. HDL　　　　　E. IDL

二、简答题

严重糖尿病患者为什么会出现酮症酸中毒?

（侯朝霞）

第九章

蛋白质的分解代谢

本章思维导图

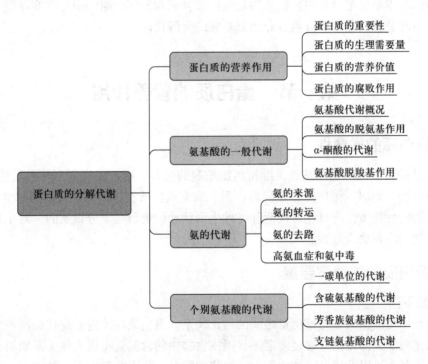

学习目标

1. 掌握：蛋白质的生理功能、必需氨基酸及蛋白质的互补作用，以及氨基酸的脱氨基作用、氨的代谢。

2. 熟悉：α-酮酸的代谢、个别氨基酸代谢和一碳单位。

3. 了解：蛋白质的肠道腐败作用。

> **案例 9-1**　患者，男性，58岁，2017年5月6日以"发现尿黄，皮肤黏膜黄染10余天"为主诉入院。初步诊断为黄疸待查。体格检查：体温37℃，脉搏82次/分，呼吸18次/分，血压126/76 mmHg。现患者精神状态差，间断意识模糊，烦躁，食欲差，睡眠差，排便正常，尿液颜色黄。

> 实验室检查结果：总胆红素 548.4 μmol/L（0～25），白蛋白 31.9 g/L（35～55），ALT 281 U/L，AST 548 U/L（0～40），PT（凝血酶原时间）19.2 s（9.6～14）。患者患乙型病毒性肝炎 30 年，无高血压、心脏病史，无糖尿病、脑血管疾病史，无肝炎、结核、疟疾病史，预防接种史不详，无外伤、输血史，无食物及药物过敏史。
>
> **问题与思考：**
> 1. 该患者当前最可能的诊断是什么？
> 2. 该患者存在哪些护理问题？
> 3. 应如何对患者进行饮食指导？
> 4. 应对患者进行哪些健康教育？

蛋白质的基本单位是氨基酸。氨基酸是蛋白质合成和分解代谢的中心内容。氨基酸的代谢包括合成代谢和分解代谢，本章重点介绍氨基酸的分解代谢。

第一节　蛋白质的营养作用

一、蛋白质的重要性

蛋白质是一切生命的物质基础，维持组织细胞的生长、更新、修复，并参与催化、运输、代谢的调节过程。同时，蛋白质也是能源物质，每克蛋白质在体内氧化分解可释放约 17 kJ 能量。提供足够的食物蛋白质对正常代谢和各种生命活动的进行是十分重要的，对生长发育期的儿童和康复期的患者更为重要。

二、蛋白质的生理需要量

（一）氮平衡

氮平衡是指氮的摄入量与排出量之间的对比关系。蛋白质在体内分解代谢所产生的含氮物质，主要随尿液、粪便排出。通过测定每日摄入食物中的含氮量（摄入氮）及尿液和粪便中的含氮量（排出氮）可以间接反映体内蛋白质的代谢概况。氮平衡有以下三种情况：

1. **氮的总平衡**　摄入氮 = 排出氮，表明体内蛋白质的合成和分解处于动态平衡，见于正常成人。

2. **氮的正平衡**　摄入氮 > 排出氮，表明体内蛋白质的合成大于分解，见于生长期儿童、孕妇和病后恢复期的患者等。

3. **氮的负平衡**　摄入氮 < 排出氮，表明体内蛋白质的合成小于分解，见于慢性消耗性疾病、组织创伤或饥饿等。

（二）蛋白质的生理需要量

根据氮平衡实验测得，体重为 60 kg 的成年人在不进食蛋白质时，每日最低分解蛋白质约 20 g。由于食物蛋白质与人体蛋白质组成的差异，不可能全部被利用，故成人每日最低需要蛋白质 30～50 g，才能确保人体氮的总平衡。我国营养学会推荐成人每日蛋白质需要量为 80 g。

三、蛋白质的营养价值

（一）必需氨基酸与非必需氨基酸

必需氨基酸是指体内需要但人体不能自身合成，必须由食物提供的氨基酸，共有8种：苏氨酸、亮氨酸、异亮氨酸、缬氨酸、赖氨酸、色氨酸、苯丙氨酸和甲硫氨酸。其余12种体内需要但可以自身合成，不一定由外界食物供给的氨基酸，称为非必需氨基酸。此外，组氨酸和精氨酸在婴幼儿和儿童时期因人体内合成量常不能满足生长发育的需要，也必须由食物提供，称为半必需氨基酸。

（二）决定蛋白质营养价值的因素

蛋白质的营养价值是指食物蛋白质在体内的利用率。从食物蛋白质的氨基酸组成来看，若所含必需氨基酸的种类、数量和比例与人体蛋白质相近，则易被机体利用，利用率高，其营养价值就高。通常，动物蛋白质的营养价值较植物蛋白质高。

（三）蛋白质的互补作用

若将几种营养价值较低的蛋白质混合食用，可使其所含的必需氨基酸相互补充，从而使营养价值得以提高，称为蛋白质的互补作用。例如，谷类食物蛋白质内赖氨酸含量不足，色氨酸含量较高，而豆类食物蛋白质恰好相反，混合食用时两者的不足都可以得到补偿。

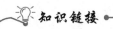 **知识链接**

蛋白质的合理食用与健康

食物中蛋白质来源包括动物性蛋白质（如畜肉、禽肉、鱼、虾、蟹、蛋、奶等）和植物性蛋白质（如谷类、豆类、蔬菜、水果、干果等）。如果长期缺乏蛋白质，可导致生长发育迟缓、体重减轻、易疲劳、对疾病抵抗力降低、易患病、皮肤干燥有皱纹、肌肉松弛、毛发干枯、创伤骨折不易愈合、病后恢复缓慢，严重者会出现营养不良性水肿。但长期蛋白质过剩也会增加肝、肾负担，造成慢性酸中毒，容易导致疲劳。只有摄入蛋白质合理，才能保证身体健康。

四、蛋白质的腐败作用

在消化过程中，肠道未被消化的蛋白质及未被吸收的氨基酸，在肠道细菌的作用下分解，生成胺类、氨、酚类、吲哚及硫化氢等产物的过程，称为蛋白质的腐败作用。腐败产物对人体有害，如胺类、氨、酚类、吲哚及硫化氢等。该过程同时也可以产生少量脂肪酸及维生素K等可被机体利用的物质。

第二节　氨基酸的一般代谢

一、氨基酸代谢概况

食物蛋白质被消化及吸收、组织蛋白质降解及体内合成的非必需氨基酸混合在一起，通过血液循环在各组织间转运，构成氨基酸代谢库。氨基酸的一般代谢途径主要有两条：一条是通过脱氨基作用分解成 α-酮酸和氨，另一条是通过脱羧基作用生成胺类及二氧化碳。氨基酸的代谢概况见图9-1。

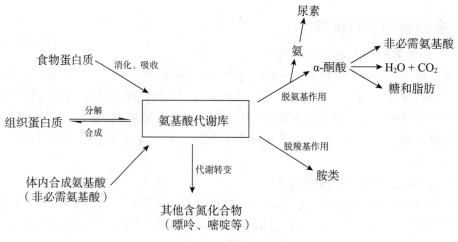

图 9-1　氨基酸代谢概况

二、氨基酸的脱氨基作用

脱氨基作用是指氨基酸在酶的催化作用下脱去氨基生成相应的 α- 酮酸和氨的过程，是氨基酸分解代谢的主要方式。脱氨基的方式有氧化脱氨基、转氨基、联合脱氨基等，其中联合脱氨基最重要。

（一）氧化脱氨基作用

氨基酸氧化脱氨基作用是指在酶的催化下伴有氧化的脱氨基过程。体内以 L- 谷氨酸脱氢酶最重要，该酶是以 NAD^+（或 $NADP^+$）为辅酶的不需氧脱氢酶，此酶广泛分布于肝、肾、脑等组织中，特异性强，在骨骼肌和心肌中活性很低。它可催化 L- 谷氨酸氧化脱氨基生成 α- 酮戊二酸，其反应为：

$$
\begin{array}{ccc}
\text{COOH} & \text{COOH} & \text{COOH} \\
| & | & | \\
\text{CH}_2 & \text{CH}_2 & \text{CH}_2 \\
| & | & | \\
\text{CH}_2 & \text{CH}_2 & \text{CH}_2 \quad + \quad \text{NH}_3 \\
| & | & | \\
\text{H—C—NH}_2 & \text{C}=\text{NH} & \text{C}=\text{O} \\
| & | & | \\
\text{COOH} & \text{COOH} & \text{COOH}
\end{array}
$$

L-谷氨酸脱氢酶　$NAD(P)^+$　$NAD(P)H+H^+$　$+H_2O$　$-H_2O$

L-谷氨酸　　　　　　　亚谷氨酸　　　　　　　α-酮戊二酸

上述反应是一个可逆反应，一般情况下反应偏向于谷氨酸的合成。当谷氨酸浓度高或 NH_3 的浓度低时反应向生成 α- 酮戊二酸的方向进行。

（二）转氨基作用

转氨基作用是指在转氨酶的催化下，α- 氨基酸和 α- 酮酸之间发生氨基转移，结果是原来的氨基酸生成相应的 α- 酮酸，而原来的 α- 酮酸生成相应的氨基酸的过程。

转氨酶的辅酶是磷酸吡哆醛及磷酸吡哆胺（维生素 B_6 的磷酸酯），通过醛式和胺式的转换传递氨基。

$$
\begin{array}{cc}
R_1 & R_2 \\
| & | \\
\text{CHNH}_2 + \text{C}=\text{O} \xrightarrow{\quad\text{转氨酶}\quad} & \\
| & | \\
\text{COOH} & \text{COOH}
\end{array}
\quad
\begin{array}{cc}
R_1 & R_2 \\
| & | \\
\text{C}=\text{O} + \text{CHNH}_2 \\
| & | \\
\text{COOH} & \text{COOH}
\end{array}
$$

转氨基作用是体内合成非必需氨基酸的重要途径。

转氨酶有很强的专一性，不同的转氨酶催化不同的转氨基反应。其中以丙氨酸氨基转移酶（ALT）和天冬氨酸氨基转移酶（AST）最重要。它们催化的反应过程如图 9-2 所示。

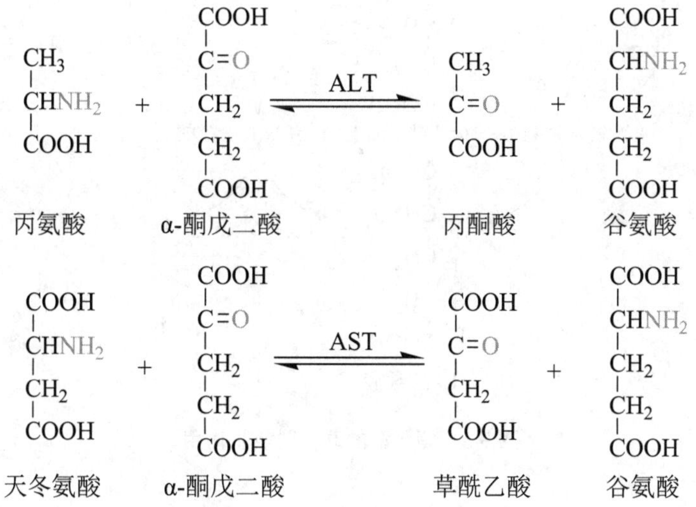

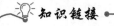

图 9-2 ALT 及 AST 催化的反应

转氨酶主要存在于细胞内，在血清中活性很低，当某种原因使细胞膜通透性增高或细胞被破坏时，转氨酶可以大量释放入血，造成血清中转氨酶活性明显升高。例如，急性病毒性肝炎患者血清 ALT 活性显著升高；心肌梗死患者血清 AST 明显上升。临床上可以此作为疾病诊断和预后的指标之一。

💡 知识链接

ALT 和 AST 能反映肝功能好坏吗？

反映肝细胞损伤的试验包括血清酶类及血清铁测定等，以血清酶检测常用，如丙氨酸氨基转移酶（ALT）、天冬氨酸氨基转移酶（AST）、碱性磷酸酶（ACP）、γ-谷氨酰转肽酶（γ-GT）等。临床表明，各种酶试验中，ALT、AST 能敏感地提示肝细胞损伤及其损伤程度，反映急性肝细胞损伤以 ALT 最敏感，反映其损伤程度则以 AST 较敏感。在急性肝炎恢复期，虽然 ALT 正常而 γ-GT 持续升高，提示肝炎呈慢性化。慢性肝炎γ-GT 持续不降常提示病变活动。

（三）联合脱氨基作用

在两种或两种以上酶的联合作用下，将氨基酸的氨基脱掉生成游离氨的过程，称为联合脱氨基作用。联合脱氨基是体内氨基酸脱氨基的主要方式。

1. **转氨基与氧化脱氨基的联合脱氨** 在肝、肾等组织中，氨基酸的 α-氨基在转氨酶的催化下先转移到 α-酮戊二酸上，生成相应的 α-酮酸和谷氨酸，然后在 L-谷氨酸脱氢酶催化下，脱氨基生成 α-酮戊二酸，并释放出氨（图 9-3）。

2. **嘌呤核苷酸循环** 在骨骼肌和心肌组织中，L-谷氨酸脱氢酶的活性很低，难以进行上述联合脱氨基过程，而是通过嘌呤核苷酸循环脱去氨基。在此过程中，氨基酸首先通过连续转氨基作用将氨基转移给草酰乙酸，生成天冬氨酸；天冬氨酸与次黄嘌呤核苷酸（IMP）反应生成腺苷酸代琥珀酸，后者经过裂解，释放出延胡索酸并生成腺嘌呤核苷酸（AMP）。AMP 在腺苷酸脱氨酶（此酶在肌组织中活性较强）催化下生成 IMP 和游离 NH_3。IMP 可以再参加循环（图 9-4）。

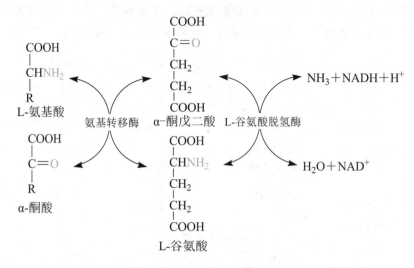

图 9-3 氨基酸的联合脱氨基作用

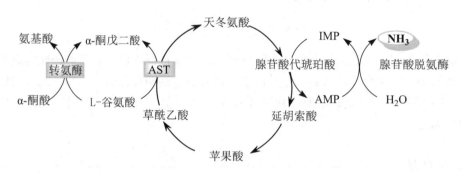

图 9-4 嘌呤核苷酸循环

三、α- 酮酸的代谢

（一）合成非必需氨基酸

α- 酮酸经联合脱氨基作用的逆过程合成非必需氨基酸。例如，丙酮酸、草酰乙酸、α- 酮戊二酸可分别转变成丙氨酸、天冬氨酸和谷氨酸。

（二）氧化供能

α- 酮酸在体内可转变成丙酮酸、乙酰 CoA 和三羧酸循环的中间产物，再经过三羧酸循环彻底氧化成 CO_2 和 H_2O，并释放能量。

（三）转变成糖或脂肪

在体内，α- 酮酸可以转变成糖及脂肪。在体内能转变为糖的称为生糖氨基酸；能转变为酮体的称为生酮氨基酸；既能转变为糖，又能转变为酮体的称为生糖兼生酮氨基酸（表 9-1）。

表 9-1 氨基酸生糖及生酮分类

类别	氨基酸
生糖氨基酸	甘氨酸、丝氨酸、组氨酸、缬氨酸、精氨酸、甲硫氨酸、丙氨酸、谷氨酸、天冬氨酸、半胱氨酸、脯氨酸、羟脯氨酸、谷氨酰胺、天冬酰胺
生酮氨基酸	亮氨酸、赖氨酸
生糖兼生酮氨基酸	异亮氨酸、苯丙氨酸、酪氨酸、苏氨酸、色氨酸

四、氨基酸的脱羧基作用

体内某些氨基酸可进行脱羧基作用，生成相应的具有重要生理功能的胺类。脱羧酶的辅酶是磷酸吡哆醛。

下面介绍几种重要的胺类物质。

（一）γ-氨基丁酸

谷氨酸在谷氨酸脱羧酶作用下脱羧基生成γ-氨基丁酸（GABA）。脑、肾组织中该酶活性较高。GABA是抑制性神经递质。因此临床上对妊娠剧吐和小儿惊厥患者常用维生素 B_6 治疗。

（二）组胺

组氨酸通过组氨酸脱羧酶催化生成组胺。组胺是一种强烈的血管扩张剂，并能增加毛细血管的通透性，使血压下降，引起局部水肿。组胺的释放可使支气管平滑肌收缩，引起支气管痉挛，导致哮喘。此外，组胺还能刺激胃蛋白酶原及胃酸的分泌。

（三）5-羟色胺

色氨酸通过色氨酸羟化酶催化生成5-羟色氨酸，再经脱羧酶作用生成5-羟色胺。脑内的5-羟色胺可作为神经递质，具有抑制作用；在外周组织，5-羟色胺有收缩血管的作用。

（四）牛磺酸

半胱氨酸氧化成磺酸丙氨酸，再脱去羧基生成牛磺酸。牛磺酸是结合胆汁酸的组成成分。现已发现脑组织中含有较多的牛磺酸，表明它可能具有更为重要的生理功能。

第三节　氨的代谢

体内代谢产生的氨以及由肠道吸收的氨进入血液，形成血氨。氨具有毒性，特别是脑组织对氨尤为敏感。正常人血氨浓度一般维持在 20～60 μmol/L，说明体内存在解氨的代谢机制，使氨的来源和去路始终保持动态平衡。

一、氨的来源

体内氨有三个主要来源。

1. **氨基酸脱氨基作用产生的氨**　是体内氨的主要来源。此外，胺类的分解也可以产生氨。

2. **肠道吸收的氨**　有两个来源，即蛋白质和氨基酸在肠道细菌作用下腐败产生的氨和肠道尿素经细菌尿素酶水解产生的氨。肠道产氨量较多，每日约 4.0 g。

3. **肾小管上皮细胞分泌的氨**　主要来自谷氨酰胺，谷氨酰胺在谷氨酰胺酶的催化下水解成谷氨酸和氨，这部分氨分泌到肾小管管腔中，主要与尿液中的 H^+ 结合成 NH_4^+，以铵盐的形式随尿液排出体外，这对调节机体的酸碱平衡起着重要作用。

二、氨的转运

氨是有毒物质，各组织产生的氨必须以无毒性的形式经血液运输到肝合成尿素，或运输到肾以铵盐的形式随尿液排出。氨在血液中主要以谷氨酰胺和丙氨酸两种形式转运。

1. **谷氨酰胺**　谷氨酰胺是脑、肌肉等组织向肝或肾转运氨的一种形式。在肾小管上皮细胞，谷氨酰胺合成酶催化谷氨酸与氨结合，生成谷氨酰胺，并由血液输送到肝或肾，再经谷氨酰胺酶水解，生成谷氨酸和氨，在肾以铵盐的形式随尿液排出，在肝则合成尿素。谷氨酰胺既是氨的解毒产物，也是氨的储存及运输形式。

2. **丙氨酸－葡萄糖循环**　在肌肉组织中，氨基酸代谢产生的氨可使糖代谢产生的丙酮酸氨基化为丙氨酸，经血液运转到肝。在肝内，丙氨酸通过联合脱氨基作用，释放出氨，用于合成尿素；转氨基后生成的丙酮酸可经糖异生途径生成葡萄糖，葡萄糖由血液输送到肌组织，沿糖分解代谢途径转变成丙酮酸，后者再接受氨基而生成丙氨酸。丙氨酸和葡萄糖反复地在肌肉和肝之间进行氨的转运，故将这一途径称为丙氨酸－葡萄糖循环（图9-5）。通过这个循环，使肌肉中的氨以无毒的丙氨酸形式运输到肝，同时，肝又为肌肉提供生成丙酮酸的葡萄糖。

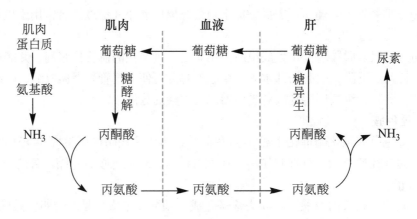

图 9-5　丙氨酸－葡萄糖循环

三、氨的去路

体内氨的去路有：①合成尿素，这是氨的主要去路；②合成谷氨酰胺；③合成非必需氨基酸；④转变成其他含氮物质。另外，还有少量氨在肾以铵盐形式排出。

肝几乎是合成尿素的唯一器官，正常人体内80%～90%的氨在肝内合成尿素，随尿液排出。肝病患者容易出现高血氨。

鸟氨酸循环是合成尿素的途径，其过程如下：

1. **氨基甲酰磷酸的合成**　在肝细胞线粒体中，以氨、CO_2、H_2O为原料，ATP供能，在氨基甲酰磷酸合成酶Ⅰ的催化下，生成氨基甲酰磷酸。

2. **瓜氨酸的生成**　在鸟氨酸氨基甲酰转移酶催化下，鸟氨酸接受氨基甲酰磷酸提供的氨基甲酰基，生成瓜氨酸，然后由线粒体转运至细胞液。

3. **精氨酸的生成**　在胞液中，瓜氨酸与天冬氨酸在精氨酸代琥珀酸合成酶和裂解酶催化下，与天冬氨酸生成精氨酸及延胡索酸。

4. **尿素的合成**　在胞液中，精氨酸酶催化精氨酸水解生成尿素和鸟氨酸。鸟氨酸转运至线粒体，再参与鸟氨酸循环。尿素经血液循环转运至肾，随尿液排出。尿素合成的总过程如图9-6所示。

四、高氨血症和氨中毒

肝是解除氨毒的主要器官。因此，当肝功能严重受损时，尿素合成发生障碍，血氨浓度增高，称为高氨血症，当引起脑功能障碍时可导致氨中毒。

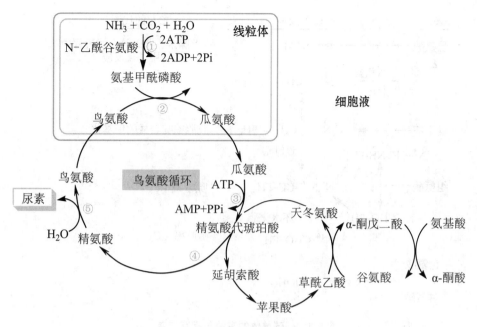

图 9-6　尿素的合成过程

①氨基甲酰磷酸合成酶；②鸟氨酸氨基甲酰转移酶；③精氨酸代琥珀酸合成酶；
④精氨酸代琥珀酸裂解酶；⑤精氨酸酶

第四节　个别氨基酸代谢

氨基酸除进行一般代谢外，有些氨基酸还有其特殊的代谢途径，并具有重要的生理意义。

一、一碳单位的代谢

某些氨基酸在分解代谢过程中产生的含有 1 个碳原子的有机基团称为一碳单位。体内一碳单位主要来源于丝氨酸、甘氨酸、组氨酸、色氨酸。重要的一碳单位有甲基（—CH_3）、亚甲基（—CH_2—）、次甲基（—CH_2=）、甲酰基（—CHO）及亚氨甲基（—CH=NH）等。

一碳单位不能游离存在，通常与四氢叶酸（FH_4）结合而转运或参加代谢。四氢叶酸由叶酸在二氢叶酸还原酶催化下经 2 次还原转变而成。在适当条件下，一碳单位可以通过氧化还原反应而相互转变。但 N^5- 甲基四氢叶酸的生成是不可逆的。一碳单位的来源及相互转变如图 9-7 所示。

一碳单位的主要生理功能是合成嘌呤、嘧啶核苷酸，因此一碳单位参与细胞的增殖、生长发育等重要过程。一碳单位还参与 S- 腺苷甲硫氨酸的合成，后者参与重要物质（如激素、磷脂、核酸）的甲基化合成过程。此外，一碳单位还是联系氨基酸代谢与核酸代谢的枢纽。

二、含硫氨基酸的代谢

体内的含硫氨基酸有甲硫氨酸、半胱氨酸和胱氨酸。这 3 种氨基酸的代谢是相互联系的。甲硫氨酸可以转变为半胱氨酸和胱氨酸，半胱氨酸和胱氨酸也可以互变。甲硫氨酸是必需氨基酸。

甲硫氨酸循环（图 9-8）是甲硫氨酸代谢的主要途径，此循环的意义在于由 N^5—CH_3—FH_4的甲基转变为活性甲基 S- 腺苷甲硫氨酸（S-adenosylmethionine，SAM），进而参与体内广泛的

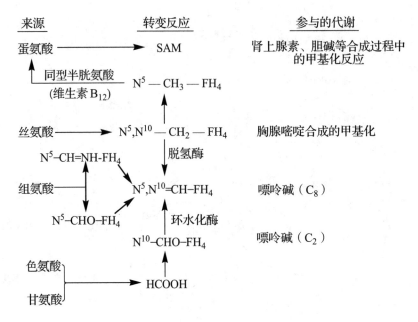

图 9-7　一碳单位的来源与相互转变

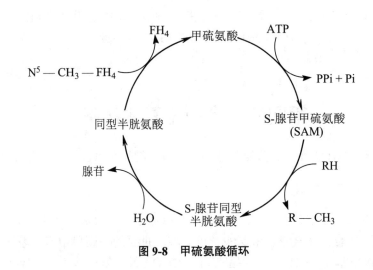

图 9-8　甲硫氨酸循环

甲基化反应。所以 SAM 是体内最重要的甲基供体，而 N^5—CH_3—FH_4 是体内甲基的间接供体。例如，肾上腺素、肌酸的合成都需要 SAM 提供甲基。

三、芳香族氨基酸的代谢

芳香族氨基酸包括苯丙氨酸、酪氨酸和色氨酸。苯丙氨酸经苯丙氨酸羟化酶催化生成酪氨酸。苯丙氨酸羟化酶先天性缺乏时，体内的苯丙氨酸蓄积，并转化为苯丙酮酸，引起苯丙酮尿症。

酪氨酸代谢的主要途径有：①转变为多巴、多巴胺、去甲肾上腺素、肾上腺素。后三者统称为儿茶酚胺，是重要的神经递质。②在黑色素细胞中，酪氨酸经酪氨酸酶催化生成黑色素。人体若缺乏酪氨酸酶，黑色素合成障碍，皮肤、毛发呈白色，称为白化病。③酪氨酸进一步分解，参与糖和脂肪酸代谢。

四、支链氨基酸的代谢

支链氨基酸包括缬氨酸、亮氨酸和异亮氨酸，三者均为必需氨基酸。分解代谢主要在骨骼肌中进行。三种氨基酸首先通过转氨基作用生成相应的 α- 酮酸，然后进一步分解。缬氨酸分解产生琥珀酸单酰 CoA，亮氨酸产生乙酰 CoA 及乙酰乙酰 CoA，异亮氨酸产生乙酰 CoA 和琥珀酸单酰 CoA。所以，这三种氨基酸分别是生糖氨基酸、生酮氨基酸及生糖兼生酮氨基酸。

自测题

一、选择题

1. 转氨酶的辅酶是

    A. CoI   B. CoA   C. 叶酸

    D. 磷酸吡哆醛   E. 生物素

2. 如果血氨浓度明显升高，同时血液中尿素浓度明显下降，则最可能的解释是

    A. 肾排泄功能减低   B. 肝合成尿素的功能障碍

    C. 肠道腐败作用加强，大量氨被吸收   D. 体内蛋白质分解代谢加强

    E. 摄入的蛋白质量过多

3. 氨基甲酰磷酸的生成是在肝细胞的

    A. 微粒体   B. 内质网   C. 线粒体

    D. 高尔基体   E. 溶酶体

二、简答题

1. 血氨有哪些来源和去路？

2. 谷氨酰胺的合成与分解有何生理意义？

（刘建强 马元春）

第十章

核苷酸代谢

本章思维导图

核苷酸代谢 ── 核苷酸的合成代谢 ── 嘌呤核苷酸的合成代谢
　　　　　　　　　　　　　　　 ── 嘧啶核苷酸的合成代谢
　　　　　　　　　　　　　　　 ── 脱氧核苷酸的生成
　　　　　　 ── 核苷酸的分解代谢 ── 嘌呤核苷酸的分解代谢
　　　　　　　　　　　　　　　 ── 嘧啶核苷酸的分解代谢

学习目标

1. 掌握：嘌呤核苷酸、嘧啶核苷酸从头合成的原料及特点。
2. 熟悉：尿酸与痛风的关系，核苷酸的生理功能。
3. 了解：核苷酸代谢的基本途径及特点。

> **案例 10-1**　某 11 岁男孩自幼确诊患一种罕见的遗传病。发病时会出现强迫性自伤行为，如咬伤、抓伤自己，甚至咬伤他人。如今该患儿情况已经很严重，无法独自站立、行走，甚至不能长时间抬头，无法控制自己的肌肉。
>
> 　　**问题与思考：**1. 该患者可能患什么疾病?
> 　　　　　　　　　2. 出现该病症的发病机制是什么?

核苷酸（nucleotide）是组成核酸的基本结构单位，是生物遗传信息的物质基础。人体内的核苷酸主要由机体细胞自身合成，主要以 5′- 核苷酸的形式存在。核苷酸具有多种生理功能：①最主要的功能是作为核酸合成的原料；②是体内能量的载体和利用形式，如 ATP 是人体能量利用的直接形式；③作为活性中间产物的载体参与许多物质合成代谢，如 UDPG 是糖原合成过程中的葡萄糖活性供体；④组成辅酶，如腺苷酸可作为 NAD^+、$NADP^+$、FMN、FAD 及 HSCoA 等的组成成分；⑤参与代谢和生理调节，如 cAMP 是多种细胞膜受体激素的第二信使。本章主要介绍核苷酸的合成与分解代谢。

第一节 核苷酸的合成代谢

体内核苷酸的合成途径有两种。一种是利用简单的小分子物质为原料，经过一系列酶促反应合成核苷酸，称为从头合成（de novo synthesis）途径。此为体内合成核苷酸的主要途径，在肝、小肠黏膜及胸腺等部位进行；另一种是利用体内游离的碱基或核苷作为原料，经过简单的反应过程直接合成核苷酸，称为补救合成途径（salvage pathway），在脑和骨髓中进行。

一、嘌呤核苷酸的合成代谢

1. 嘌呤核苷酸的从头合成

（1）合成的原料：嘌呤核苷酸从头合成的基本原料包括：5-磷酸核糖、甘氨酸、一碳单位、天冬氨酸、谷氨酰胺和 CO_2。从头合成过程主要是在肝、小肠、胸腺等胞液中进行，其中，5-磷酸核糖来自磷酸戊糖途径，而其他合成原料的来源则通过放射性核素示踪法得以证明，具体嘌呤环中各元素来源如图 10-1 所示。

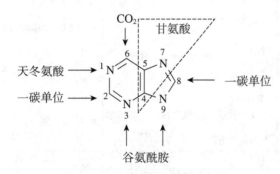

图 10-1 嘌呤环中各元素的来源

（2）合成过程：嘌呤核苷酸的从头合成过程较复杂，因此可划分为两个反应阶段。

1）次黄嘌呤核苷酸（inosine monophosphate，IMP）的合成：5-磷酸核糖（由磷酸戊糖途径提供）在磷酸核糖基焦磷酸合成酶（PRPP 合成酶）催化作用下生成 5-磷酸核糖基焦磷酸（phosphoribosyl pyrophosphate，PRPP）。然后将构成嘌呤环的原料依次加入其中，经过一系列酶促反应合成次黄嘌呤核苷酸（IMP）。IMP 的合成历经 11 步反应完成，如图 10-2 所示，其中 PRPP 合成酶和 PRPP 酰胺转移酶是 IMP 合成的关键酶。

2）腺嘌呤核苷酸（adenosine monophosphate，AMP）与鸟嘌呤核苷酸（guanosine monophosphate，GMP）的合成：IMP 虽不是核酸分子的主要组成成分，但它却是合成 AMP 和 GMP 的共同前体。IMP 可分别通过天冬氨酸和谷氨酰胺提供氨基转变成 AMP 和 GMP，如图 10-3 所示。而 AMP 和 GMP 在核苷酸激酶的催化下，经过两步磷酸化反应，可分别生成相应的核苷三磷酸（ATP、GTP）。

（3）从头合成的特点：①嘌呤核苷酸的合成是在磷酸核糖分子基础上逐步合成嘌呤环，而不是首先合成嘌呤碱然后再与磷酸核糖结合；②肝、小肠黏膜和胸腺是从头合成嘌呤核苷酸的主要器官。

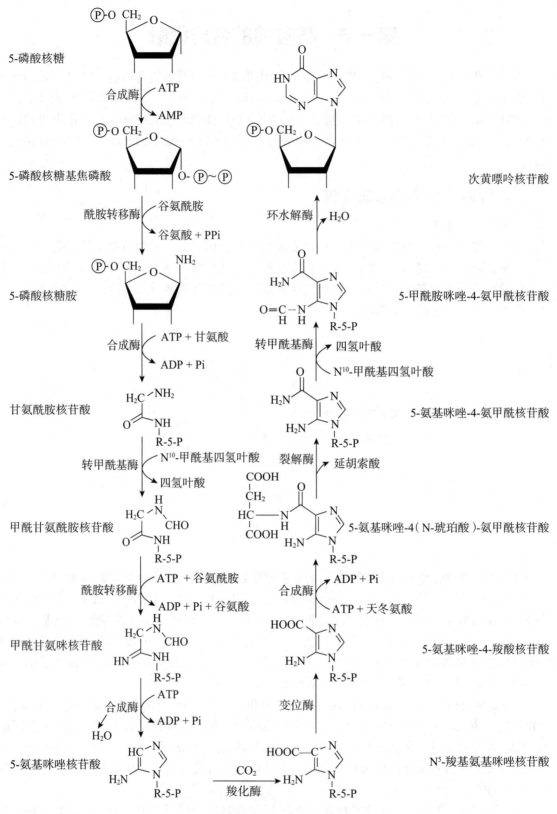

图 10-2　IMP 的合成过程

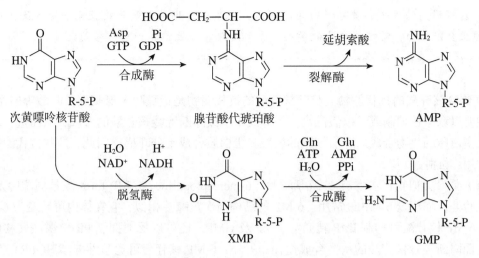

图 10-3 AMP 与 GMP 的合成

2. **嘌呤核苷酸的补救合成途径** 脑、骨髓、红细胞等由于缺乏从头合成途径的相关酶，因此采用这种途径合成嘌呤核苷酸。主要通过两种方式进行：

（1）嘌呤碱重新合成嘌呤核苷酸：PRPP 提供磷酸核糖，而体内存在的腺嘌呤磷酸核糖基转移酶（adenine phosphoribosyl transferase，APRT）和次黄嘌呤 – 鸟嘌呤磷酸核糖基转移酶（hypoxanthine-guanine phosphoribosyl transferase，HGPRT）分别催化腺嘌呤、次黄嘌呤、鸟嘌呤生成相应的 AMP、IMP 及 GMP。反应式如下：

$$腺嘌呤 + PRPP \xrightarrow{APRT} AMP + PPi$$

$$鸟嘌呤 + PRPP \xrightarrow{HGPRT} GMP + PPi$$

$$次黄嘌呤 + PRPP \xrightarrow{HGPRT} IMP + PPi$$

（2）嘌呤核苷重新合成嘌呤核苷酸：腺嘌呤核苷的重新利用是通过腺苷激酶催化进行磷酸化反应，使腺嘌呤核苷生成腺嘌呤核苷酸。反应式如下：

$$腺嘌呤核苷 \xrightarrow[ATP \quad ADP]{腺苷激酶} AMP$$

嘌呤核苷酸补救合成的生理意义：①节省了从头合成所需要的大量原料及能量；②体内某些组织器官（如脑、红细胞和骨髓等）由于缺乏从头合成的有关酶，只能采用补救合成途径合成嘌呤核苷酸。

由于遗传性基因缺陷而导致嘌呤核苷酸补救合成受阻，可引起中枢神经系统发育不良，HGPRT 完全缺失的患儿会表现出智力低下和咬伤、抓伤自己等行为，临床上称为自毁容貌症，即 Lesch-Nyhan 综合征。

> 🔆 **知识链接**
>
> **自毁容貌症（Lesch–Nyhan 综合征）**
>
> Lesch-Nyhan 综合征多见于男性儿童，由于 HGPRT 基因遗传缺陷而引起的疾病，HGPRT 缺乏使得嘌呤核苷酸补救合成途径出现障碍，而不能利用 PRPP，因而 PRPP 堆积，同时 PRPP 又促使嘌呤从头合成，因而嘌呤分解产物尿酸增多。此疾病为 X- 染色体隐性连锁遗传缺陷。患儿表现为高尿酸血症和高尿酸尿症、大脑发育不全、智力低

下、具有明显的攻击和破坏性行为。同时，患儿在婴儿时期就喜欢吸吮手指以及 2 岁后表现出自残行为，常咬伤自己的嘴唇、手、足趾等，故称其为自毁容貌症。

3. 嘌呤核苷酸的抗代谢物 嘌呤核苷酸的抗代谢物是指嘌呤、氨基酸及叶酸等的类似物。它们主要以竞争性抑制或"以假乱真"等方式干扰或阻断嘌呤核苷酸的合成，从而进一步阻止核酸及蛋白质的生物合成。肿瘤细胞的核酸和蛋白质合成十分旺盛，因此，这些抗代谢物在临床上常用作抗肿瘤药。

（1）嘌呤类似物：主要有 6- 巯基嘌呤（6-mercaptopurine，6-MP）、6- 巯基鸟嘌呤及 8- 氮杂鸟嘌呤等，临床以 6-MP 最常用。6-MP 的结构与次黄嘌呤相似，它在体内可转变为 6-MP 核苷酸，6-MP 核苷酸可抑制 IMP 转变为 AMP 及 GMP，还可以反馈抑制 PRPP 酰胺转移酶的活性，从而阻断嘌呤核苷酸的从头合成途径。另外，6-MP 核苷酸可竞争性抑制 HGPRT 的活性，从而抑制补救合成途径。

（2）氨基酸类似物：主要有氮杂丝氨酸及 6- 重氮 -5- 氧正亮氨酸等。它们的结构与谷氨酰胺相似，可干扰谷氨酰胺在核苷酸合成中的作用，抑制嘌呤核苷酸的合成。其结构式如下：

H₂NCOCH₂CH₂CHNH₂COOH　谷氨酰胺

N≡N⁺CH₂COOCH₂CHNH₂COOH　氮杂丝氨酸（重氮乙酰丝氨酸）

N≡N⁺CH₂COCH₂CH₂CHNH₂COOH　6- 重氮 -5- 氧正亮氨酸

（3）叶酸类似物：主要有氨基蝶呤（aminopterin，APT）、氨甲蝶呤（methotrexate，MTX）。它们均能竞争性抑制二氢叶酸还原酶的活性，使叶酸不能还原生成四氢叶酸，阻碍一碳单位代谢，因而抑制嘌呤核苷酸的合成。MTX 在临床上主要用于白血病等肿瘤的治疗。

二、嘧啶核苷酸的合成代谢

嘧啶核苷酸的合成也包括从头合成和补救合成两条途径。

1. 嘧啶核苷酸的从头合成

（1）合成的原料：反应主要在肝细胞的胞液中进行，合成嘧啶核苷酸的原料有谷氨酰胺、CO_2、天冬氨酸和 5- 磷酸核糖。嘧啶碱基中各原子的来源如图 10-4 所示。

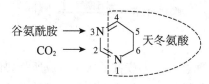

图 10-4　嘧啶环中的元素来源

（2）合成过程：合成特点为先形成嘧啶环，再与磷酸核糖结合，这与嘌呤核苷酸的从头合成截然不同。嘧啶核苷酸的具体合成过程可划分为两个反应阶段，首先合成尿苷 - 磷酸（UMP），然后在 UMP 的基础上再转变为其他嘧啶核苷酸。

1）UMP 的合成：谷氨酰胺及 CO_2 在氨基甲酰磷酸合成酶Ⅱ（CPSⅡ）的催化下，生成氨基甲酰磷酸；然后与天冬氨酸结合成氨甲酰天冬氨酸，经过环化、脱氢生成乳清酸；再与 PRPP 结合生成乳清酸核苷酸，最后脱羧生成 UMP。UMP 是合成其他嘧啶核苷酸的前体。

2）胞嘧啶核苷酸的合成：UMP 经激酶连续催化生成 UTP。UTP 在 CTP 合成酶的催化下生成 CTP。CTP 可经过两次连续脱磷酸分别生成 CDP、CMP。嘧啶核苷酸从头合成途径的具体过程如图 10-5 所示。

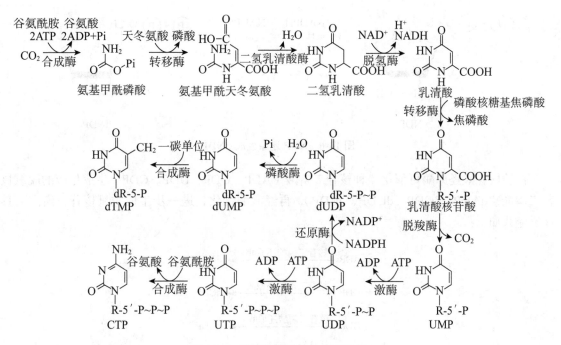

图 10-5 嘧啶核苷酸从头合成途径

2. 嘧啶核苷酸的补救合成 参与嘧啶核苷酸补救合成的酶包括嘧啶磷酸核糖转移酶和尿激酶等。其中嘧啶磷酸核糖转移酶是嘧啶核苷酸补救合成的主要酶，具体反应式如下：

$$嘧啶 + PRPP \xrightarrow{\text{嘧啶磷酸核糖转移酶}} 磷酸嘧啶核苷 + PPi$$

$$尿嘧啶核苷 + ATP \xrightarrow{\text{尿苷激酶}} UMP + ADP$$

$$胸腺嘧啶核苷 + ATP \xrightarrow{\text{胸苷激酶}} dTMP + ADP$$

3. 嘧啶核苷酸的抗代谢物 嘧啶核苷酸的抗代谢物是一些嘧啶、氨基酸及叶酸等的类似物，它们对代谢的影响以及抗肿瘤作用机制与嘌呤核苷酸的抗代谢物相似。

（1）嘧啶类似物：主要有 5- 氟尿嘧啶（5-fluorouracil，5-FU），是临床上常采用的抗肿瘤药物。5-FU 的结构与胸腺嘧啶相似。5-FU 在体内必须转变成有活性的一磷酸脱氧核糖氟尿嘧啶核苷（FdUMP）及三磷酸氟尿嘧啶核苷（FUTP）后，才能发挥作用。FdUMP 与 dUMP 结构相似，能抑制胸苷酸合成酶的活性，从而阻断 dTMP 的合成。FUTP 可以 FUMP 的形式在 RNA 分子合成时参与其中，破坏 RNA 的结构与功能。

（2）氨基酸类似物：如氮杂丝氨酸与谷氨酰胺结构相似，可抑制 CTP 的生成。

（3）叶酸类似物：如氨甲蝶呤与叶酸的结构相似，可影响 DNA 的合成。

三、脱氧核苷酸的生成

1. 脱氧核苷二磷酸的合成 除 dTMP 外，体内脱氧核糖核苷酸均为相应的核糖核苷酸直接还原得到，是在核苷二磷酸（NDP）水平上还原而成，由核糖核苷酸还原酶催化进行，其反应式如图 10-6 所示。

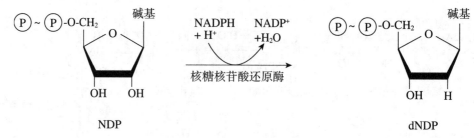

图 10-6　NDP 还原生成 dNDP

核糖核苷酸还原酶可催化 4 种核苷二磷酸（ADP、GDP、UDP、CDP）生成相应的脱氧核苷二磷酸（dADP、dGDP、dUDP、dCDP），再经激酶催化，进一步生成脱氧核苷三磷酸。具体反应式如下：

$$ADP \xrightarrow{\text{核苷二磷酸还原酶}} dADP$$

$$GDP \xrightarrow{\text{核苷二磷酸还原酶}} dCDP$$

$$GDP \xrightarrow{\text{核苷二磷酸还原酶}} dGDP$$

$$UDP \xrightarrow{\text{核苷二磷酸还原酶}} dUDP$$

2. 脱氧胸苷嘧啶核苷酸的生成　dTMP 是在 dUMP 的基础上经甲基化而成。此反应由胸苷酸合酶催化，N^5, N^{10}—CH_2—FH_4 提供一碳单位。dUMP 可来自于 dUDP 水解或 dCMP 脱氨生成，反应如下：

$$dUMP \xrightarrow[\text{胸苷酸合酶}]{N^5, N^{10}-CH_2-FH_4} dTMP$$

第二节　核苷酸的分解代谢

案例 10-2　患者，男性，50 岁，体态肥胖，在某日海鲜大餐后，半夜突发关节剧烈疼痛而惊醒，并且数月间关节持续红肿、发热、疼痛，遂来院就诊。

体格检查：左侧踝、指、肘关节红、肿、触痛。

实验室检查：血清尿酸含量为 660 μmol/L。

X 线检查：关节呈现非对称性肿胀。

问题与思考：

1. 该患者可能患什么疾病？

2. 用何种药物治疗？

3. 作为一名护士，我们可以给该患者在生活中提供哪些疾病改善和预防方面的建议呢？

核苷酸的分解代谢包括嘌呤核苷酸及嘧啶核苷酸的分解代谢。

一、嘌呤核苷酸的分解代谢

嘌呤核苷酸的分解代谢主要在肝、小肠等器官中进行。细胞中腺嘌呤核苷酸首先在 5'- 核苷酸酶作用下水解生成嘌呤核苷。嘌呤核苷在嘌呤核苷磷酸化酶（purine nucleoside phosphorylase，PNP）作用下分解为游离的嘌呤碱和 1- 磷酸核糖。此时的嘌呤核苷及嘌呤碱既可以进入补救合成途径，又可最终被分解为终产物尿酸，随尿液排出体外。其代谢过程如图 10-7 所示。在哺乳动物中，腺苷和脱氧腺苷不能由 PNP 分解，而是在核苷和核苷酸水平上分别由腺苷脱氨酶（adenosine deaminase，ADA）催化生成肌苷（又称次黄嘌呤核苷）或次黄嘌呤核苷酸。进一步在磷酸化酶作用下生成次黄嘌呤和 1- 磷酸核糖。次黄嘌呤在黄嘌呤氧化酶（在肝、小肠和肾中活性高）的催化下逐步氧化为黄嘌呤和尿酸。鸟嘌呤核苷酸则经还原酶催化被还原成次黄嘌呤核苷酸，进一步脱去磷酸转变为次黄嘌呤核苷，最终也转变为尿酸，随尿液排出体外。其中，黄嘌呤氧化酶为尿酸生成的关键酶。尿酸是一种水溶性较差的物质，当食用高嘌呤食物、体内核酸大量分解或肾疾病导致尿酸排泄障碍时，会引起尿酸增高，导致痛风出现。临床上采用别嘌呤醇来治疗痛风。别嘌呤醇和次黄嘌呤结构相似，可抑制黄嘌呤氧化酶，从而抑制尿酸的生成。别嘌呤醇和次黄嘌呤结构如图 10-8 所示。

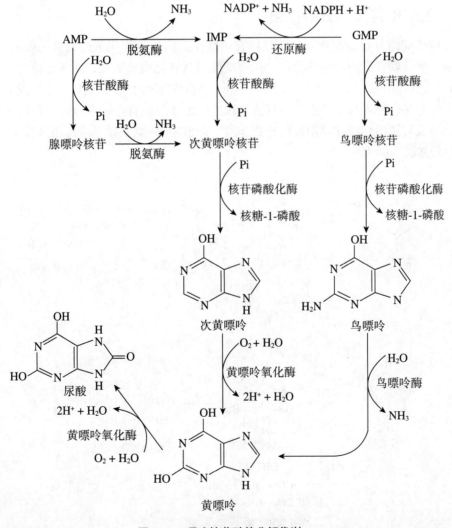

图 10-7 嘌呤核苷酸的分解代谢

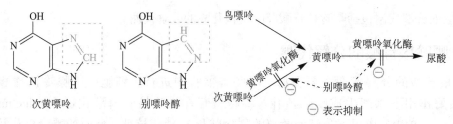

图 10-8　次黄嘌呤与别嘌呤醇结构

💡 *知识链接* ●

痛 风

痛风是一种因嘌呤代谢障碍引起的代谢性疾病。正常人血中尿酸含量为 0.12～0.36 mmol/L（2～6 mg/dl），男性较女性略高。当尿酸盐浓度超过 0.48 mmol/L 时，其尿酸盐结晶会沉积在骨关节、软组织及肾等处，引起痛风性关节炎和关节畸形。临床根据病因的不同分为原发性和继发性两大类，前者多为嘌呤代谢相关酶的缺乏，先天性嘌呤代谢紊乱；后者则是继发于肾功能障碍而导致尿酸排出减少或者药物引起尿酸排泄减少，导致血尿酸升高。

二、嘧啶核苷酸的分解代谢

嘧啶核苷酸的分解是在核苷酸酶及核苷磷酸化酶的催化作用下分别脱去磷酸及核糖，生成嘧啶碱，嘧啶碱在肝内进一步分解。胞嘧啶脱氨基转化成尿嘧啶，后者还原为二氢尿嘧啶，经水解开环，最终生成 NH_3、CO_2 及 β- 丙氨酸。胸腺嘧啶水解生成 NH_3、CO_2 及 β- 氨基异丁酸。以上这些终产物均易溶于水，可直接随尿液排出体外或者进一步分解。食入含 DNA 丰富的食物及经放射线治疗或化学治疗的癌症患者，尿液中 β- 氨基异丁酸排出量增多。其分解代谢具体过程如图 10-9 所示。

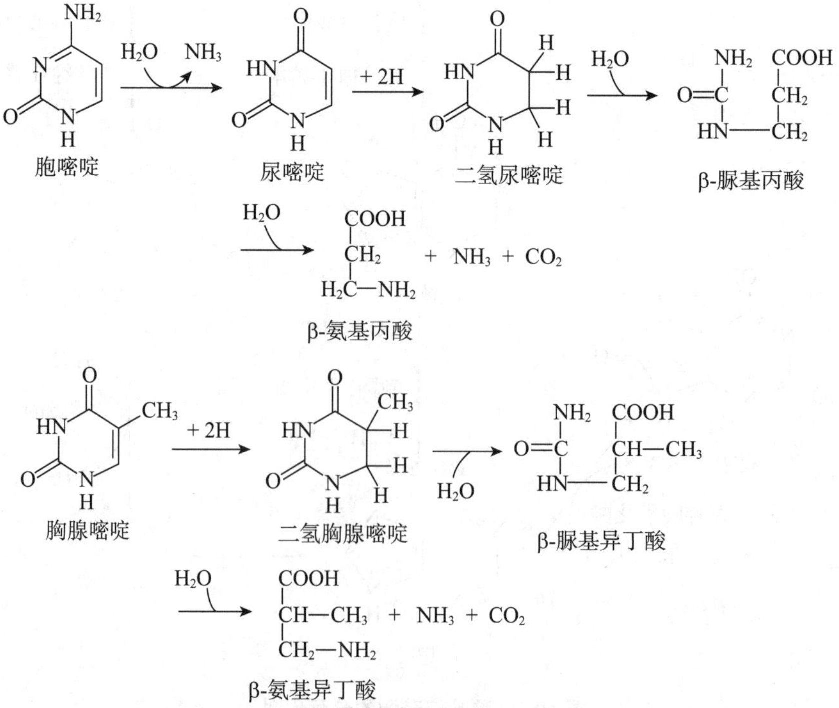

图 10-9　嘧啶核苷酸的分解代谢

自测题

一、选择题

1. 嘧啶核苷酸从头合成的原料不包括
   - A. 5–磷酸核糖
   - B. 天冬氨酸
   - C. 谷氨酰胺
   - D. 甘氨酸
   - E. CO_2

2. 缺乏 HGPRT，嘌呤补救合成障碍导致的疾病是
   - A. 白化病
   - B. 自毁容貌症
   - C. 苯丙酮尿症
   - D. 尿黑酸尿症
   - E. 着色性干皮病

3. 嘌呤核苷酸合成的第一步首先合成下列哪一物质
   - A. 5–磷酸核糖
   - B. 腺苷
   - C. 嘌呤碱
   - D. 5–磷酸核糖胺
   - E. 5–磷酸核糖基焦磷酸

二、简答题

1. 简述核苷酸的生物学功能。
2. 解释痛风产生的生化机制及治疗原则。

（刘　欣）

第十一章

基因信息的传递与表达

本章思维导图

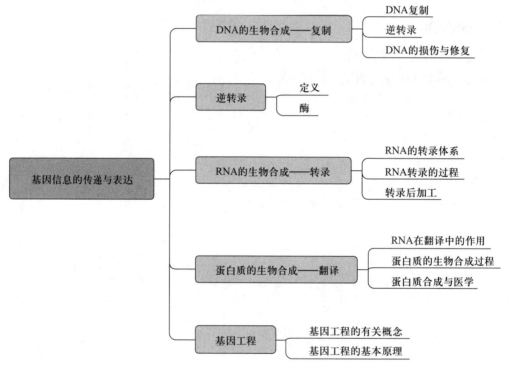

学习目标

1. 掌握：DNA复制、转录、反转录以及翻译的概念；遗传的中心法则以及复制和转录的区别。

2. 熟悉：复制、转录和翻译所需要的物质及基本过程。

3. 了解：基因工程的相关概念及基本原理。

案例 11-1　　镰状细胞贫血是 20 世纪初才被人们发现的一种遗传病。1910 年，一个黑人青年到医院就诊，症状是发热和肌肉疼痛。经过检查发现，他患的是当时人们尚未认识的一种特殊的贫血，他的红细胞不是正常的圆饼状，而是弯曲的镰刀状。后来，人们就把这种病称为镰状细胞贫血。

问题与思考：1. 这种疾病与哪种蛋白的结构功能异常有关？

　　　　　　　2. 从分子水平分析此病的发病机制。

遗传的物质基础是 DNA，它储存生物体的遗传信息。基因是 DNA 分子中携带遗传信息的碱基序列片段，其编码的主要产物是各种 RNA 和蛋白质。

1958 年，DNA 双螺旋结构的发现者之一 Crick 把遗传信息的传递方式归纳为中心法则，即通过转录和翻译将遗传信息从 DNA 传到 RNA 再到蛋白质，DNA 还通过复制将基因信息准确地代代相传。

1970 年 Temin 及 Baltimore 发现了逆转录现象后，对中心法则进行了补充（图 11-1）。

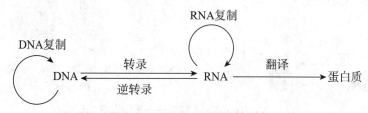

图 11-1　中心法则示意图

逆转录现象的发现表明，少数 RNA 也是遗传信息的携带者，如 RNA 病毒不仅能以 RNA 为模板进行自我复制，还可通过逆转录方式将遗传信息传递给 DNA。

本章以中心法则为线索，将讨论 DNA 的生物合成（复制）、RNA 的生物合成（转录）、蛋白质的生物合成（翻译），另外还将讨论基因工程的相关概念和基本原理。

第一节　DNA 的生物合成——复制

以亲代 DNA 为模板，按照碱基互补配对原则合成子代 DNA 的过程，称为 DNA 复制。DNA 通过复制把亲代遗传信息准确地传递给子代，以保证物种的稳定性。

一、DNA 复制

（一）DNA 复制方式——半保留复制

在 DNA 复制时，以亲代 DNA 解开的两条单链为模板，按照碱基互补配对原则，各自合成一条与之互补的 DNA 单链，成为两个与亲代 DNA 分子完全相同的子代 DNA 分子，在子代 DNA 分子中，一条链是新合成的，另一条链则是保留亲代的，故称为半保留复制。1958 年，Meselson 和 Stahl 用放射性核素标记实验证实 DNA 的复制方式为半保留复制（图 11-2）。

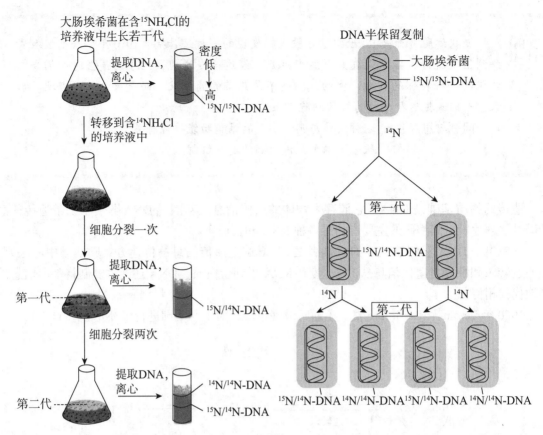

图 11-2　Messlson-Stahl 实验——半保留复制证据

（二）DNA 复制体系

DNA 复制是一个复杂的核苷酸聚合酶促反应过程，需要模板、合成原料、引物、有关酶类及蛋白质因子等参与完成，由 ATP 和 GTP 提供能量。

1. 复制的模板　以亲代 DNA 分子的两条链解离成单链，作为模板。

2. 复制的原料　三磷酸脱氧核苷是合成 DNA 的原料，包括 dATP、dTTP、dCTP、dGTP，总称 dNTP。

3. 引物　是由引物酶催化合成的一小段 RNA 分子，复制开始时需要引物提供 3′-OH 末端供 dNTP 加入，使 DNA 链得以延长。

4. 参与复制的酶类

（1）DNA 聚合酶：全称为依赖于 DNA 的 DNA 聚合酶（DNA-dependent DNA polymerase，DDDP 或 DNA-pol），它以 DNA 单链为模板，以 dNTP 为原料，将 dNTP 加在 RNA 引物的 3′-OH 末端上，合成与模板链互补的 DNA 新链，故又称为 DNA 指导的 DNA 聚合酶。

原核生物大肠埃希菌 DNA 聚合酶有三种，分别是 DNA pol Ⅰ、DNA pol Ⅱ和 DNA pol Ⅲ。其中 DNA pol Ⅲ活性最强，是复制过程中延长子链 DNA 的主要聚合酶。

DNA pol Ⅰ是一种多功能酶，具有催化新合成的 DNA 链由 5′→3′ 方向延长的功能，同时能识别并按 3′→5′ 方向切除 DNA 片段或引物的 3′ 末端的错误配对碱基，以及在复制过程中按 5′→3′ 方向切除引物。

DNA pol Ⅱ具有 5′→3′ 的聚合酶活性和 3′→5′ 的核酸外切酶活性，它主要参与 DNA 的损伤与修复。

真核生物细胞中目前已发现的 DNA 聚合酶至少有 15 种，其中最常见的 5 种是 α、β、γ、δ 和 ε，其生物学特性见表 11-1。

表 11-1 真核细胞的 DNA 聚合酶

DNA-pol	α	β	γ	δ	ε
相对分子量（kDa）	350	39	200	250	350
5′→3′ 聚合活性	有	有	有	有	有
3′→5′ 外切酶活性	—	—	+	+	+
功能	起始引发，引物酶活性	低保真度复制	线粒体 DNA 复制	延长子链的主要酶，解螺旋酶活性	填补引物空隙，切除修复，重组

（2）解链和解旋酶类

1）DNA 解螺旋酶：需消耗 ATP，解开双螺旋链间的氢键，成为单链 DNA。在复制叉前解开一小段 DNA，并沿复制叉前进的方向移动（图 11-3）。

2）单链 DNA 结合蛋白（single-stranded DNA binding protein，SSB）：在 DNA 复制时，一旦较短的单股 DNA 链形成，SSB 立即牢固地结合上去，防止已解开的单链再恢复成双链，并保护 DNA 单链不被核酸酶破坏（图 11-3）。

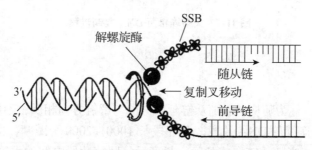

图 11-3 DNA 解螺旋及单链 DNA 结合蛋白（SSB）作用

3）拓扑异构酶：DNA 在解旋解链过程中，由于旋转速度过快，容易造成打结、缠绕、连环现象。拓扑异构酶在复制的全过程中起到解结、解环及松解超螺旋的作用。DNA 复制完成后，拓扑异构酶又可将 DNA 分子引入超螺旋，使 DNA 缠绕、折叠，压缩形成染色质。

（3）DNA 连接酶：可催化两个 DNA 片段通过磷酸二酯键连接起来，反应需 ATP 供能。

（4）引物酶：是催化 RNA 引物合成的 RNA 酶。其在模板的复制起始部位，由模板指导催化互补碱基聚合，形成 RNA 引物。

（三）DNA 复制过程

DNA 复制过程包括起始、延长和终止 3 个阶段（图 11-4）。

1. 复制的起始 首先在拓扑异构酶和解链酶作用下解开 DNA 双链，然后 SSB 结合在解开的单链上以稳定其单链结构，形成一个叉状结构，称为复制叉。引物酶辨认复制的起始点，并以复制起始点的一段 DNA 单链为模板链，按 5′→3′ 方向合成 RNA 引物（长度约为十多个至数十个核苷酸）。随着 RNA 引物的合成，DNA 聚合酶的加入，复制叉结构的形成，完成了 DNA 的起始阶段，复制进入延长阶段。

2. 复制的延长 按照与模板链的碱基互补配对原则，在 DNA pol Ⅲ 的作用下，以 dNTP 为原料，以解开的 DNA 两条链分别为模板，在引物的 3′-OH 末端合成沿 5′→3′ 延伸的 DNA 链。由于 DNA 分子的两条链是反向平行的，而新链的延伸方向都是 5′→3′，所以以 DNA 两条链中的一条链可连续复制，其复制方向和复制叉前进的方向一致，称为前导链。另一条链的延

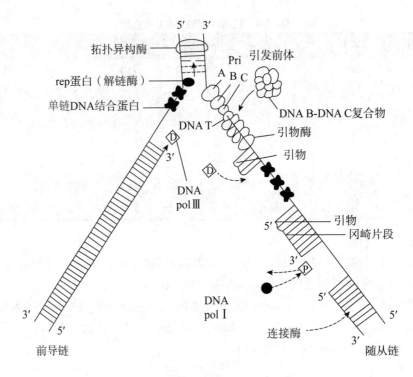

图 11-4 大肠埃希菌 DNA 复制过程

伸方向与复制叉相反，称为随从链。随从链延长方向与解链方向相反，不可以连续延长，要不断生成引物并合成不连续的 DNA 片段，此片段长 1000 ~ 2000 个碱基，由日本人冈崎首先发现，故称为冈崎片段。当随从链合成到一定长度后，冈崎片段之间的引物被切除，再由 DNA 连接酶催化冈崎片段连接成 DNA 长链。

3. **复制的终止**　复制进行到一定程度，DNA pol I 将前导链的 RNA 引物和随从链中最后一个 RNA 引物切除，并催化 dNTP 聚合，按 5′ → 3′ 方向延长以填补引物水解留下的空隙，DNA 连接酶连接缺口形成完整的 DNA 长链，这个过程需要 ATP 供能。

新形成的两条子链分别与两条模板链重新形成双螺旋结构，生成两个与亲代 DNA 完全相同的子代 DNA。

二、逆转录

以 RNA 为模板合成 DNA 的过程称为逆转录，也称反转录。催化逆转录的酶称为逆转录酶。1970 年 Temin 和 Baltimore 分别从 Rous 病毒和鼠白血病病毒中分离出逆转录酶，亦称 RNA 指导的 DNA 聚合酶（RNA directed DNA polymerase，RDDP），从而证明 RNA 可逆转录成 DNA。逆转录酶的功能是：①以 RNA 为模板，dNTP 为原料，按 5′ → 3′ 方向合成 DNA；②具有核糖核酸酶 H 作用，能特异地从 DNA-RNA 杂交体中切除 RNA 及引物；③具有 DNA pol 的作用，以单链 DNA 为模板，合成双链 DNA。

逆转录的基本过程（图 11-5）是逆转录酶以病毒 RNA 为模板，以 dNTP 为原料，在 RNA 引物的 3′-OH 上接续合成互补 DNA（cDNA），形成 RNA-DNA 杂交体。cDNA 合成快完成时，模板 RNA 和引物被水解去除，留下单股 cDNA 链。逆转录酶再以 cDNA 为模板，催化合成新的 cDNA，形成双链 DNA。此双链 DNA 保留了病毒 RNA 的遗传信息，可直接整合到宿主细胞 DNA 中，转录出 RNA 病毒的 RNA，进而合成 RNA 病毒。

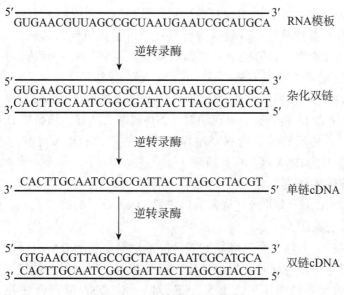

图 11-5　逆转录过程示意图

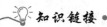

逆转录病毒与癌基因

　　从逆转录病毒中发现了许多病毒癌基因，与病毒癌基因类似的基因也存在于脊椎动物的正常基因中，称为细胞癌基因，这些基因的激活可导致细胞癌变。人类免疫缺陷病毒（HIV）也是逆转录病毒，可感染人体的 T 淋巴细胞，导致人体免疫缺陷。在小鼠和人的正常细胞和胚胎细胞中也有逆转录酶，可能与细胞分化和胚胎发育有关。

　　逆转录酶的发现，扩充和发展了中心法则，而且还使人们对 RNA 的病毒致癌机制有了进一步的认识。此外，在基因工程中，当目的基因寻找困难时，可根据已知某蛋白质的氨基酸顺序，合成其 mRNA，再以 mRNA 为模板逆转录成 cDNA，将后者扩增进行 DNA 重组或建立 cDNA 文库，从中筛选出目的基因。

三、DNA 的损伤与修复

　　DNA 在遗传信息的复制和传递过程中表现出高度的稳定性和精确性，但 DNA 分子在某些因素作用下也会发生化学结构或者物理结构的改变，称为 DNA 损伤，又称 DNA 突变。

（一）DNA 损伤的因素与类型

　　DNA 损伤的实质就是 DNA 分子上碱基的改变，造成 DNA 结构和功能的破坏，导致基因突变。损伤按其发生的原因可分为两大类，即自发性损伤和环境因素损伤。

　　1. 自发性损伤　自发性 DNA 损伤是由于 DNA 的内在化学活性及细胞存在正常活性分子导致的，包括两种形式：

　　（1）DNA 复制错误：碱基配对错误频率为 1% ~ 10%。

　　（2）碱基的自发性损伤：碱基中的氨基（NH_2）、酮基（CO）和烯醇基（COH）常发生异构转变、丢失等。

　　2. 环境因素损伤

　　（1）化学因素：通常为化学诱变剂或致癌剂。①烷化剂，如氮芥、环磷酰胺等，可使鸟嘌呤的第 7 位 N 发生烷化而去除鸟嘌呤；②脱氨剂，如亚硝酸盐、丝裂霉素、放线菌素 D、博来霉素和各种铂的衍生物，能结合在碱基上，使 DNA 碱基发生链内或链间交联，进而阻止复制和转录；③DNA 加合剂，如苯并芘活化后与鸟嘌呤第 2 位氨基结合，导致损伤；④碱基或核苷类似物，如 5- 氟尿嘧啶、6- 巯基嘌呤等，既可阻止核苷酸合成，又可阻止 DNA 复制和表达；⑤染料和毒素类，如吖啶黄、二氢吖啶等，可嵌入 DNA 双链间，影响其复制和转录。黄曲霉素活化后亦可攻击某些鸟嘌呤，它们都是致癌剂。

（2）物理因素：紫外线照射可使 DNA 分子一条链上的两个相邻嘧啶共价结合形成嘧啶二聚体（如 T^T）或使 DNA 链断裂。电离辐射可破坏磷酸二酯键，从而使 DNA 链断裂。

（3）生物因素：如反转录病毒感染过程中产生的双链 cDNA 可整合在宿主细胞染色体 DNA 中，导致宿主细胞 DNA 碱基序列改变。

（二）DNA 损伤的修复

受到损伤的 DNA 分子需要经过修复，以消除 DNA 分子的突变状态，恢复到原有的正常结构。其修复类型主要有：

（1）切除修复：是人体重要的修复方式，包括切除损伤的 DNA 片段、填补空隙和连接。核酸内切酶先特异地识别并结合于损伤部位，在其 5′ 端切断磷酸二酯键，DNA pol Ⅰ在切口的 3′ 端，以完整的互补链为模板，按 5′→3′ 方向合成 DNA 链进行修补。同时，在切口 5′ 端，发挥其 5′→3′ 外切酶作用，切除包括损伤部位在内的一小段 DNA。最后由 DNA 连接酶把新合成的修补片段和原来的 DNA 断裂处连接起来（图 11-6）。

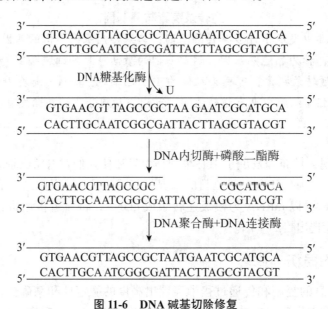

图 11-6　DNA 碱基切除修复

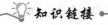知识链接

着色性干皮病

着色性干皮病（XP）是与 DNA 损伤修复缺陷有关的人类疾病，可累及各种族人群。患者细胞存在 UV 照射后 DNA 损伤修复功能缺陷，患者的皮肤部位缺乏核酸内切酶，不能修复被紫外线损伤的皮肤 DNA，因此在日光照射后皮肤容易被紫外线损伤，先是出现皮肤炎症，继而可发生皮肤癌。患者发生皮肤癌的可能性几乎是 100%。本病是常染色体隐性遗传病，具有遗传异质性。在某些家族中可显示性联遗传。研究表明，本病存在 8 种不同类型和 1 种变异型，虽然各型的致病基因不同，但编码的蛋白都参与 DNA 的切除修复。

（2）光修复：通过光修复酶的催化，使 DNA 中因紫外线照射而形成的嘧啶二聚体解离为原来的非聚合状态。此酶需 300～600 nm 波长照射激活，人体仅在淋巴细胞和成纤维细胞中发现，故称为非重要修复方式。如此酶遗传缺陷，便会产生着色性干皮病。患者对日光和紫外线非常敏感，容易发生皮肤癌。

（3）重组修复：又称复制后修复，损伤的 DNA 先进行复制，结果无损伤 DNA 的单链复制成正常 DNA 双链，有损伤 DNA 单链由于损伤部位不能被复制，出现有一条链带缺口的 DNA 双链。通过分子重组，把定位于亲代单链的缺口相应顺序转移、重组到该缺口处填补。亲代链中的新缺口因为互补链是正常的，可由 DNA pol Ⅰ 修复，连接酶连接。但亲代 DNA 原来的损伤仍存在。如此代代复制，该损伤链逐代被"稀释"。

（4）SOS 修复：SOS 修复是一种应急修复方式。当 DNA 分子受到大范围严重损伤时，影响到细胞存活，可诱导细胞产生多种复制酶和蛋白因子。它们对碱基识别能力差，但能催化空缺部位 DNA 合成。此修复虽有错误，但可挽救细胞生命。

第二节　RNA 的生物合成——转录

生物体在遗传信息的传递过程中，以 DNA 为模板、NTP 为原料合成 RNA 的过程称为转录。细胞内各类 RNA 都是通过转录合成的。各转录生成的 RNA 还需经过加工修饰，才能成为具有生物学活性的 RNA 分子。

从化学反应机制上看，转录与复制有相似之处，如新链合成方向都是 $5' \rightarrow 3'$，都以生成磷酸二酯键连接核苷酸，都遵循碱基互补配对原则等，但相似中仍有不同之处（表 11-2）。

表 11-2　复制和转录的区别

	复制	转录
模板	两股链均复制	模板链转录（不对称转录）
原料	dNTP	NTP
酶	DNA 聚合酶	RNA 聚合酶
产物	子代双链 DNA	mRNA，tRNA，rRNA
配对	A—T，C—G	A—U，T—A，C—G

一、RNA 转录体系

（一）转录的模板

转录以 DNA 其中一条链为模板，按照碱基互补配对原则，所合成的 RNA 碱基序列与 DNA 模板上的碱基存在配对关系。通过转录，DNA 携带的遗传信息可传递给 RNA。转录方式为不对称转录，即 DNA 双链中只有一条链为模板来指导转录，称为模板链；与之相对的另一条 DNA 链称为编码链。模板链并非总是在 DNA 的一条链上，不同的基因节段，模板链是不同的。能转录出 RNA 进而表达为蛋白质的 DNA 区段，称为编码基因。其余的 DNA，可能转录为 tRNA 或 rRNA，也可能作为基因表达的调节区，或功能不清。

（二）转录的原料

RNA 的合成原料主要是 4 种核苷三磷酸（ATP、GTP、CTP 和 UTP）。

（三）RNA 聚合酶

在原核和真核生物中均有依赖于 DNA 的 RNA 聚合酶（DNA-dependent RNA polymerase，DDRP），即 RNA 聚合酶（RNA–pol）。

原核生物中研究得比较透彻的是大肠埃希菌 RNA 聚合酶。大肠埃希菌 RNA 聚合酶是由 4 种亚基（α、β、β' 和 σ）组成的 5 聚体，其中 α 亚基有 2 个，故为 $α_2ββ'σ$，称为全酶。σ 亚基可识别转录起始点，在 RNA 合成启动后即脱离其他亚基，此时 RNA pol 称为核心酶。核心酶只具催化合成 RNA 的作用，无识别启动子的功能。各亚基的功能见表 11-3。

表 11-3 大肠埃希菌 RNA 聚合酶亚基组成及功能

亚基	分子量	数量	功能
α	37 000	2	决定哪些基因被转录
β	151 000	1	参与 RNA 的起始与延伸
β'	156 000	1	结合 DNA 模板
σ	70 000	1	识别起始点

真核细胞中有 3 种 RNA pol，分别称为 RNA pol Ⅰ、Ⅱ、Ⅲ。它们专一地转录不同的基因，产生不同的产物。三种酶对 α- 鹅膏蕈碱抑制作用的敏感性不同，是区别三种酶的方法之一。各亚基的功能见表 11-4。

表 11-4 真核细胞 RNA 聚合酶的种类和功能

种类	细胞定位	合成的 RNA	对 α- 鹅膏蕈碱的敏感性
Ⅰ	核仁	rRNA 前体	不敏感
Ⅱ	核质	hnRNA，mRNA	高度敏感
Ⅲ	核质	tRNA 前体，5S rRNA	中度敏感

二、RNA 转录的过程

转录过程也分为起始、延伸、终止三个阶段。真核生物的转录过程与原核生物大体相似，但尚不完全清楚，故以原核生物为例介绍转录的具体过程。

（一）起始阶段

σ 因子辨认模板链启动子的识别位点，并与之结合，使全酶结合在启动子的结合位点。当全酶在启动子由 3' 端向 5' 端滑动到达启动子的起始部位时，即选择性结合到模板链。此时，酶结合处的局部 DNA 发生变构，约 17 个 bp 范围的双链解开，形成转录泡。两个三磷酸嘌呤核苷优先按碱基配对原则与模板配对，全酶即催化其间形成磷酸二酯键，同时放出焦磷酸。然后，σ 因子脱落，模板链上只结合着核心酶。σ 因子的脱落使核心酶与模板链结合变得疏松，便于核心酶沿模板链由 3' → 5' 滑动。

（二）延伸阶段

核心酶在模板链上由 3' → 5' 端滑动，一方面使 DNA 双链不断沿模板链按 3' → 5' 方向解开，另一方面使与模板配对结合的 NTP 间不断形成磷酸二酯键，RNA 链按 5' → 3' 方向延伸。核心酶滑动过后，两条单股 DNA 链又恢复到双链形式，转录泡沿 DNA 模板链按 3' → 5' 方向随核心酶一起滑动。新生成的 RNA 和模板链约有 12bp 的杂交螺旋，超过此数值则解开成单链 RNA（图 11-7）。

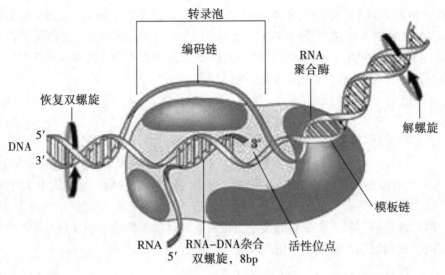

图 11-7 转录延长过程

（三）终止阶段

随着核心酶沿模板链由 3′ 端向 5′ 端滑动，新合成的 RNA 链不断由 5′ 端向 3′ 端延伸。当核心酶滑动到模板 DNA 链终止子区时，若终止子富含 GC 的回文序列，则新生的 RNA 链形成发夹结构，阻碍核心酶滑动，使模板 – 核心酶 – 新生 RNA 复合物易于解体，加之模板回文序列后的 AAAAAA 与新生 RNA 的 UUUUUU 配对结合键最易断开，致使新生 RNA 链脱落，转录终止。若终止子中不含回文序列或回文序列较少，不形成或形成短的发夹结构，模板 – 核心酶 – 新生 RNA 复合物不易解体，则沿新生 RNA 链由 5′ → 3′ 滑动来的 ρ 因子与核心酶结合，使转录终止并释放出新生 RNA 链，核心酶随后亦脱落。

三、转录后加工

转录得到的 RNA 需经一定的加工修饰才具有生物学活性。RNA 转录后的加工是指在细胞内一系列酶的催化下，对新转录合成的 RNA 分子或前体进行各种化学修饰、剪接等，使之转变成为具有特定生物学功能的成熟 RNA 的过程。

（一）mRNA 的加工

真核生物转录出 mRNA 前体，分子量大而不均一，称为核不均一 RNA（hnRNA）。哺乳动物 hnRNA 分子中有 50% ~ 75% 的序列不出现在胞质中，说明这些序列在加工成熟过程中被切除。

另外，剪接后的 mRNA 还需进行首尾修饰，即在 5′ 端戴上"帽子"结构，3′ 端加上"尾巴"结构。"帽子"结构是 7- 甲基鸟苷 -5′- 三磷酸（m7GpppG），有保护 mRNA 免受 RNA 酶水解破坏的功能，并作为蛋白质生物合成时的识别标志。"尾巴"结构是在 3′ 端加上 100 ~ 200 个多聚腺苷酸（polyadenylic acid，poly A），具有保护 mRNA 不被酶水解，增加 mRNA 稳定性的作用。此外，多聚腺苷酸尾巴会随着 mRNA 的寿命增长而缩短，翻译活性也会下降。

（二）tRNA 的加工

tRNA 前体比成熟的 tRNA 多数十个核苷酸。tRNA 转录后的加工主要包括两种：一种是剪切掉 5′ 端和 3′ 端的某些序列及 14 ~ 60 个插入序列，然后在 3′ 端又接上"CCA-OH"序列；另一种是化学修饰，反应的类型有多种，如把尿嘧啶（U）还原成二氢尿嘧啶（DHU）、使嘌呤（A 或 G）脱氨后生成次黄嘌呤等，这也是 tRNA 含大量稀有碱基的原因。

（三）rRNA 的加工

rRNA 的转录和加工与核糖体的形成是同时进行的，一边转录，一边与蛋白质结合形成核糖体。真核生物的 rRNA 前体为 45S rRNA，经剪切加工后逐步生成 18S、28S 和 5.8S rRNA。另外，由 RNA 聚合酶Ⅲ催化合成的 5S rRNA 与 28S rRNA、5.8S rRNA 及相关蛋白质一起装配成核糖体的 60S 大亚基；18S rRNA 与相关蛋白质一起构成核糖体的 40S 小亚基。大、小亚基通过核孔转运到细胞质中，作为蛋白质的合成场所。

第三节 蛋白质的生物合成——翻译

将 mRNA 上的四种核苷酸序列编码的遗传信息，解读为蛋白质一级结构中 20 种氨基酸的排列顺序，这个过程称为翻译。蛋白质的生物合成是一个复杂的耗能过程，也包含起始、延长和终止三个阶段的循环过程。合成后的蛋白质也需要经过加工修饰才能变成有生物学活性的蛋白质，并定向输送到适当部位发挥作用。

一、参与蛋白质生物合成的物质

蛋白质生物合成的原料为氨基酸，此外，还有 mRNA、tRNA、核糖体（含 rRNA）、多种酶、蛋白质因子、ATP、GTP 和一些无机离子等。这些物质统称为蛋白质生物合成体系。

（一）RNA 在翻译中的作用

1. mRNA mRNA 是合成蛋白质的直接模板。在 mRNA 链上以 $5' \rightarrow 3'$ 方向，每 3 个相邻碱基组成一个三联体代表一种氨基酸，这个三联体称为遗传密码（又称密码子）（表 11-5）。组成 mRNA 的碱基有四种，故可排列成 $4^3=64$ 个密码子，它们不仅代表 20 种氨基酸，还包含起始密码子和终止密码子。

表 11-5 通用密码表

第一个核苷酸（5′端）	第二个核苷酸				第三个核苷酸（3′端）
	U	C	A	G	
U	UUU 苯丙氨酸	UCU 丝氨酸	UAU 酪氨酸	UGU 半胱氨酸	U
	UUC 苯丙氨酸	UCC 丝氨酸	UAC 酪氨酸	UGC 半胱氨酸	C
	UUA 亮氨酸	UCA 丝氨酸	UAA 终止密码	UGA 终止密码	A
	UUG 亮氨酸	UCG 丝氨酸	UAG 终止密码	UGG 色氨酸	G
C	CUU 亮氨酸	CCU 脯氨酸	CAU 组氨酸	CGU 精氨酸	U
	CUC 亮氨酸	CCC 脯氨酸	CAC 组氨酸	CGC 精氨酸	C
	CUA 亮氨酸	CCA 脯氨酸	CAA 谷胺酰胺	CGA 精氨酸	A
	CUG 亮氨酸	CCG 脯氨酸	CAG 谷胺酰胺	CGG 精氨酸	G
A	AUU 异亮氨酸	ACU 苏氨酸	AAU 天冬酰胺	AGU 丝氨酸	U
	AUC 异亮氨酸	ACC 苏氨酸	AAC 天冬酰胺	AGC 丝氨酸	C
	AUA 异亮氨酸	ACA 苏氨酸	AAA 赖氨酸	AGA 精氨酸	A
	AUG 蛋氨酸	ACG 苏氨酸	AAG 赖氨酸	AGG 精氨酸	G
G	GUU 缬氨酸	GCU 丙氨酸	GAU 天冬氨酸	GGU 甘氨酸	U
	GUC 缬氨酸	GCC 丙氨酸	GAC 天冬氨酸	GGC 甘氨酸	C
	GUA 缬氨酸	GCA 丙氨酸	GAA 谷氨酸	GGA 甘氨酸	A
	GUG 缬氨酸	GCG 丙氨酸	GAG 谷氨酸	GGG 甘氨酸	G

* AUG 若在 mRNA 翻译起始部位，为起始密码子；若不在起始部位，则为蛋氨酸密码子。UAA、UAG 和 UGA 是 3 个终止密码子，它们不代表任何氨基酸，只表示翻译的终止

mRNA 上的密码子具有以下特点：

（1）简并性：一种氨基酸具有两种或两种以上密码子的现象称为密码的简并性。代表同一氨基酸的几种不同密码子称为同义密码子。密码子的专一性主要由前 2 个碱基决定，第 3 个碱基则呈摆动现象。这是由于密码子的第 3 个碱基（3′端）与反密码子的第 1 个碱基（5′端）配对要求不十分严格，因此第 3 个碱基即便发生突变仍能正确翻译出，这对维持生物物种的稳定性有一定意义。

（2）连续性：密码子之间没有间隔，翻译方向是从 5′端向 3′端连续不断地进行，直至终止密码。如 mRNA 分子插入或缺失一个碱基，就会引起阅读框（被翻译的碱基顺序）移位，称移码。移码可引起突变。

（3）通用性：遗传密码子基本上通用于生物界的所有物种，说明生物的同源进化。近 10 年的研究表明，线粒体和叶绿体的密码与通用密码有一些差别。

（4）方向性：翻译过程中密码子的阅读方向是 5′→3′，翻译时是从 mRNA 5′端的起始密码子 AUG 开始到 3′的终止密码子（UAA、UAG、UCA 中的一种）结束。密码子的这种方向决定了蛋白质多肽链是从氨基端开始到羧基端结束。

（5）摆动性：mRNA 的密码子和 tRNA 的反密码子通过反向碱基互补配对，来保证氨基酸的正确加入。但有时密码子与反密码子的配对并没有严格遵守配对规则，即 U—G、I—U、I—C 或 I—A 均可配对，这种情形称为摆动配对。主要体现在密码子的第 3 位碱基与反密码子的第 1 位碱基之间配对不严格。

2. tRNA　tRNA 在蛋白质合成中的作用是转运合成蛋白质的原材料——氨基酸。tRNA3′-末端的 CCA—OH（氨基酸臂）是结合氨基酸的部位，可结合氨基酸形成氨基酰 -tRNA。结合何种氨基酸，取决于 tRNA 反密码环上的反密码子。反密码子准确地按碱基配对原则与 mRNA 上的密码子结合，使所带的氨基酸按照 mRNA 分子上的密码子顺序排列成肽链。这种结合是反方向的，即反密码子的第 1、2、3 位核苷酸分别和密码子的第 3、2、1 位核苷酸结合。

3. rRNA　rRNA 需要与多种蛋白质结合成核糖体，是蛋白质合成的场所。核糖体由大、小两个亚基组成。大亚基上有转肽酶，还有两个结合位点，一个是结合肽酰 -tRNA 的位点（P 位，亦称"给位"），另一个是结合氨基酰 -tRNA 的位点（A 位，亦称"受位"）。小亚基有 mRNA 结合部位，使 mRNA 能附着于核糖体上，以便密码子被逐个翻译。

（二）参与蛋白质合成的酶类

1. **氨基酰 –tRNA 合成酶**　此酶在 ATP 存在下，催化氨基酸活化，以便与 tRNA 结合。此酶特异性很高，每一种酶只催化一种特定氨基酸与其相应的 tRNA 结合。

2. **转肽酶**　存在于核糖体大亚基上，是其组成成分之一。作用是使 P 位上肽酰（或氨基酰）-tRNA 的肽酰（或氨基酰）转移至 A 位上氨基酰 -tRNA 的氨基上，使酰基与氨基结合形成肽键。

（三）其他因子

1. **蛋白因子**　如起始因子（initiation factor，IF）、延长因子（elongation factor，EF）、终止因子或称释放因子（release factor，RF）。它们分别参与蛋白质生物合成的起始、延长和终止过程。

2. **金属离子**　常见的有 Mg^{2+} 和 K^+，参与蛋白质的生物合成。

3. **ATP、GTP 等供能物质**　在氨基酸活化阶段所需的能量由 ATP 提供，肽链延长阶段则需要 GTP 供能。

二、蛋白质的生物合成过程

蛋白质的生物合成包括三个阶段：氨基酸的活化、肽链的合成、合成后的加工。此过程原核生物与真核生物不完全相同，以原核生物为例介绍。

（一）氨基酸的活化

氨基酸的羧基以酯键的形式连接在 tRNA 的 3′ 末端上，形成氨基酰 -tRNA，即氨基酸的活化。反应在胞液中进行，由氨基酰 -tRNA 合成酶催化，ATP 供能。反应分两步进行。

反应中，ATP 分解成 AMP 和焦磷酸并释放能量，使氨基酸的羧基活化，并转移到 tRNA 的 3′ 末端 CCA-OH 上，以酯键连接，形成氨基酰 -tRNA。氨基酰 -tRNA 是氨基酸的活化形式，也是氨基酸的转运形式。

（二）肽链的合成

在核糖体上按 mRNA 密码子顺序，氨基酸逐个缩合成肽链的过程称核糖体循环。此循环可分为起始、延伸、终止 3 个阶段。

1. **起始阶段** 起始阶段主要由核糖体大、小亚基、模板 mRNA 及具有启动作用的甲硫氨酰 -tRNA（fMet-tRNA^{fMet}）共同构成起始复合体，这一过程需要 Mg^{2+}、GTP 及几种 IF 参与（图 11-8）。mRNA 分子阅读框中第一个密码子既代表起始密码子，又是蛋氨酸密码子。

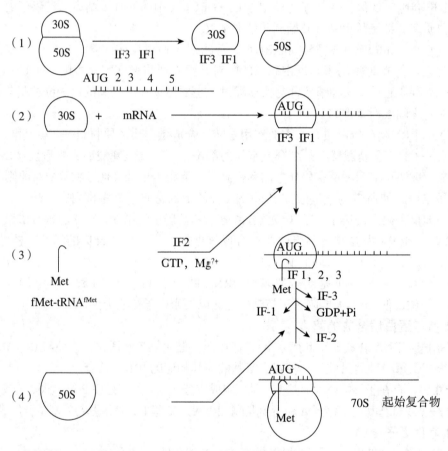

图 11-8 翻译的起始阶段

起始复合体的形成首先由 IF_3、小亚基、IF_1 和 mRNA 形成一个复合物，同时 IF_2、起始 fMet-tRNA^{fMet} 和 GTP 也结合成一个复合物，然后上述两种复合物再组成 30S 起始复合物。之后，IF_3 脱落，大亚基结合到小亚基上，形成 70S 起始复合体。复合体中的 GTP 水解为 GDP 和 Pi 脱落，同时 IF_1、IF_2 也释放出来。70S 起始复合体中的 mRNA 上起始密码子 AUG 对应于核糖体的 P 位，mRNA 的第 2 个密码子对应于核糖体的 A 位，以便接受相对应的氨基酰 -tRNA。

2. **延伸阶段** 起始复合体形成后，随即对 mRNA 上的遗传信息进行连续翻译，即各种氨基酰 -tRNA 按 mRNA 的密码子顺序在核糖体上一一对号入座，由 tRNA 携带氨基酸依次以肽键相连接，直到新生肽链达到应有的长度为止。新生肽链每增长一个氨基酸单位，都要经过进位、转肽和移位的过程，这一阶段需要 EF、GTP、Mg^{2+} 和 K^+ 参与。

（1）进位（注册）：在起始复合体中，甲硫氨酰 -tRNA 在核糖体的 P 位，依照核糖体 A 位 mRNA 上的第 2 个密码子，相应氨基酰 -tRNA 的反密码子与之互补结合，进入到 A 位。进位需要 EF-T（由 Tu、Ts 两个亚基组成）和 GTP 参与。在第一次进位后，核糖体 P 位及 A 位各结合了一个氨基酰 -tRNA。

（2）转肽：在转肽酶催化下，P 位上甲硫氨酰 -tRNA 中的甲硫氨酰基转移到 A 位，并通过其活化的酰基与 A 位上氨基酰 -tRNA 中的氨基结合，形成第一个肽键。这样在核糖体 A 位生成了二肽酰 -tRNA，之后 P 位上空载的 tRNA 从核糖体上脱落下来。转肽过程需要 Mg^{2+} 和 K^+。肽链的合成方向为 N 端→C 端。

（3）移位：在 EF-G、GTP 和 Mg^{2+} 的参与下，GTP 供能，核糖体沿 mRNA 由 5′ 端向 3′ 端移动一个密码子位置，使原先在 A 位上的二肽酰 -tRNA 移至 P 位，而 mRNA 链上的下一个密码子进入 A 位，以便另一个相应的氨基酰 -tRNA 进位。然后再进行转肽，形成三肽酰 -tRNA，接着再移位。进位、转肽、移位反复进行，肽链不断延长，直至出现终止密码子为止（图 11-9）。

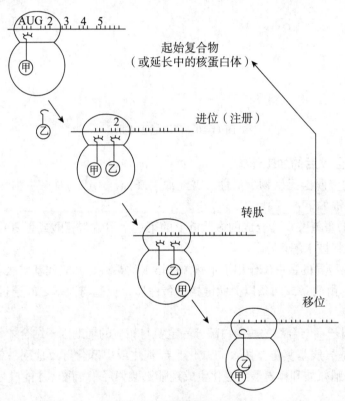

图 11-9　翻译过程延长

3. **终止阶段**：当肽链合成至 A 位出现终止密码子（UAG、UAA 或 UGA）时，各种氨基酰 -tRNA 都不能进位，只有终止因子能够识别终止密码子并与之结合。终止因子和核糖体结合后，使转肽酶活性改变为催化 P 位上肽酰 -tRNA 水解的作用，从而使合成的多肽链从 tRNA 上释放出来，这一步也需要 GTP 分解供能。接着，tRNA 也从 P 位上脱落，核糖体再解聚为大、小亚基，并与 mRNA 分离。至此，多肽链的合成过程即告完成（图 11-10）。

实际上，细胞内合成多肽时每个 mRNA 分子上常同时结合着多个核糖体，称为多核糖体。多核糖体才是合成肽链的功能单位。多核糖体上核糖体的数目依 mRNA 的长度而定。mRNA 越长，结合的核糖体越多。通过多核糖体的形式可提高 mRNA 的利用率，即提高多肽链合成的效率。

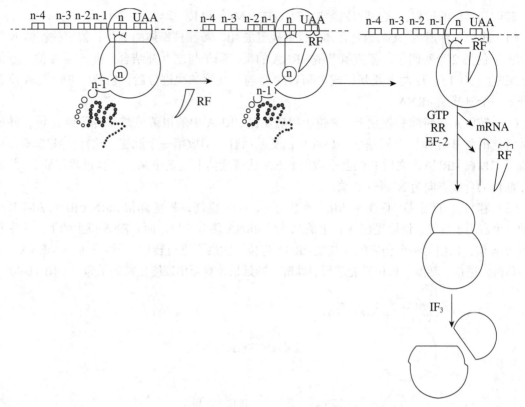

图 11-10 翻译过程终止

（三）多肽链合成后的加工修饰

许多新合成的多肽链无生物学活性，需经加工修饰，才成为具有生物学活性的蛋白质分子。主要的加工修饰如下：

1. **切除 N 端的蛋氨酸**　新合成的多肽链上的第一个甲酰蛋氨酸或蛋氨酸，在肽链合成后或肽链延伸过程中将被水解切除。

2. **水解**　即在特异的蛋白酶作用下水解掉肽链上的某些氨基酸残基或肽段。

3. **亚基聚合**　由两条或两条以上肽链构成蛋白质，亚基与亚基之间通过非共价键聚合成四级结构。

4. **连接辅助因子**　结合酶的酶蛋白部分一定要与相应的辅助因子结合才具有生物学功能。

5. **修饰**　氨基酸残基侧链基团经磷酸化、羟基化或甲基化等反应对肽链进行化学修饰。如胶原蛋白中某些脯氨酸和赖氨酸经羟化生成羟脯氨酸和羟赖氨酸，才能成为成熟的胶原纤维蛋白。

6. **二硫键的形成**　多肽链内部或多肽链间所形成的二硫键，是多肽链中空间位置相近的半胱氨酸残基的巯基氧化而形成的。二硫键的形成对维持蛋白质空间结构起重要作用。

三、蛋白质合成与医学

（一）分子病

分子病是由 DNA 分子的基因突变而导致蛋白质多肽链中氨基酸序列异常的遗传病。如镰状细胞贫血是因为在编码血红蛋白的基因中出现了一个碱基的突变，而一个碱基的改变使血红蛋白 β 链的第 6 位谷氨酸变为缬氨酸，从而造成红细胞形态和功能改变，导致患者红细胞在氧分压较低时极易破裂，从而引起溶血性贫血。

（二）蛋白质生物合成的阻断剂

蛋白质生物合成的阻断剂很多，其作用部位也各有不同，或作用于翻译过程（如多数抗生素），或作用于转录过程，对蛋白质的生物合成产生直接或间接的影响。此外，也有作用于复制过程的（如多数抗肿瘤药），其由于影响细胞分裂而间接影响蛋白质的生物合成。各种阻断剂的作用对象亦有所不同，如链霉素、氯霉素等阻断剂主要作用于细菌，故可用作抗菌药。环己酰亚胺（又名放线酮）作用于哺乳类动物，故对人体而言是一种毒物。多种细菌毒素与植物毒素也可通过抑制人体蛋白质的合成而致病。

第四节　基 因 工 程

基因重组是所有生物都可能发生的基本遗传现象，它是基因变异和物种演变、生物进化的基础。基因工程是受自然界发生的基因重组的启发，对携带遗传信息的 DNA 分子进行设计和改造的分子工程。自 1972 年该技术诞生以来，已有大量的基因工程产品和转基因动、植物接连问世。

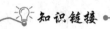

知识链接

克隆羊－多莉

多莉（Dolly，1996 年 7 月 5 日 — 2003 年 2 月 14 日）是一只通过现代工程创造出来的雌性绵羊，也是世界上第一个成功克隆的人工动物。多莉是用细胞核移植技术将哺乳动物的成年体细胞培育出来的新个体，多莉的诞生为"克隆"这项生物技术的进一步发展奠定了基础，并且因此引发了公众对于克隆人的想象，所以她在受到肯定的同时也引起了争议。

一、基因工程的有关概念

（一）基因工程

基因工程，又称 DNA 重组技术，是用酶学的方法将目的基因与载体 DNA 连接成具有自我复制能力的 DNA 分子——复制子，然后转入受体细胞内，筛选出含有目的基因的转化子细胞，从而制备特定的蛋白质或多肽产物，或定向改造生物体特性的过程。因其是在体外将不同来源的 DNA 分子通过磷酸二酯键连接成新的 DNA 分子，从而获得单一基因或 DNA 片段的大量拷贝，故又称为基因克隆或分子克隆。

（二）工具酶

在基因重组时，常将 DNA 分子人为地切割成小片段，然后再进行重组，或对 DNA 进行修饰或合成，需要一系列酶的参与，称为工具酶。例如，对目的基因进行处理时，需利用序列特异的限制性核酸内切酶在准确的位置切割 DNA，使较大的 DNA 分子变为一定大小的 DNA 片段；构建重组 DNA 分子时，必须在 DNA 连接酶催化下才能使 DNA 片段与克隆载体共价连接。此外，DNA 聚合酶、反转录酶和末端转移酶等也是基因工程技术中常用的工具酶。在所有工具酶中，限制性核酸内切酶最重要。限制性核酸内切酶简称限制性内切酶，是能够识别双链 DNA 分子中的某种特定核苷酸序列，并在识别位点或其周围切割双链 DNA 的一类内切酶。限制性内切酶有三类，基因工程技术中常用 Ⅱ 类限制性内切酶，如 EcoR Ⅰ、BamH Ⅰ等。大多数 Ⅱ 类限制性内切酶所识别的 DNA 序列呈回文结构，通常是 4~6 个碱基对，切割后的 DNA 多为黏性末端。不同的限制性内切酶识别和切割的特异性不同，结果有以下三种情况：

（1）酶切割 DNA 后产生 3′ 突出黏性末端，如 EocR I ：

5′-G ▼ AATTC-3′

3′-CTTAA ▲ G-5′

（2）酶切割 DNA 后产生 5′ 突出黏性末端，如 Pst I ：

5′-CTGCA ▼ G-3

3′-G ▲ ACGTC-5′

（3）酶切割 DNA 后产生平末端，如 Hpa I ：

5′-GTT ▼ AAC-3′

3′-CAA ▲ TTG-5′

无论何种内切酶、切割后产生何种末端，切割的 DNA 总是具有 5′ 磷酸基团和 3′ 羟基基团的。

（三）载体

载体是携带目的 DNA 片段进入受体细胞进行扩增和表达的 DNA。常用的载体有质粒、噬菌体、病毒等。

1. **质粒** 是大小在 2～300 kb，存在于细菌染色质以外的能自主复制和稳定遗传的小型环状双链 DMA 分子。质粒作为载体，在基因工程扩增、筛选过程中应用广泛。

2. **噬菌体** 是感染细菌的一类双链 DNA 病毒。其中感染大肠埃希氏菌的噬菌体改造的载体应用最为广泛。它在限制性内切酶的作用下造成切口，使目的基因片段插入到载体 DNA 分子中，形成的重组体被导入宿主细胞进行表达。

3. **病毒** 病毒能感染人或哺乳动物并在宿主细胞内进行复制，经改造后可用作载体。

二、基因工程的基本原理

在基因工程中，最主要的工作是进行分子克隆。克隆是指含有单一 DNA 重组体的无性繁殖过程，也就是构建 DNA 重组体并引入受体细胞建立无性繁殖的过程。一个完整的基因工程基本过程包括：目的基因的获取，载体的选择与改建，目的基因与载体的连接，重组 DNA 分子导入受体细胞进行扩增，重组体的筛选、鉴定以及目的基因的表达（图 11-11）。

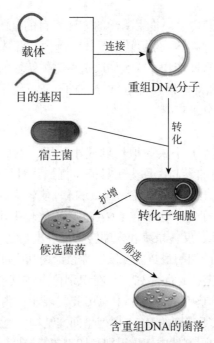

图 11-11 基因工程的基本过程

　　基因工程技术极大地促进了生命科学和医学的发展，在工业、农业、环境、能源等领域也得到广泛应用，而在医学方面的应用显得尤为突出。如应用于疾病基因的克隆、遗传病的预防，疾病的基因诊断、基因治疗等，同时在生物制药方面也发挥了巨大作用。

自测题

简答题

1. 什么是遗传信息传递的中心法则？
2. 试述转录与复制的异同点。
3. 简述 3 种 RNA 在蛋白质合成过程中的作用。

（王艳君）

第十二章

肝胆生物化学

本章思维导图

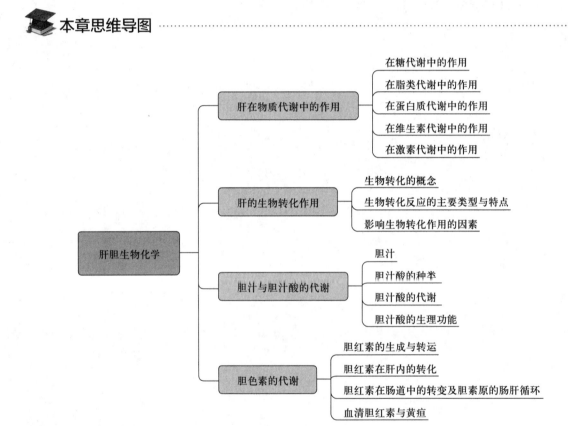

```
                                  ┌─── 在糖代谢中的作用
                                  ├─── 在脂类代谢中的作用
              肝在物质代谢中的作用 ─┼─── 在蛋白质代谢中的作用
                                  ├─── 在维生素代谢中的作用
                                  └─── 在激素代谢中的作用

                                  ┌─── 生物转化的概念
              肝的生物转化作用 ────┼─── 生物转化反应的主要类型与特点
                                  └─── 影响生物转化作用的因素
 肝胆生物化学
                                  ┌─── 胆汁
              胆汁与胆汁酸的代谢 ──┼─── 胆汁酸的种半
                                  ├─── 胆汁酸的代谢
                                  └─── 胆汁酸的生理功能

                                  ┌─── 胆红素的生成与转运
              胆色素的代谢 ───────┼─── 胆红素在肝内的转化
                                  ├─── 胆红素在肠道中的转变及胆素原的肠肝循环
                                  └─── 血清胆红素与黄疸
```

学习目标

1. 掌握：肝在物质代谢中的作用及生物转化的概念和意义；胆红素的肠肝循环和不同类型黄疸的形成机制及鉴别。

2. 熟悉：胆汁酸代谢及胆汁酸肠肝循环的生理意义。

3. 了解：胆红素的生成与转运；肝的组织结构和化学组成特点。

肝是重要的多功能实质性消化器官，是人体内最大的腺体。正常成人肝重约 1.5 kg，约占体重的 2.5%。肝已知的功能有 1500 多种，不仅在糖、脂肪、蛋白质、维生素、激素等物质代谢过程中起着重要的作用，而且具有分泌、排泄、生物转化等多种生理功能，被誉为"物质代谢中枢"和"人体化工厂"。

肝组织结构和生化组成特点使其具有诸多繁杂的生理功能。①肝具有双重血液供应，即肝动脉和门静脉，使得肝既可以从肝动脉的体循环血液中接受由肺输送来的氧气和其他组织器官转运来的代谢产物，又可以从门静脉的血液中获得大量由肠道吸收的营养物质；②肝有两条输出通路，即肝静脉和胆道系统，使肝与体循环和肠道相连，通过肝静脉可将肝的部分代谢终产物输送入体循环经肾随尿液排出体外，通过胆道系统将肝的代谢废物随胆汁排入肠腔；③肝有丰富的血窦，有利于物质交换；④肝细胞内含有丰富的细胞器，如线粒体、滑面内质网、微粒体、过氧化物酶体及溶酶体等亚细胞结构，为物质代谢的顺利进行提供了丰富的场所；⑤肝细胞内含有丰富的酶类，其中许多酶的活性要比其他组织高得多，甚至有些酶系为肝所独有。

第一节 肝在物质代谢中的作用

案例 12-1　患者男性，48岁，腹胀、下肢水肿约50天，加重1周入院。患者5年前曾患肝炎。体检：面色黧黑，有肝掌，颈部见散在分布的蜘蛛痣，腹水（＋），肝肋下2cm，质地硬，脾肋下4cm，双下肢水肿。实验室检查：空腹血糖低于正常，转氨酶ALT升高，血浆白蛋白26 g/L，球蛋白31 g/L，A/G＜1，拟诊断为肝硬化伴腹水。入院后采用低盐饮食、限制进水量、间歇输注白蛋白、利尿等措施进行治疗。

　　问题与思考： 1. 患者出现空腹血糖下降的原因是什么？
　　　　　　　　　2. 患者出现腹水与下肢水肿的原因是什么？
　　　　　　　　　3. 解释患者蜘蛛痣、肝掌的发生机制。

一、肝在糖代谢中的作用

肝是维持血糖浓度相对恒定的主要器官。肝通过糖原合成、糖原分解和糖异生作用使血糖浓度维持在正常范围内，确保全身各组织，特别是脑细胞和红细胞的能量供应。

1. 饱食后，肝细胞迅速摄取葡萄糖，并将其合成糖原储存起来，过多的糖还可在肝内转化为脂肪和胆固醇，降低血糖浓度。

2. 空腹时，肝糖原分解为葡萄糖，提高血糖浓度。

3. 空腹十几个小时后，肝糖原几乎被耗尽，此时甘油、乳酸、丙酮酸、生糖氨基酸等非糖物质经糖异生转化为葡萄糖，维持血糖浓度。空腹24～48小时，糖异生可达到最大速度。严重肝功能障碍时，易出现糖耐量减低及进食后暂时性高血糖，而空腹时又易发生低血糖现象。

二、肝在脂类代谢中的作用

肝在脂类的消化、吸收、分解、合成及运输等代谢过程中均起重要作用。

（一）促进脂类的消化和吸收

肝细胞能分泌胆汁，其中的胆汁酸盐可乳化脂质，增加其与各种脂酶的接触面积，有助于脂类物质和脂溶性维生素的消化与吸收。肝损伤时，肝细胞分泌胆汁的能力下降；胆道梗阻时，胆汁排出障碍，均可出现脂质消化与吸收不良，产生厌油腻及脂肪泻、脂溶性维生素缺乏等症状。

（二）脂肪代谢和生成酮体的主要场所

脂肪酸氧化分解主要在肝内进行。饱食后，肝合成脂肪酸，以三酰甘油的形式储存；饥饿时，肝从血液中摄取大量游离脂肪酸，一方面氧化释能供自身需要，另一方面合成酮体。肝是人体生成酮体的唯一器官，但它不能氧化利用酮体，必须经血液将其转运至脑、心、肾、骨骼肌等肝外组织，作为这些组织良好的能源物质。

（三）胆固醇、磷脂、血浆脂蛋白合成的主要场所

磷脂是脂蛋白的主要组成成分，当肝功能障碍或磷脂合成原料缺乏时，肝细胞合成磷脂减少，可导致脂肪肝。肝是胆固醇合成与转化排泄的主要场所。

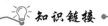
知识链接

肝 硬 化

肝硬化是一种常见慢性肝病，是由某些原因使肝呈进行性、弥漫性、纤维性病变及出现肝功能损害，使肝变形变硬，导致肝硬化。我国以20～50岁的男性多见，发病多与病毒性肝炎（乙型、丙型）、慢性酒精中毒、脂肪代谢异常及某些寄生虫感染有关。早期肝硬化在临床上无特异性的症状和体征。肝硬化患者往往因并发症而死亡，最常见的并发症有上消化道出血和肝性脑病。肝硬化的治疗和预防原则是：合理膳食、均衡营养、改善肝功能、抗肝纤维化治疗及积极预防并发症。

三、肝在蛋白质代谢中的作用

肝在人体蛋白质合成与分解代谢中起重要作用。

（一）合成尿素、清除氨毒的主要器官

各种来源的毒性氨在肝细胞内经鸟氨酸循环合成尿素。肝严重损伤时，合成尿素的能力下降，血氨浓度升高，导致脑组织供能不足，引发肝性脑病。

（二）体内氨基酸分解和转变的重要场所

肝内富含氨基酸代谢的酶类（如转氨酶、脱羧酶等），其中转氨酶含量多，活性高，特别是丙氨酸氨基转移酶（ALT）。当肝细胞受损时，细胞膜通透性增大，细胞内酶逸出，致使血清中 ALT 的活性升高，因而血清中 ALT 的活性可作为临床诊断肝病的重要指标之一。

（三）合成血浆脂蛋白的重要器官

肝内蛋白质更新速率远远高于肌肉等组织。肝除可合成自身固有蛋白质外，还可合成与分泌血浆蛋白质。除 γ-球蛋白外，几乎所有的血浆蛋白质均由肝合成。肝细胞严重受损时，血浆白蛋白合成减少而浓度降低，血浆白蛋白（A）与球蛋白（G）的比值（A/G）下降，甚至倒置。此变化可作为肝病的辅助诊断指标。凝血因子大部分是由肝合成的，所以肝细胞严重受损时，可出现凝血功能障碍。

四、肝在维生素代谢中的作用

肝在维生素的吸收、储存、运输、转化等方面起重要作用。

（一）协助脂溶性维生素的吸收

肝分泌胆汁酸，可促进脂溶性维生素 A、D、E、K 的吸收，胆道阻塞时会引起脂溶性维生素缺乏，导致相关疾病。

（二）体内多种维生素的储存场所

肝能储存多种维生素，如维生素 A、D、K、B_1、B_2、B_{12} 等，其中储存的维生素 A 占体内总量的95%，因此使用动物肝治疗维生素 A 缺乏症效果较好。

（三）参与多种维生素的转化

如将胡萝卜素转变为维生素 A、将维生素 PP 转变为 NAD^+ 和 $NADP^+$、维生素 D_3 转化为 1, 25-$(OH)_2$- D_3 等。

五、肝在激素代谢中的作用

肝在激素代谢中的作用主要是参与激素的灭活。多种激素在发挥其调节作用后在肝中被转化降解，从而降低或失去其活性的过程称激素的灭活。灭活后的产物大部分由尿排出，激素的合成与灭活处于动态平衡，使血液中激素水平总是维持相对恒定。严重肝损伤时，激素灭活功能降低，出现相应的高激素状态。如体内雌激素水平过高可出现男性乳房增生、蜘蛛痣、肝掌等症状；醛固酮增多造成水、钠潴留等。肝受损时可能的临床症状及其产生原因总结如下（表 12-1）。

表 12-1　肝受损时可能的临床症状及其产生原因

代谢类型	肝受损临床症状	发病原因
糖代谢	低血糖	肝糖原储存下降，糖异生减弱
脂类代谢	厌油腻、脂肪泻	分泌胆汁酸盐的能力下降
	脂肪肝	极低密度脂蛋白合成减少
蛋白质代谢	肝性脑病	尿素合成能力下降
	水肿或腹水	清蛋白合成水平下降
	凝血时间延长或有出血倾向	纤维蛋白原、凝血酶原合成减少
维生素代谢	夜盲症、出血倾向	维生素 K、维生素 A 吸收、储存、代谢障碍
激素代谢	蜘蛛痣、肝掌	激素灭活功能下降

第二节　肝的生物转化作用

一、生物转化的概念

人体内不可避免地存在非营养性物质，需要及时排出体外。非营养性物质可分内源性和外源性两类。内源性非营养物质是机体在代谢过程中产生的有毒产物，如氨、胺类、胆红素、激素、神经递质等；外源性非营养物质包括药物、毒物、食物添加剂、环境污染物和从肠道吸收来的腐败物质等。肝是机体生物转化最重要的器官。非营养性物质在机体内经代谢转化，使其极性增强，水溶性增加，易于溶解在胆汁或尿液中排出体外的过程称为生物转化。

二、生物转化反应的主要类型与特点

（一）生物转化反应的主要类型

肝的生物转化反应可分为两相反应。其中氧化、还原、水解反应属于第一相反应，结合反应属于第二相反应。许多物质通过第一相反应后，极性增强，水溶性增加，即可排出体外；但有的物质极性改变不大，还要经过第二相反应生成极性更强的物质才能被排出体外。

1. 第一相反应——氧化、还原、水解反应

（1）氧化反应：氧化反应是第一相反应中最主要的反应。

1）加单氧酶系：主要存在于肝细胞的微粒体中，又称羟化酶或混合功能氧化酶，是肝内最重要的参与药物和毒物代谢的酶系，能催化多种化合物（如药物、毒物和类固醇激素等）进行氧化。其特点是催化氧分子中的 1 个氧原子加到底物分子上，另一个氧原子则被 NADPH 还原成水。反应式如下：

$$RH + NADPH+H^+ + O_2 \rightarrow ROH + NADP^+ + H_2O$$

2）单胺氧化酶系：存在于肝细胞线粒体中的一种黄素蛋白，可催化胺类物质氧化脱氨，生成相应的醛，后者进一步在细胞液中醛脱氢酶的催化下氧化成酸类。经肠道吸收的腐败产物（如组胺、酪胺、色胺、腐胺等）通过此方式代谢。反应式为：

$$RCH_2NH_2 + O_2 + H_2O \rightarrow RCHO + NH_3 + H_2O_3$$

$$RCHO + NAD^+ + H_2O \rightarrow RCOOH + NADH + H^+$$

3）脱氢酶系：存在于肝细胞质及线粒体中，主要有醇脱氢酶（ADH）和醛脱氢酶（ALDH），均以 NAD^+ 为辅酶。醇脱氢酶催化醇氧化成醛，醛再经醛脱氢酶氧化为酸，并最终生成 CO_2 和 H_2O。例如：

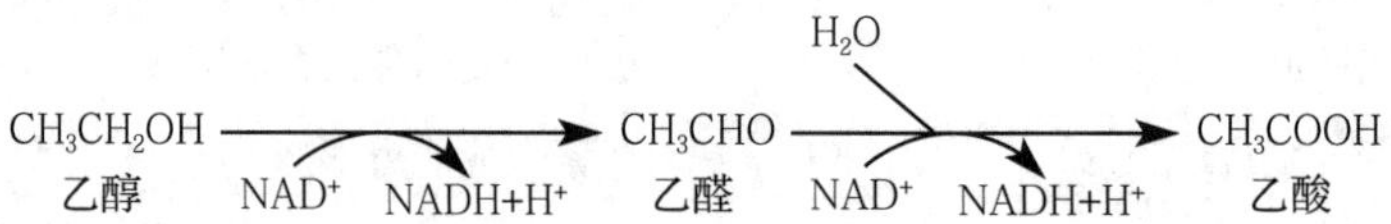

乙醇的氧化使肝细胞液中 $NADH/NAD^+$ 比值增高，过多的 NADH 可将细胞液中的丙酮酸还原成乳酸。严重酒精中毒会导致乳酸和乙酸堆积并引起酸中毒和电解质平衡紊乱，还可使糖异生受阻而引起低血糖。长期大量摄入乙醇会增加肝的负担，容易引起肝损伤。

知识链接

乙醇对肝的损害及对代谢的影响

乙醇作为饮料和调味剂广为利用，人体摄入的乙醇 30% 经胃、70% 经肠道迅速吸收。吸收后的乙醇 90%～98% 在肝内进行代谢，2%～10% 通过肾和肺排出体外。长期大量摄入乙醇会增加肝的负担，易引起肝损害，轻度可表现为脂肪肝，中度可表现为乙醇性肝炎，重度可表现为肝纤维化或肝硬化，若是孕妇，甚至可造成胎儿性乙醇综合征（智力障碍、发育障碍、畸形等）。

（2）还原反应：肝细胞微粒体中含有还原酶系，主要有硝基还原酶和偶氮还原酶类，分别作用于硝基化合物和偶氮化合物，最终生成胺，反应中需要的氢由 NADPH 提供。例如：

1）苯→亚硝基苯→羟氨基苯→苯胺

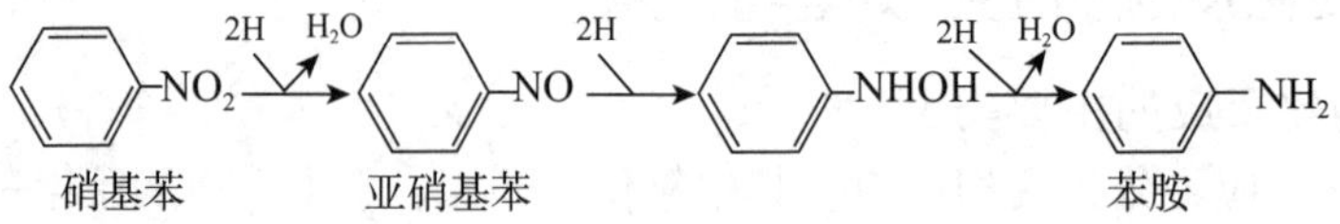

2）偶氮苯→苯胺

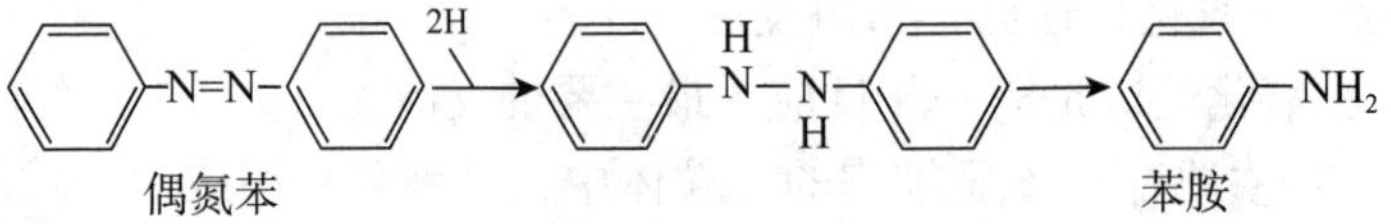

硝基化合物多见于工业试剂、杀虫剂、食品防腐剂等，偶氮化合物常见于食品色素、化妆品、药物、纺织和印刷工业等。

（3）水解反应：肝细胞的胞液和微粒体中含有多种水解酶，如酯酶、酰胺酶和糖苷酶等，可分别催化相应物质水解，以降低或消除其生物学活性。如局部麻醉药在肝内很快被水解，失去其药理作用；阿司匹林（乙酰水杨酸）则需经酯酶水解生成水杨酸后才具有解热镇痛作用。

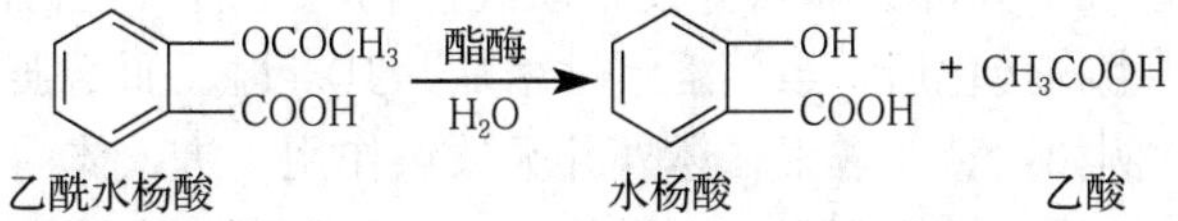

乙酰水杨酸　　　　　　　　水杨酸　　　　　乙酸

2. **第二相反应——结合反应**　结合反应是体内最重要的生物转化方式。有些脂溶性非营养物质经过第一相反应后，分子极性变化不大，还需进一步与体内一些极性较强的物质或化学基团结合，增强分子极性和溶解度，以利于随尿液排出。常见的结合物或基团有葡糖醛酸、硫酸、乙酰基、甘氨酸、甲基和谷胱甘肽等，其中以葡糖醛酸的结合反应最为普遍，此反应在肝细胞微粒体中进行，其余均在细胞液中进行。

（1）葡糖醛酸结合反应：肝细胞微粒体中有非常活跃的葡糖醛酸基转移酶，它以尿苷二磷酸葡糖醛酸（UDPGA）为供体，催化含有羟基、氨基、巯基及羧基等极性基因的化合物与之结合，使其毒性降低，极性增加，易被排出体外。例如：

（2）硫酸结合反应：醇、酚和芳香胺类化合物都可在肝细胞液中进行硫酸结合反应，催化此反应的酶为硫酸转移酶，硫酸的供体 3'- 磷酸腺苷 -5'- 磷酸硫酸（PAPS），又称"活性硫酸"，产物是硫酸酯。例如，雌酮通过硫酸酯的形式灭活和排泄。

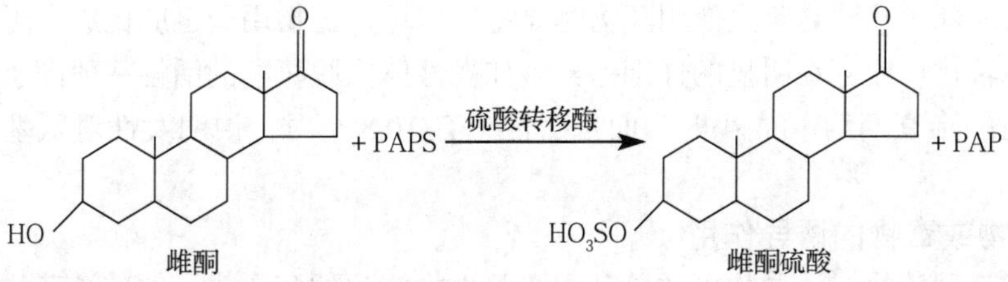

雌酮　　　　　　　　　　　　　　　　雌酮硫酸

（3）乙酰基结合反应：肝细胞液中的乙酰基转移酶，能催化各种芳香胺类化合物（如苯胺、磺胺、异烟肼等）与乙酰基结合，形成乙酰基化合物。乙酰 CoA 是乙酰基的直接供体，大部分磺胺类药物通过此方式灭活。例如：

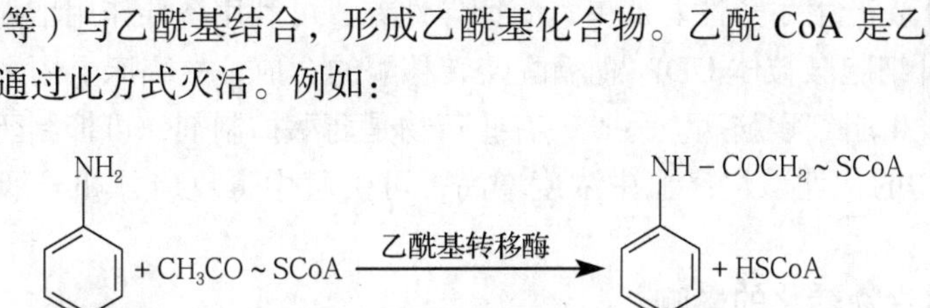

对氨基苯磺酰胺　　　　　　　　　　对乙酰氨基苯磺酰胺

（4）甘氨酸结合反应：某些物质在酰基辅酶 A 连接酶的催化下，与辅酶 A 形成酰基辅酶 A，再与甘氨酸结合。

（5）甲基化反应：体内一些胺类物质和药物可在肝细胞液和线粒体中甲基转移酶的催化下发生甲基化而被灭活。甲基由 S- 腺苷甲硫氨酸（SAM）提供。

（6）谷胱甘肽（GSH）结合反应：GSH 在肝细胞液中谷胱甘肽 -S- 转移酶的催化下，与许多卤代化合物、环氧化物结合，生成的谷胱甘肽结合物随胆汁排出体外。

（二）生物转化的特点

1. 解毒与致毒双重性　大部分非营养性物质经生物转化后其生物活性或毒性降低甚至消失，但有些物质经过肝生物转化后，虽然溶解性增加，其毒性反而增强，有的可能溶解性反而下降，不易排出体外。例如：黄曲霉素在体外并无致癌作用，进入体内经生物转化后则变为环氧化黄曲霉毒素后可与鸟嘌呤结合而致癌；解热镇痛药非那西丁在肝内发生乙酰基化反应，生成的对氨基乙醚可使血红蛋白变为高铁血红蛋白，导致发绀。可见，不能将生物转化作用简单地看成是"解毒作用"。

2. 连续性与多样性　肝的生物转化过程相当复杂。一种非营养性物质需要连续进行几种反应类型的转化后，才能实现从体内排出的目的，此为生物转化的连续性。如阿司匹林先发生水解反应生成水杨酸，水杨酸又发生结合反应从而排出体外。同一种或同一类物质在体内可进行多种不同的转化反应，产生不同的代谢产物，即生物转化的多样性。如阿司匹林可发生水解反应，还可进行氧化反应，其水解生成的水杨酸既可与甘氨酸发生反应，又可与葡糖醛酸结合。

三、影响生物转化作用的因素

生物转化受年龄、性别、肝病、药物诱导与抑制物等多种因素的影响。

（一）生理因素对生物转化的影响

生理因素包括年龄、性别等。新生儿特别是早产儿肝内生物转化酶系还未发育完善，对药物、毒物的耐受力差，易发生药物中毒。结合反应酶系的活性低是新生儿高胆红素血症及胆红素脑病的重要发病原因。老年人因器官退化，代谢药物的酶不易被诱导，对许多药物的耐受能力下降，服用药物后易出现中毒现象，如保泰松的半衰期年轻人为 85 小时，老年人则为 105 小时。故临床上对新生儿和老年人使用药物时要特别慎重，药物用量也应比成人更低。

某些生物转化反应存在明显的性别差异，如女性体内脱氢酶的活性一般高于男性；氨基比林在男性体内的半衰期约 13.4 小时，而在女性只有 10.3 小时，说明女性对氨基比林的转化能力比男性强。

（二）药物或毒物的诱导作用

长期服用某种药物或诱导物可诱导肝内有关生物转化的酶合成，加速该药物或非营养性物质的生物转化。如服用苯巴比妥等镇静催眠药，因其诱导肝细胞微粒体加单氧酶系的合成，从而使机体对苯巴比妥产生耐药性。加单氧酶特异性差，可利用诱导作用增强某些药物代谢，如苯巴比妥可诱导肝细胞微粒体 UDP- 葡糖醛酸转移酶的合成，故临床上用来治疗新生儿高胆红素血症，以防止发生胆红素脑病。另外，有些药物是药酶抑制剂，可抑制药酶活性或减少药酶合成，使这些药物的代谢减慢，血中浓度增高，可引起中毒反应，如异烟肼、氯霉素、奎尼丁等。

（三）肝病对生物转化的影响

由于多数药物是在肝内进行转化的，当肝功能低下时，生物转化能力下降，药物灭活速率降低，药物的治疗剂量和中毒剂量之间差距减小，因此，对肝病患者用药应慎重。

第三节　胆汁与胆汁酸的代谢

一、胆汁

胆汁（bile）是肝细胞分泌的一种黄色或棕色液体，储存于胆囊，经胆总管进入十二指肠。正常成人平均每天分泌胆汁 300 ~ 700 ml，主要固体成分是胆汁酸盐，约占固体成分的 50%，其余是胆色素、胆固醇、磷脂、黏蛋白等。胆汁分两种：肝细胞初分泌的胆汁称为肝胆汁，呈金黄色，微苦，稍偏碱性，密度较小，约为 1.010。肝胆汁进入胆囊后，其中的水分和其他一些成分被胆囊壁吸收而浓缩，同时胆囊壁还分泌黏液，掺入胆汁，使其颜色转变为暗褐色或棕绿色，密度增至约 1.040，称为胆囊胆汁。

二、胆汁酸的种类

胆汁酸（bile acids）按其来源可分为初级胆汁酸和次级胆汁酸。初级胆汁酸是肝细胞以胆固醇为原料合成的，包括胆酸、鹅脱氧胆酸及其与甘氨酸、牛磺酸结合的产物；次级胆汁酸是初级胆汁酸在肠道细菌的作用下生成的脱氧胆酸和石胆酸及其与甘氨酸、牛磺酸的结合产物。

胆汁酸按结构可分游离胆汁酸和结合胆汁酸。游离胆汁酸包括胆酸、鹅脱氧胆酸、脱氧胆酸和少量石胆酸；结合胆汁酸是游离胆汁酸与甘氨酸或牛磺酸的结合产物，主要包括甘氨胆酸、牛磺胆酸、甘氨鹅脱氧胆酸、牛磺鹅脱氧胆酸、甘氨脱氧胆酸和牛磺脱氧胆酸。石胆酸因溶解性小，不与甘氨酸或牛磺酸结合。一般结合胆汁酸的水溶性大于游离胆汁酸，体内胆汁中的胆汁酸以结合型为主，均以钠盐或钾盐的形式存在，即胆汁酸盐，简称胆盐。在有酸或钙离子存在时结合胆汁酸盐不容易沉淀，性质更稳定。胆汁酸的种类见表 12-2。

表 12-2　胆汁酸的种类

按来源分类	按结构分类	
	游离胆汁酸	结合胆汁酸
初级胆汁酸（肝细胞）	胆酸	甘氨胆酸、牛磺胆酸
	鹅脱氧胆酸	甘氨鹅脱氧胆酸、牛磺鹅脱氧胆酸
次级胆汁酸（肠道）	脱氧胆酸、石胆酸	甘氨脱氧胆酸、牛磺脱氧胆酸

三、胆汁酸的代谢

1. **初级胆汁酸的生成**　初级胆汁酸是以胆固醇为原料，在肝细胞内经过复杂的酶促反应合成的，是肝清除胆固醇的主要方式。正常成人每日合成胆固醇 1 ~ 1.5 g，其中约 40% 在肝内转化为胆汁酸，随胆汁排入肠腔。初级胆汁酸的合成很复杂，需经多步酶促反应才能完成。

胆固醇首先在胆固醇 7α- 羟化酶催化下生成 7α- 羟胆固醇，然后经过还原、羟化、氧化、加辅酶 A 等多步反应生成初级游离胆汁酸，即胆酸和鹅脱氧胆酸。初级游离胆汁酸的生成过程如图 12-1 所示。胆固醇 7α- 羟化酶是胆汁酸合成过程中的限速酶，受胆汁酸的负反馈调节。甲状腺激素可以提高此酶活性，故甲状腺功能亢进症患者血胆固醇浓度降低。游离胆汁酸与甘氨酸或牛磺酸结合形成结合型初级胆汁酸。结合型初级胆汁酸的生成过程如图 12-2 所示。

2. **次级胆汁酸的生成**　初级结合胆汁酸进入肠道，在协助完成脂类的消化和吸收后，在回肠和结肠上段细菌的作用下，水解脱去甘氨酸或牛磺酸，释放出游离型初级胆汁酸，再经肠菌酶作用，使 7 位脱羟基，生成次级胆汁酸，即胆酸转变为脱氧胆酸，鹅脱氧胆酸转变为石胆酸，这种在肠菌作用下形成的胆汁酸称为次级游离胆汁酸。次级游离胆汁酸的生成过程如图 12-3 所示。其中，石胆酸溶解度小，一般不与甘氨酸或牛磺酸结合，主要以游离态存在，绝大部分随粪便排出；而脱氧胆酸可与甘氨酸或牛磺酸结合，生成次级结合型胆汁酸，即甘氨脱氧胆酸和牛磺脱氧胆酸。

3. **胆汁酸的肠肝循环** 随胆汁进入肠道的胆汁酸（包括初级、次级、结合型与游离型），95% 以上被肠壁重吸收，经门静脉入肝，被肝细胞摄取。游离型胆汁酸被重新合成结合型胆汁酸，与新合成的结合胆汁酸一起排入肠腔。胆汁酸在肝和肠道之间的这种循环过程称为胆汁酸的肠肝循环（图 12-4）。胆汁酸在肠道的重吸收主要有两种方式：一种是结合

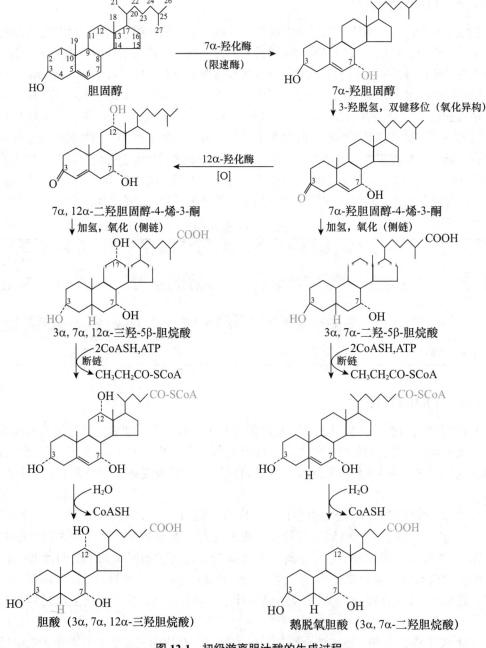

图 12-1 初级游离胆汁酸的生成过程

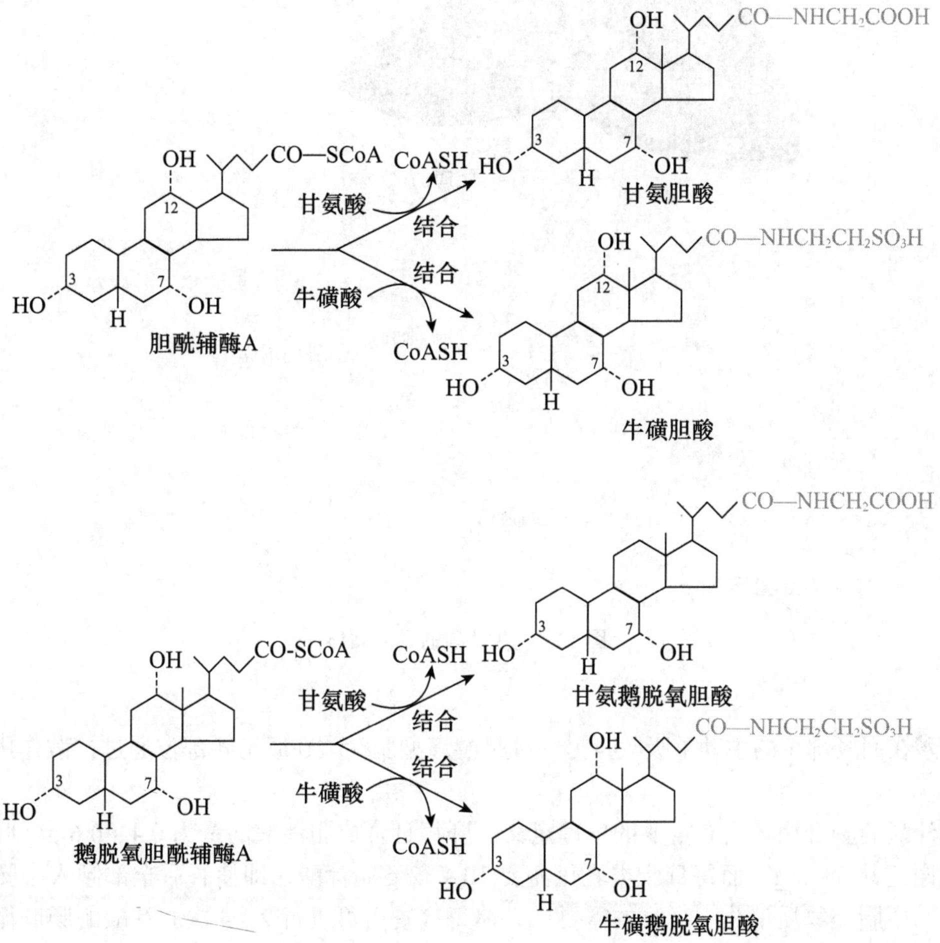

图 12-2 初级游离胆汁酸的生成过程

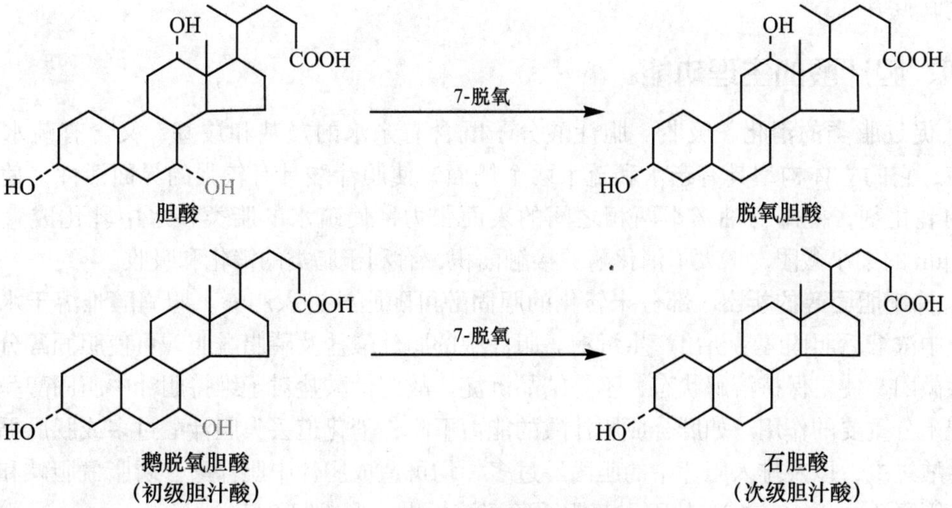

图 12-3 次级游离胆汁酸的生成过程

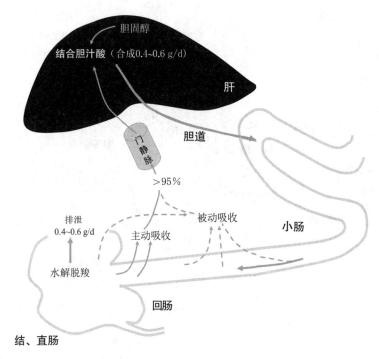

图 12-4　胆汁酸的肠肝循环

型胆汁酸在回肠部位的主动重吸收；另一种是游离型胆汁酸在肠道各部位通过扩散作用的被动重吸收。

　　胆汁酸的肠肝循环具有重要的生理意义。肝每日合成胆汁酸的量为 0.4 ~ 0.6 g，肝胆的胆汁酸代谢池共 3 ~ 5 g，而每日脂类乳化需要 10 ~ 32 g 胆汁酸，即使餐后全部倾入小肠也不能满足食物中脂类物质消化、吸收的需要。人体每次餐后可进行 2 ~ 4 次胆汁酸的肠肝循环，使有限的胆汁酸得以反复利用，最大限度地发挥其生理功能，以满足脂类消化、吸收的需要。正常成人每日仅有 0.4 ~ 0.6 g 的胆汁酸随粪便排出，与肝每天新合成的胆汁酸量平衡。此外，胆汁酸的重吸收也有利于胆汁的分泌，并使胆汁中的胆汁酸和磷脂酰胆碱与胆固醇的比例恒定，不易形成胆结石。

四、胆汁酸的生理功能

　　1. **促进脂类的消化、吸收**　胆汁酸分子既含有亲水的羟基和羧基，又含有疏水的甲基和烃核，它的立体构型具有亲水和疏水两个侧面，使胆汁酸具有较强的界面活性，使其成为较强的乳化剂，能降低油 / 水两相之间的表面张力，使疏水的脂类在水中乳化成直径只有 3 ~ 10 μm 的细小微团，增大了消化酶的接触面积，有利于脂类的消化和吸收。

　　2. **抑制胆固醇的析出**　部分未转化的胆固醇可随胆汁进入胆囊。胆固醇难溶于水，胆汁在胆囊中浓缩后胆固醇易析出产生沉淀。胆汁中的胆汁酸盐及磷脂酰胆碱可使胆固醇分散形成可溶性微团，使之保持溶解状态，不易结晶沉淀。故胆汁酸盐对于维持胆汁中胆固醇呈溶解状态起着十分重要的作用。如肝合成胆汁酸的能力下降，消化道丢失胆汁酸过多或肠肝循环中摄取胆汁酸过少，以及排入胆汁中的胆固醇过多，均可造成胆汁中胆汁酸、磷脂酰胆碱和胆固醇的比值下降（小于 10 : 1），从而引起胆固醇沉淀析出，形成胆石症。

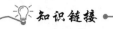知识链接

胆汁酸与胆石症的关系

　　胆石症是一种常见的多发病，西方发达国家的发病率为 15%～20%，我国发病率为 7%～10%，且呈逐渐上升趋势。胆结石的主要成分是胆固醇、胆红素、碳酸盐、钙、镁、铁等。结石形成的外因是胆汁酸盐含量相对过少，而胆固醇及胆红素等成分过多，胆汁酸盐不足以溶解过多的胆固醇及胆红素，胆固醇及胆红素析出形成结石；内因则是肝胆代谢功能异常，影响胆固醇及胆红素在肝和肠道内的循环、代谢和吸收，引起胆汁在分泌过程中组分比例失调，这是形成结石的根本原因。

第四节　胆色素的代谢

　　胆色素（bile pigment）是铁卟啉类化合物在体内分解代谢产物的总称，包括胆红素、胆绿素、胆素原和胆素等。除胆素原无色外，其他均有颜色，胆红素是人体胆汁的主要色素，呈橙黄色。胆色素代谢异常与临床诸多疾病病理过程有关，血液中胆红素浓度升高，会引起神经系统的毒性作用，导致高胆红素血症——黄疸（jaundice）。

一、胆红素的生成与转运

（一）胆红素的来源

　　胆红素是体内血红蛋白、肌红蛋白、过氧化氢酶及细胞色素等铁卟啉类化合物的降解产物，正常成人每日可产生 250～350 mg 胆红素。其主要来源有 3 种途径：一是衰老红细胞中的血红蛋白在单核吞噬细胞系统中降解产生胆红素，约占体内胆红素总量的 80%；二是无效造血，即在造血过程中，体内合成的血红素或血红蛋白在未成为成熟红细胞成分之前有少量分解而产生；三是由其他含铁卟啉化合物分解产生。后两者来源约占 20%。

（二）胆红素的生成

　　正常红细胞的平均寿命约为 120 天。衰老红细胞由于细胞膜发生变化，可被肝、脾和骨髓的单核吞噬细胞系统识别并吞噬，被破坏后释放出血红蛋白。衰老红细胞每天可释放 6～8 g 血红蛋白，血红蛋白进一步分解为珠蛋白和血红素，其中珠蛋白分解为氨基酸供体内再利用，血红素则在微粒体中血红素加氧酶的催化下释放出 CO 和 Fe，并生成胆绿素，此反应是胆红素生成的限速步骤，血红素加氧酶是胆红素生成过程的限速酶。CO 除一部分经呼吸道排出外，近年来研究发现 CO 可作为细胞间和细胞内信号分子，具有重要的生理功能。胆绿素在细胞液中被活性极高的胆绿素还原酶还原成为胆红素。胆红素生成过程如图 12-5。在肝、脾、骨髓中生成的胆红素称为游离胆红素，具有疏水亲脂性，极易透过生物膜。当其透过血脑屏障与神经核团结合时，可引起胆红素脑病，故游离胆红素是人体内一种内源性毒物。

（三）胆红素在血液中的转运

　　游离胆红素进入血液后，主要与血浆中的清蛋白结合为清蛋白 – 胆红素复合物，这样既可增加游离胆红素的溶解度便于运输，又可限制游离胆红素透过细胞膜对组织细胞（特别是脑细胞）产生毒性作用。有少量的胆红素与 α_1- 球蛋白结合。每 100 ml 血浆中的清蛋白能结合 20～25 mg 胆红素，不与清蛋白结合的游离胆红素很少，清蛋白 – 胆红素复合物是胆红素在血液中的运输形式，故称为血胆红素。这些胆红素因尚未进入肝细胞，没有经过肝的生物转化，故也称为未结合胆红素。这种胆红素必须加入甲醇、乙醇、尿素等破坏其分子内的氢键后才能

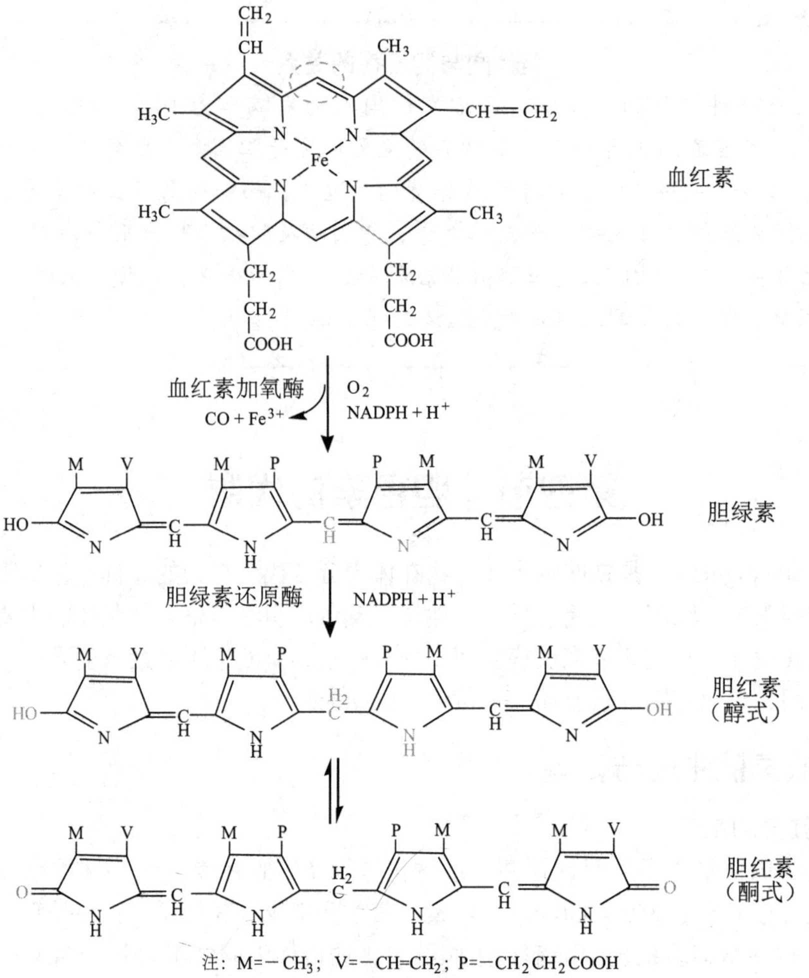
CH₂
CH
CH₃
H₃C
N
N
Fe
N
N
CH═CH₂
H₃C
CH₃
CH₂
CH₂
COOH
CH₂
CH₂
COOH
血红素
血红素加氧酶
O₂
CO + Fe³⁺
NADPH + H⁺
M
V
P
HO
OH
胆绿素
胆绿素还原酶
NADPH + H⁺
胆红素
(醇式)
胆红素
(酮式)
注：M=－CH₃；V=－CH=CH₂；P=－CH₂CH₂COOH

图 12-5 胆红素的生成过程

与重氮试剂发生反应，所以也称为间接胆红素。清蛋白－胆红素复合物相对分子量大，不能经过肾小球滤过随尿液排出，所以尿液中不会出现未结合胆红素。

正常人每 100 ml 血浆中的清蛋白能结合 20～25 mg 胆红素，而血浆胆红素浓度只有 1.7～17.1 μmol/L，故正常人血浆中丰富的清蛋白足以结合全部的胆红素，防止胆红素进入组织细胞产生毒性作用。但当新生儿患高胆红素血症时，由于新生儿的血脑屏障发育不全，游离胆红素因其脂溶性强，很容易透过血脑屏障进入脑组织与神经核团结合，干扰脑的正常功能，引起胆红素脑病，故临床上给高胆红素血症的新生儿静脉滴注富含清蛋白的血浆。胆红素和清蛋白的结合是非特异性和可逆的，某些有机阴离子（如磺胺类药物、镇痛药、抗生素、胆汁酸、造影剂、利尿药、脂肪酸等）可与胆红素竞争性地结合清蛋白，使胆红素从复合物中游离出来而产生毒性作用，故对新生儿或有黄疸倾向的患者要慎用此类药物。

二、胆红素在肝内的转化

清蛋白－胆红素复合物随血液循环运至肝。肝对胆红素的代谢包括摄取、转化和排泄三个方面。

（一）肝细胞对胆红素的摄取

当未结合胆红素随血液循环运至肝细胞时，在肝血窦中胆红素首先与清蛋白分离，然后在肝细胞上特异受体蛋白的作用下，胆红素迅速被肝细胞摄取。胆红素进入肝细胞后，与胞液中的 Y 蛋白和 Z 蛋白两种配体蛋白结合，形成胆红素 Y 蛋白和胆红素 Z 蛋白复合物，将胆红素转运至滑面内质网进一步代谢。Y 蛋白比 Z 蛋白含量丰富且对胆红素的亲和力强，故胆红素先与 Y 蛋白结合，只有当 Y 蛋白与其合成量达到饱和状态时，与 Z 蛋白的结合量才会增加。甲状腺激素、磺溴酞钠、造影剂等可竞争性地与 Y 蛋白结合，影响肝细胞对胆红素的摄取和运输。新生儿出生 7 周后，Y 蛋白合成量才接近成人水平，这是新生儿出现生理性黄疸的原因。苯巴比妥可诱导新生儿 Y 蛋白的合成，故临床上可用其减轻新生儿生理性黄疸。

（二）肝细胞对胆红素的转化

在肝细胞滑面内质网中，经 UDP- 葡糖醛酸转移酶的催化，胆红素脱离配体蛋白，与葡糖醛酸结合，生成葡糖醛酸胆红素。结果主要生成胆红素二葡糖醛酸酯和少量的胆红素—葡糖醛酸酯。与葡糖醛酸结合的胆红素称为结合胆红素或肝胆红素；结合胆红素能与重氮试剂直接起反应，生成紫红色的偶氮化合物，故又称直接胆红素。葡糖醛酸与胆红素结合是肝对胆红素的一种根本性的生物转化解毒方式。此外，还有少量胆红素与活性硫酸结合，生成硫酸酯。

结合胆红素因分子中含有强极性的葡糖醛酸基，所以亲水性增强，易溶于水，主要随胆汁进入肠道排泄，亦可经肾排出。此种胆红素不易透过生物膜进入其他组织，使毒性有所降低。正常人血中结合胆红素含量很少，当胆道阻塞毛细胆管导致压力增高破裂时，结合胆红素随胆汁反流进入血液，血中结合胆红素水平升高。

结合胆红素和未结合胆红素在理化性质方面存在很大差异，两类胆红素的比较见表 12-3。

表 12-3 两类胆红素性质的比较

性质	未结合胆红素	结合胆红素
其他常见名称	间接胆红素、血胆红素	直接胆红素、肝胆红素
与葡糖醛酸结合	未结合	结合
与重氮试剂反应	慢，间接反应	迅速，直接反应
水中的溶解度	小	大
经肾随尿液排出	不能	能
毒性	强	弱

（三）肝细胞对胆红素的排泄

肝分泌结合胆红素进入胆管系统，随胆汁排入肠道，此过程是肝代谢胆红素的限速步骤。肝毛细胆管膜侧存在的多耐药相关蛋白 -2（multidrug resistance-associated protein-2，MRP-2）是肝细胞向毛细胆管分泌结合胆红素的转运蛋白。此过程对缺氧、感染、药物均敏感。肝内外阻塞或重症肝炎、中毒、感染，均可导致胆红素排泄障碍，使结合胆红素反流进入血液，导致血液、尿液中胆红素浓度明显升高。胆汁酸盐可增加胆红素在水中的溶解度。如果胆汁酸盐与胆红素比例失调，可引起胆红素结石。由此可见，血浆中的未结合胆红素通过肝细胞膜上的受体蛋白、细胞内的载体蛋白、内质网葡醛酸转移酶及转运蛋白的联合作用，不断被摄取、转化、排泄，保证了血浆中胆红素可被肝细胞清除。因此，以上任何环节出现障碍均可导致胆红素代谢紊乱，使血液中胆红素水平升高。胆红素在肝细胞内的转化代谢过程如图 12-6 所示。

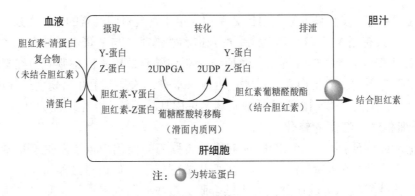

图 12-6　胆红素在肝细胞内的转化代谢过程

三、胆红素在肠道中的转变及胆素原的肠肝循环

结合胆红素随胆汁排入肠道后，在回肠下段或结肠中肠道细菌的作用下，先水解脱去葡糖醛酸，再逐步还原生成一系列无色化合物，包括中胆素原、粪胆素原和尿胆素原等，统称胆素原。大部分胆素原（80%）随粪便排出体外，在肠道下端经空气氧化，粪胆素原可氧化成黄褐色粪胆素，此即粪便颜色的主要来源。正常人每日排出的粪胆素为 40 ~ 280 mg，当胆道梗阻时，胆红素不能排入肠腔形成胆素原与胆素，粪便颜色变浅，甚至呈灰白色。新生儿肠道细菌少，胆红素未被细菌作用即可直接随粪便排出，粪便呈橙黄色。

肠道中有 10% ~ 20% 的胆素原可被肠黏膜重吸收，经门静脉入肝，其中大部分随胆汁再次排入肠腔，形成胆素原的肠肝循环（图 12-7）。小部分进入体循环，通过肾小球滤过随尿液排出，即为尿胆素原，被空气氧化后生成尿胆素，它是尿液中的主要色素。尿胆素原、尿胆素、尿胆红素在临床上被称为尿三胆，是黄疸类型鉴别诊断的常用指标，正常人尿液中检测不出胆红素。碱性尿液有利于尿胆素的排泄。当胆道完全阻塞时，胆红素不能排入肠道，因此肠道中无胆素原生成，尿液中也检测不到胆素原。

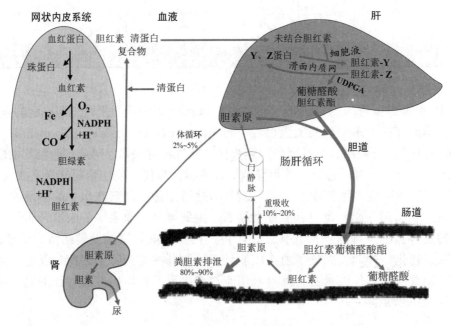

图 12-7　胆色素的代谢过程

患者，女性，40岁，无明显诱因，餐后突然上腹疼痛，并向后背、双肩部放射，疼痛较剧烈，伴38℃左右发热，次日发现巩膜、皮肤黄染。入院体格检查：巩膜、皮肤黄染，右上腹触痛。肝大，质地坚硬。B超见胆囊内有4～5个强光团，最大为0.7 cm×1.0 cm，胆总管见结石影。临床诊断为阻塞性黄疸，胆总管结石。

问题与思考：

1. 胆结石是如何形成的？

2. 什么是黄疸？临床上有哪些不同类型的黄疸？

3. 该患者为什么会出现阻塞性黄疸？

四、血清胆红素与黄疸

由于肝对胆红素的生物转化能力很强，正常情况下，血浆中胆红素含量很少，正常人血中胆红素含量不超过17.1 μmol/L，其中未结合胆红素占4/5，结合胆红素占1/5。未结合胆红素是有毒的脂溶性化合物，易透过细胞膜进入细胞，尤其对富含脂类的神经细胞可造成不可逆性的损伤。肝对血浆胆红素有强大的摄取、转化和排泄能力，虽然正常人每天通过单核-吞噬细胞系统产生200～300 mg胆红素，但正常人肝每天可清除3000 mg以上的胆红素，远远超过机体产生胆红素的能力，使胆红素的生成与排泄处于动态平衡。

如果体内胆红素生成过多，超过肝的处理能力，或肝细胞摄取、转化、排泄过程障碍等，均可导致胆色素代谢障碍，引起血清总胆红素含量升高，称为高胆红素血症。胆红素为金黄色物质，当血清中胆红素含量过高时，胆红素可扩散进入组织，引起皮肤、巩膜和黏膜黄染的现象，称为黄疸。当血清胆红素浓度在17.1～34.2 μmol/L时，肉眼看不到组织黄染现象，称为隐性黄疸；大于34.2 μmol/L时，肉眼可明显观察到皮肤、巩膜、黏膜出现黄染，称为显性黄疸。根据黄疸发病原因不同，临床上可将其分为溶血性黄疸、阻塞性黄疸和肝细胞性黄疸三种。

（一）溶血性黄疸

溶血性黄疸也称肝前性黄疸。由于各种原因（如蚕豆病、恶性疟疾、输血不当、过敏、药物等）引起红细胞大量破坏，生成过量的胆红素，超出了肝的生物转化能力，称为肝前性黄疸。主要特征为：①血清中未结合胆红素明显升高，结合胆红素浓度改变不大；②重氮反应呈间接阳性；③由于未结合胆红素不能经肾排出，所以尿胆红素检查呈阴性；④由于肝最大限度地摄取、转化、排泄胆红素，所以，粪便和尿液中胆素原类化合物增多；⑤粪便及尿液颜色加深，粪便呈咖啡色，尿液多呈浓茶色。

（二）肝细胞性黄疸

肝细胞性黄疸也称肝源性黄疸，是由于肝炎、肝硬化等病变导致肝细胞受损，使其摄取、转化和排泄胆红素的能力降低导致的黄疸。其特征为：①血液中两种胆红素均升高，一方面肝细胞不能将未结合胆红素完全转化为结合胆红素，使血液中未结合胆红素升高；另一方面因肝细胞肿胀，压迫毛细胆管，造成肝内毛细胆管堵塞或与肝血窦直接相通，部分结合胆红素反流进入血液，使血液中结合胆红素也升高。②重氮反应呈双向阳性。③由于血清中结合胆红素升高，因此，尿胆红素检查呈阳性。④由于肝对结合胆红素的生成和排泄减少，因此，粪胆素原、粪胆素减少；由于肝细胞受损程度不定，因此，尿液中胆素原含量变化不定。⑤粪便颜色通常变浅，尿液颜色深浅不定，但因为尿液中含较多胆红素，所以尿液颜色多加深。

（三）阻塞性黄疸

阻塞性黄疸也称肝后性黄疸，是由于各种原因（如胆结石、肿瘤、先天性胆管闭锁、胆道蛔虫病或肿瘤压迫等）引起胆道阻塞，胆汁排泄障碍，使毛细胆管内压力增大而破裂，结合胆红素反流进入血液，造成血胆红素升高引起的黄疸。主要特征为：①血清中结合胆红素明显升高，未结合胆红素变化不大；②重氮反应呈直接阳性；③由于结合胆红素可以经肾排出，所以，尿胆红素检查呈阳性；④由于胆道阻塞，结合胆红素排入肠道的量减少，使肠道中生成的胆素原减少，所以，粪便和尿液中胆素原类化合物减少；⑤粪便颜色变浅，呈陶土色或灰白色。尿液中虽然尿胆原、尿胆素减少，但因含有大量尿胆红素，所以尿液常呈金黄色。

三种类型黄疸在血清、尿液及粪便方面的变化情况见表12-4。

表 12-4　三种黄疸在血清、尿液及粪便方面的变化对比

类型	血液		尿液		尿液颜色	粪便颜色
	未结合胆红素	结合胆红素	胆红素	胆素原		
正常	$<12\ \mu mol/L$	$<6\ \mu mol/L$	阴性	阳性	淡黄色	黄色
溶血性黄疸	明显增加	正常或微增	阴性	显著增加	加深（浓茶色）	加深
阻塞性黄疸	不变或微增	明显增加	强阳性	减少或无	加深（金黄色）	变浅或呈陶土色
肝细胞性黄疸	增加	增加	阳性	不定	加深	变浅

 知识链接

新生儿黄疸

据统计，约60%的足月儿、80%的早产儿于出生后第2～3天开始出现皮肤、巩膜黄染，医学上称为新生儿黄疸。其原因是新生儿血液中的红细胞较多，且这类红细胞寿命短，易被破坏，从而造成胆红素生成过多。另外，新生儿肝功能发育不完善，摄取、结合、排泄胆红素的能力均较弱，仅为成人的1%～2%，从而极易出现黄疸。新生儿黄疸大多是生理性的，临床上出现黄疸而无其他症状，1～2周内可自行消退，一般不需特殊治疗。

自测题

一、选择题

1. 胆汁酸合成的限速酶是
   A. 7α- 羟化酶
   B. 7α- 羟胆固醇氧化酶
   C. 胆酰 CoA 合成酶
   D. 胆汁酸酶
   E. HMG–CoA 还原酶

2. 有关胆色素的叙述正确的是
   A. 是铁卟啉类化合物代谢的产物
   B. 血红素还原成胆红素
   C. 胆红素还原成胆绿素
   D. 胆素原是肝胆红素在肠道细菌作用下与乙酰辅酶 A 反应生成的
   E. 胆红素与胆色素实际上是同一物质，只是环境不同，命名不同

3. 病毒性肝炎、肝硬化、钩端螺旋体病、败血症、中毒性肝炎等患者均可发生肝细胞性黄疸，临床表现为皮肤、黏膜呈浅黄至深黄色。患者可有乏力、腹胀及食欲减退等症状，严重者可有出血倾向。肝细胞性黄疸患者一般不会出现

  A. 血清总胆红素增高

  B. 血清间接胆红素增高

  C. 血清直接胆红素阴性

  D. 尿胆红素阳性

  E. 血清 AST 与 ALT 活性升高

二、简答题

简述胆汁酸的主要生理功能。何为胆汁酸的肠肝循环？有何生理意义？

（卢英芹）

第十三章

水与电解质代谢

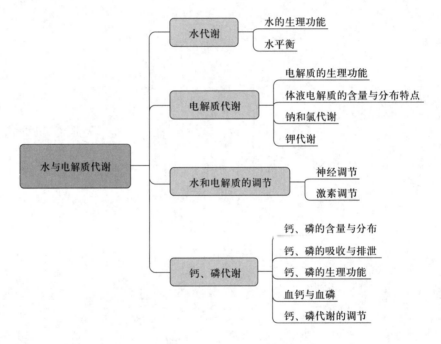

本章思维导图

水与电解质代谢

- 水代谢
  - 水的生理功能
  - 水平衡
- 电解质代谢
  - 电解质的生理功能
  - 体液电解质的含量与分布特点
  - 钠和氯代谢
  - 钾代谢
- 水和电解质的调节
  - 神经调节
  - 激素调节
- 钙、磷代谢
  - 钙、磷的含量与分布
  - 钙、磷的吸收与排泄
  - 钙、磷的生理功能
  - 血钙与血磷
  - 钙、磷代谢的调节

 学习目标

1. 掌握：体液的容量与分布；体内水和电解质的生理功能；水的来源与去路；体液主要电解质的含量与分布；钙、磷的生理功能。

2. 熟悉：水平衡、血钙、血磷、钙磷乘积的概念。

3. 了解：调节水、电解质平衡的因素及其调节机制；钙、磷代谢的调节机制。

体内的水分及溶解于水中的无机盐和有机物构成了体液（body fluid）。体液中的无机盐、某些小分子有机化合物和蛋白质等常以离子状态存在，称为电解质（electrolyte）。正常人的体液（约占体重的60%）通常被分为细胞内液（约占体重的40%）和细胞外液（约占体重的20%）两部分，细胞外液又分为血浆（约占体重的5%）和组织间液（约占体重的15%）。

$$
\text{体液（约占体重的60\%）}
\begin{cases}
\text{细胞内液（约占体重的40\%）} \\
\text{细胞外液（约占体重的20\%）}
\begin{cases}
\text{血浆（约占体重的5\%）} \\
\text{组织间液（约占体重的15\%）}
\end{cases}
\end{cases}
$$

体液的含量和分布随年龄、性别及胖瘦程度的不同而异。随着年龄的增长，体液量占体重的比例逐渐减低。新生儿体液量约占体重的 80%，成年人约占 60%，老年人仅占 45%。脂肪组织含水量较少（10%～30%），女性皮下脂肪较丰富，故女性体液占体重的百分比通常低于同龄男性。因此，肥胖者体液所占体重比例低，对缺水的耐受性较差。

体内水的含量、电解质的成分和浓度，以及它们在身体各部分的分布时刻变化但又相对恒定。水和电解质的这种动态平衡是通过神经－内分泌系统来调节的。疾病或外环境的剧烈变化常会引起或伴有体液的容量与分布、电解质分布与浓度、渗透压等发生变化，导致水、电解质平衡紊乱，进而影响全身各系统器官的功能，严重时可危及生命。因此，学习水、电解质代谢及其平衡的生理调节机制，对于临床上运用体液疗法纠正水和电解质紊乱具有重要意义。

第一节　水　代　谢

体内含量最多的物质是水，一个成年人体内的含水量约占体重的 65%。大部分水与蛋白质、黏多糖和磷脂等物质结合，以结合水的形式存在，另一部分水以游离状态存在。水具有很多特殊的理化性质，是维持人体正常代谢活动和生理功能的必需物质之一。

一、水的生理功能

（一）调节体温

水的流动性大，导热性强，随血液循环迅速遍布全身，使物质代谢产生的热能通过体表散发。水的蒸发热大，1 g 水在 37℃时，完全蒸发需吸收 2415 J（575 cal）热量，因此蒸发少量汗液就能散发大量热量，这在高温环境时尤为重要。水的比热大，1 g 水从 15 ℃升至 16 ℃时，需吸收 4.2 J（1 cal）热量，比等量固体或其他液体所需的热量多，所以水能吸收或释放较多的热量而本身的温度却无明显变化。水的上述三个特点保证了体温不致因机体产热或外界温度的变化而发生剧变。

（二）促进、参与物质代谢

物质代谢的一系列化学反应都是在体液中进行的。一方面水是良好的溶剂，能使物质溶解；另一方面水的介电常数高，可促进体内物质的解离。水的上述性能能促进化学反应的发生。水分子还可直接参与体内水解或者水化等反应，在代谢过程中起着重要作用。

（三）运输作用

水黏度小、易流动，有利于运输营养物质和代谢产物。水是良好的溶剂，即使是某些难溶或不溶于水的物质，也能与亲水性的蛋白质分子结合而分散于水相中运输。

（四）润滑作用

水具有润滑作用，如唾液有利于食物的吞咽及湿润咽部；关节滑液可减少关节活动时的摩擦；泪液能防止眼球干燥；胸腔与腹腔浆液、呼吸道与胃肠道黏液都有良好的润滑作用。

（五）维持组织的正常形态与功能

结合水（bound water）是指与蛋白质、核酸和蛋白多糖等物质结合而存在的水。结合水对维持生物大分子构象，保持细胞、组织、器官的形态、硬度和弹性起到一定的作用。如心肌含水量约为 79%，比血液含水量仅少约 4%（血液平均含水量为 83%），两者含水量相差不大，但形态与功能却有很大差别。由于心肌主要含的是结合水，故心脏形态坚实、柔韧，保证心脏有力地推动血液循环；而血液中主要含的是自由水，故能循环流动，完成血液的运输功能。

二、水平衡

正常成人每日进出体内的水量基本相等，约为 2500 ml，维持动态平衡，称为水平衡。

> **案例 13-1**
>
> 某患儿，男，18 个月，因发热、腹泻 4 天入院。发病以来，患儿排水样便每天 6～8 次，呕吐 2 次，腹胀，不能进食，只饮水，尿量减少。曾给予抗生素和 5% 葡萄糖溶液 1000 ml 补液治疗。患儿现因呼吸困难 2 小时入院。体格检查：患儿神志不清，口唇发绀，体温 37.5 ℃，脉搏速弱，140 次/分，呼吸浅快，50 次/分，血压 86/50 mmHg（11.5/6.67 KPa），皮肤弹性减退，两眼凹陷，肠鸣音消失，腹壁反射消失，膝反射迟钝，四肢呈弛缓性瘫痪。实验室检查：血清 Na^+ 为 130 mmol/L，血清 K^+ 为 2.3 mmol/L。
>
> **问题与思考：** 该患儿是否出现了水代谢异常，为什么？

（一）体内水的来源

1. **饮水** 饮水量因个人习惯、气候条件和劳动强度的不同而有较大差别，一般成年人每日饮水量平均约为 1200 ml。

2. **食物水** 成年人每日从食物中获得的水量约为 1000 ml。

3. **代谢水（或称内生水）** 体内糖、脂肪、蛋白质代谢脱下的氢经呼吸链传递与氧结合生成的水称为代谢水或内生水。代谢水量比较恒定，每日约为 300 ml（每 100 g 脂肪氧化时能生成 107 ml 水，每 100 g 糖氧化时能生成 55 ml 水，每 100 g 蛋白质氧化时能生成 41 ml 水）。临床上，当急性肾衰竭患者需要严格限制水摄入量时，需将代谢水计入水的摄入量。

（二）体内水的去路

1. **肺排水** 呼吸时可以水蒸气形式丢失一定量的水。成人每日由呼吸丢失的水分约为 350 ml。肺排水的量与呼吸的深浅、快慢、气候的干湿程度和基础代谢率的高低有关。

2. **皮肤排水** 皮肤排水有非显性汗和显性汗两种方式。非显性汗，即体表水分的蒸发，成人每日由皮肤蒸发的水约 500 ml，主要是水分，电解质含量很少。显性汗，为皮肤汗腺所分泌的汗液。出汗的多少与环境温度、湿度及劳动强度有关。汗液为低渗液，主要电解质是 Na^+ 和 Cl^-，还含有少量 K^+、Ca^{2+}、Mg^{2+} 以及十几种氨基酸。出汗不但丢失水分，同时也丢失电解质。所以，高温作业或强体力劳动大量出汗后，在补充水分的同时，还应注意补充电解质。

3. **消化道排水** 每日分泌进入胃肠道的消化液主要包括唾液、胃液、胰液、胆汁、小肠液等，总量达到 8200 ml。正常情况下，进入消化道的水分绝大部分被胃肠道重吸收，随粪便排出的水分每日仅 150 ml 左右。在呕吐、腹泻、胃肠减压、肠瘘等情况下，消化液大量丢失，导致不同性质的失水、失电解质，故临床补液时应根据丢失消化液的性质来决定补充电解质的种类。各种消化液的 pH、电解质含量和每日分泌量见表 13-1。

表 13-1　各种消化液的 pH、电解质含量（mmol/L）和每日分泌量（ml）

消化液	pH	Na^+	K^+	Ca^{2+}	Cl^-	HCO_3^-	分泌量
唾液	6.6～7.1	10～30	15～25	1.5～4	10～30	10～20	1000～1500
胃液	1.0～1.5	20～60	6～7	—	145	—	1500～2500
胰液	7.8～8.4	148	7	3	40～80	80～110	1000～2000
胆汁	6.8～7.7	130～140	7～10	3.5～7.5	110	40	500～1000
小肠液	7.2～8.2	100～142	10～50		80～105	30～75	1000～3000

4. 肾排水　肾是重要的排泄器官，可以通过尿量和尿液浓度维持体液平衡。正常成人每日尿量为 1500～2000 ml，随尿液排出的代谢废物约为 35 g，其中尿素占一半以上。尿液中每 1 g 固体溶质至少需要 15 ml 水才能使之溶解，因此要将 35 g 代谢废物排出体外，每日最低尿量应为 500 ml。每日尿量少于 500 ml 称为少尿，此时代谢废物难以全部排出体外，导致代谢废物在体内潴留，出现中毒症状。每日尿量少于 100 ml 称为无尿。临床上，少尿和无尿是急性肾衰竭的先兆。

为满足机体需要，成人每日应摄入 2500 ml 水以维持其动态平衡，故 2500 ml 称为正常需水量。在缺水情况下，人体每日仍经肺、皮肤、消化道和肾（按每天最低尿量 500 ml 计）排出水约 1500 ml，这是人体每日的必然失水量，除去人体每天产生的 300 ml 代谢水，成人每天至少应补充 1200 ml 的水量才能维持最低限度的水平衡，因此 1200 ml 为正常成人的最低需水量。

第二节　电解质代谢

体液电解质按含量分为主要电解质和微量元素两类，前者主要包括 K^+、Na^+、Ca^{2+}、Mg^{2+}、Cl^-、HCO_3^-、HPO_4^{2-}、有机酸根和蛋白质负离子等，后者含量较少，主要有铁、铜、锌、硒、碘、钴、锰、钼、氟、硅等。

案例 13-2　　患者，女，58 岁，主诉全身无力 2 天，呕吐、腹泻 1 天，呕吐胃内容物 4～5 次，腹泻 7～8 次，为水样便。体格检查：体温 36.5 ℃，脉搏 57 次/分，呼吸 20 次/分，血压 120/80 mmHg，神志清楚，营养中等。咽部红，扁桃体无肿大，双肺呼吸音清，未闻及干啰音。心尖搏动正常，心律齐，无杂音。腹平软，上腹部轻压痛，其余无压痛及反跳痛，墨菲征阴性，麦氏点无压痛，移动性浊音阴性。生理反射正常，膝反射迟钝，肌力及肌张力正常。实验室检查：K^+ 1.69 mmol/L，Na^+ 142 mmol/L，Cl^- 100 mmol/L。

问题与思考：患者出现了何种电解质紊乱，为什么？

一、电解质的生理功能

（一）构成组织细胞成分

所有组织细胞中都有含有电解质。例如，钙、磷和镁是骨、牙组织中的主要成分；血红蛋白和细胞色素中含有铁；含有硫酸根的蛋白多糖参与构成软骨、皮肤、角膜等组织。

（二）维持体液渗透压平衡和酸碱平衡

体液中的无机盐在维持体液渗透压和保持细胞内、外液的容量方面起重要作用。例如，Na^+ 和 Cl^- 是维持细胞外液渗透压的主要离子，K^+ 和 HPO_4^{2-} 是维持细胞内液渗透压的主要离子。当体液电解质浓度发生改变时，体液的渗透压也将随之变化，进而影响水的流向。

组织间液及血浆的正常 pH 为 7.35～7.45，血浆中的 HCO_3^- 与 H_2CO_3、HPO_4^{2-} 与 $H_2PO_4^-$ 等组成的缓冲对，是维持体液酸碱平衡的重要因素。此外，K^+ 还可通过细胞膜与细胞外液的 H^+ 和 Na^+ 进行交换，以维持和调节体液的酸碱平衡。

（三）维持神经、肌肉的兴奋性

正常神经、肌肉兴奋性的维持，与多种无机离子的相对含量和比例有关：

$$神经肌肉兴奋性 \propto \frac{[Na^+] + [K^+] + [OH^-]}{[Ca^{2+}] + [Mg^{2+}] + [H^+]}$$

血钙和血镁含量降低时，神经、肌肉兴奋性增加，可出现手足搐搦。血钾含量降低时，神经、肌肉兴奋性降低，可出现肌肉松弛，腱反射减弱或消失，严重者可导致肌肉麻痹，胃肠道蠕动减弱、腹胀，甚至肠麻痹等症状。

无机离子对心肌细胞兴奋性影响的关系如下：

$$心肌细胞兴奋性 \propto \frac{[Na^+] + [Ca^{2+}] + [OH^-]}{[K^+] + [Mg^{2+}] + [H^+]}$$

血钾过高时，心肌兴奋性降低，传导阻滞和收缩力减弱，心动过缓，严重时心跳可停止在舒张状态；反之，心脏的自律性增高，易产生期前收缩。Na^+ 和 Ca^{2+} 可使心肌兴奋性增强，提高心肌的传导性，减弱 K^+ 引起的传导抑制，据此常用钠盐和钙盐治疗高血钾或高血镁对心肌的毒性作用。

（四）参与物质代谢

体内的金属离子常作为酶的辅助因子、酶的激活剂或抑制剂，可以维持或改变酶活性，从而影响物质代谢。例如，糖原合酶需要 K^+，磷酸化酶需要 Mg^{2+}，细胞色素氧化酶需要 Fe^{2+} 和 Cu^{2+}，碳酸酐酶需要 Zn^{2+} 等。而 Na^+、Ca^{2+} 和 Mg^{2+} 则分别是丙酮酸激酶和醛缩酶的抑制剂。有些无机离子参与体内特殊功能的化合物组成，如碘作为合成甲状腺激素的原料，锌和钴分别是合成胰岛素和维生素 B_{12} 的组成成分。

二、体液电解质的含量与分布特点

（一）体液电解质的含量与分布

体液中主要的电解质包括 Na^+、K^+、Ca^{2+}、Mg^{2+}、Cl^-、HPO_4^{2-}、HCO_3^- 和蛋白质等所组成的盐类。细胞内、外液中电解质的分布有很大差异。体液中主要的电解质含量见表 13-2。

表 13-2　各部分体液中电解质的含量

电解质		细胞内液（mEq/L）	血浆（mEq/L）	细胞间液（mEq/L）
阳离子	Na^+	10	142	145
	K^+	160	4	4
	Ca^{2+}	极微	5	3
	Mg^{2+}	35	3	2
阳离子总量		205	154	154
阴离子	Cl^-	2	103	115
	HCO_3^-	8	27	30
	HPO_4^{2-}	140	2	2
	SO_4^{2-}	—	1	1
	有机酸	—	5	5
	蛋白质	55	16	1
阴离子总量		205	154	154

（二）电解质分布特点

1. 体液各部分阴、阳离子的摩尔电荷浓度相等，体液呈电中性。

2. 细胞内、外液中电解质的分布有很大差异。细胞内液的主要阳离子是 K^+，主要阴离子是 HPO_4^{2-} 和蛋白质阴离子；在细胞外液中，Na^+ 是主要的阳离子，Cl^- 和 HCO_3^- 是主要的阴离子。

3. 体液电解质浓度若以 mmol/L 计算，则细胞内液离子总浓度高于细胞外液，但细胞内液中含大分子蛋白质和二价离子较多，而这些电解质产生的渗透压较小，所以细胞内液和细胞外液的渗透压基本相等。

4. 细胞间液与血浆的电解质含量接近，但血浆蛋白质含量明显高于细胞间液，这与蛋白质难以透过毛细血管壁有关，因此血浆的胶体渗透压高于细胞间液。这种差异对于维持血浆胶体渗透压、稳定血容量有重要意义。

三、钠和氯代谢

（一）钠和氯的含量与分布

体重为 60 kg 的健康成人体内钠含量约为 60 g，氯总量约为 100 g，两者主要分布于细胞外液，其中钠的 50% 在细胞外液，40% 存在于骨骼，仅 10% 存在于细胞内液。血浆 Na^+ 浓度为 135 ~ 145 mmol/L，血浆 Cl^- 的正常浓度为 98 ~ 106 mmol/L。

（二）钠和氯的摄入与排泄

正常成人每日钠的需要量为 4 ~ 6 g，主要来自于膳食中的 NaCl，摄入的 NaCl 几乎全部被胃肠道吸收。钠主要是经肾排出，少量随汗液和消化道排出。健康人肾对钠的排泄具有严格的控制能力。普通膳食时，成人尿液中 NaCl 排出量每日为 10 ~ 15 g；高盐膳食时，可增至 20 ~ 30 g；长期给予无盐饮食，尿液中 NaCl 可降至 1 g 以下，甚至每日仅几十毫克。所以常用"多吃多排，少吃少排，不吃几乎不排"来表示肾对钠的排泄特点。

钠的排出常伴有氯的排出，故人体缺钠时，尿液中氯的排出量也减少，甚至完全不排出；相反，钠过多时，尿液中氯的排出量也增多。临床上常通过测定尿液中氯化物含量的变化来帮助判断患者脱水的类型和程度。

四、钾代谢

（一）钾的含量与分布

体重为 60 kg 的健康成人体内钾总量约为 120 g，其中 98% 存在于细胞内液，仅约 2% 存在于细胞外液。红细胞中钾浓度为 110 ~ 125 mmol/L，而血浆中钾浓度为 3.5 ~ 5.5 mmol/L。钾是细胞内的主要阳离子，其在体内的分布与器官细胞的数量、器官的大小有直接关系，因此，体内钾总量的 70% 储存于肌肉组织，10% 在皮肤和皮下组织，其余多分布在脑和内脏中。

（二）钾的摄入与排泄

正常成人每日钾的需要量为 2 ~ 3 g。植物性食物中含钾较丰富，故一般膳食可满足机体对钾的需要。从食物中摄入的钾约 90% 可在短时间内经肠道吸收。正常时粪便排钾量不超过摄入量的 10%；但严重腹泻时，粪便中丢失钾的量可达正常时的 10 ~ 20 倍，因此应注意补充，以防缺钾。机体通过肾、皮肤和肠道排泄钾，其中肾最为重要。正常情况下，80% ~ 90% 的钾经肾排出。肾对钾的排泄能力很强，特点是"多吃多排，少吃少排，不吃也排"。即使禁钾 1 ~ 2 周，肾每天排钾量仍可达 5 ~ 10 mmol，故禁食或大量输液者常出现缺钾现象，此时应注意适当补钾。此外，汗液也可排出少量钾。

钾在细胞内外的分布受体内物质代谢的影响。当糖原合成、蛋白质合成时，钾进入细胞内；反之，糖原分解、蛋白质分解时，钾释出细胞外。研究表明，合成 1 g 糖原时有 0.15 mmol 钾进入细胞，合成 1 g 蛋白质需要 0.45 mmol 钾进入细胞内。等量的糖原和蛋白质分解时，有相同量的钾释出细胞。因此，在组织生长旺盛和创伤愈合期，或静脉输注胰岛素和葡萄糖时，由于蛋白质或糖原合成加强增多，钾进入细胞内，可造成血钾降低，此时应注意补充钾。当严重创伤（烧伤或大手术）、组织大量破坏、感染或缺氧时，蛋白质分解代谢增强，细胞内的钾释放到细胞外，使血钾明显升高，特别在肾衰竭时更为明显。

第三节　水和电解质的调节

机体通过神经、激素和器官三级水平对水、电解质平衡进行调节。体内调节水、电解质平衡的激素主要有抗利尿激素、醛固酮和心房钠尿肽等。激素对水、电解质的调节主要通过肾的排泄功能实现。

一、神经调节

中枢神经系统通过口渴反射、渗透压感受器和激素来调节水、电解质平衡。渗透压感受器主要分布在下丘脑视上核和室旁核，渴感中枢位于下丘脑视上核侧面，与渗透压感受器邻近，并有部分重叠。当机体失水或高盐饮食，血浆晶体渗透压升高和血容量减少都可以刺激丘脑下部的渗透压感受器，进而引起渴感中枢兴奋，产生渴感，机体通过主动饮水以补充水的不足。适量饮水可使血浆渗透压下降，使口渴感减弱或消失。血管紧张素 II 增高也可引起渴感，其机制可能与降低渴感阈值有关。

二、激素调节

（一）抗利尿激素的调节

抗利尿激素（antidiuretic hormone，ADH）又称加压素，是由下丘脑视上核和室旁核的神经元合成的一种九肽激素。ADH 沿这些神经元的轴突下行到神经垂体储存，由神经垂体释放入血，随血液循环运输到肾，作用于肾远曲小管和集合管。

ADH 通过水通道蛋白（aquaporin，AQP）调节水的转运。ADH 与肾远曲小管和集合管上皮细胞管周膜上的 V_2 受体结合，通过 G 蛋白信号转导，激活膜上的腺苷酸环化酶，增加细胞内 cAMP 浓度而激活蛋白激酶 A。活化的蛋白激酶 A 使 AQP 磷酸化，使其从细胞内小泡移向管腔膜并镶嵌在膜上，AQP 开放，选择性通透水和 Cl^-，增加肾小管对水的重吸收，从而使尿液减少，血浆渗透压降低，血容量恢复，血压回升，维持体液平衡。

刺激 ADH 分泌的因素有渗透性和非渗透性因素两类。血浆渗透压增高可使丘脑下部神经核或其周围的渗透压感受器细胞发生渗透性脱水，引起 ADH 分泌。正常渗透压感受器阈值为 280 mmol/L，当渗透压升高 1%~2% 时，就可以影响 ADH 的释放。非渗透性因素，如血容量和血压的变化，可通过左心房及胸腔大静脉处的容量感受器和颈动脉窦及主动脉弓的压力感受器影响 ADH 的分泌。血容量减少 10% 左右时才出现 ADH 分泌，但作用更强。其他一些非渗透性因素也可刺激 ADH 分泌，如疼痛、精神紧张、恶心、呕吐、吸烟等。

（二）醛固酮的调节

醛固酮（aldosterone）是由肾上腺皮质球状带分泌的一种类固醇激素，其作用是促进肾远曲小管 H^+-Na^+ 交换和 K^+-Na^+ 交换。随着 Na^+ 主动重吸收的同时，水和 Cl^- 的重吸收也相应增加，产生保钠、保水与排钾、泌氢的作用。

醛固酮的分泌主要受肾素 – 血管紧张素系统和血 K^+、血 Na^+ 浓度的调节。当血容量减少、血压下降时，肾小球入球小动脉壁牵张感受器受刺激，流经致密斑的 Na^+ 减少，使近球细胞分泌肾素增加。肾素是一种蛋白水解酶，可催化血浆中的血管紧张素原转化为血管紧张素Ⅰ，后者再经血清转换酶和氨基肽酶催化，分别转变为血管紧张素Ⅱ和Ⅲ，它们作用于肾上腺皮质球状带，增加醛固酮分泌，其中以血管紧张素Ⅱ的活性强、含量高。血 K^+ 升高或血 Na^+ 降低可直接刺激肾上腺皮质球状带，使醛固酮分泌增加。

（三）心房钠尿肽的调节

心房钠尿肽（atrial natriuretic peptide，ANP）或称心钠素（atrial natriuretic factor，ANF）是一组由心房肌细胞合成和分泌的肽类激素，由 21~33 个氨基酸组成。现已确定氨基酸排序的 ANP 有 10 种以上，各种 ANP 由共同的前体加工修饰而来。

心房钠尿肽主要通过以下四个方面的机制调节水、钠代谢：减少肾素分泌；抑制醛固酮分泌；对抗血管紧张素的缩血管效应；拮抗醛固酮的保钠作用。心房钠尿肽的主要作用是增加肾小球滤过率，抑制肾小管髓袢上升段对水、Na^+ 的重吸收，具有强大的利尿、利钠效应。此外，心房钠尿肽还具有强而持久的扩张血管和降低血压的作用。

第四节　钙、磷代谢

一、钙、磷的含量与分布

钙、磷是体内含量最多的无机盐，正常成人体内钙的总含量为 700~1400 g，磷的总含量为 400~800 g。其中约有 99.3% 的钙、85.7% 的磷以结晶羟磷灰石的形式构成骨盐存在于骨和牙齿中，其余的钙、磷以溶解状态分布于体液及软组织中。

分布于体液和其他组织中的钙不足总钙量的 1%。血液中的钙几乎都存在于血浆中，细胞内 Ca^{2+} 浓度极低，为 0.05~10 μmol/L，且其 90% 以上储存于内质网和线粒体中。体内磷总量的 85.7% 分布于骨和牙中，14% 分布于其他组织细胞，0.03% 分布于体液。

二、钙、磷的吸收与排泄

正常成人每日钙的需要量约为 800 mg，磷的需要量为 800~1000 mg。处于生长发育期的儿童、孕妇及哺乳期妇女对钙、磷的需要量均相应增加。

（一）钙和磷的吸收

钙吸收的主要部位在小肠，以十二指肠吸收能力最强，其次是空肠。钙的吸收率一般为25%~40%，主要是通过肠黏膜细胞的主动转运来完成的。在肠黏膜细胞膜上含有与 Ca^{2+} 亲和力较强的钙结合蛋白，可转运 Ca^{2+}，促进钙的吸收。钙的吸收率主要受维生素 D 含量、肠道pH 值、食物成分和年龄等因素的影响。

磷的吸收部位也主要在小肠，以空肠部吸收能力最强，吸收形式为酸性磷酸盐（$H_2PO_4^-$），吸收率可达 70%~90%。凡影响钙吸收的因素也影响磷的吸收。

（二）钙和磷的排泄

人体每日排出的钙，约 80% 经肠道排出，约 20% 经肾排出。血浆钙每天约有 10 g 经肾小球滤过，其中 95% 以上被重吸收，随尿液排出的钙约有 150 mg。肠道排出的钙包括未被吸收的食物钙和未被重吸收的钙，其排出量随食物钙含量和钙吸收状况而波动。体内钙的排泄特点是"多吃多排，少吃少排，不吃也排"。

肾是排磷的主要器官，每日排磷量的 60%~80% 经肾排出，20%~40% 经肠道排出，主要是可溶性磷酸盐。肾小球滤过的磷，85%~95% 被肾小管重吸收。

三、钙、磷的生理功能

（一）构成骨盐

钙、磷是骨和牙的重要组成成分。骨盐成分的 84% 是磷酸钙盐，其中约有 60% 以结晶的羟磷灰石 $[Ca_{10}(PO_4)_6(OH)_2]$ 形式存在，40% 为无定型的 $CaHPO_4$。

（二）钙的生理功能

1. Ca^{2+} 可参与调节神经和骨骼肌的正常活动，当血浆 Ca^{2+} 浓度低于 1.75 mmol/L 时，神经、肌肉应激性升高，引起肌肉自发性收缩。Ca^{2+} 可增强心肌收缩力，并与促进心肌舒张的 K^+ 相拮抗。

2. Ca^{2+} 可降低毛细血管壁和细胞膜的通透性，故临床上可用钙剂治疗荨麻疹等过敏性疾病。

3. Ca^{2+} 可作为凝血因子参与血液凝固。

4. Ca^{2+} 可参与腺体分泌，调节多种激素和神经递质的释放，如儿茶酚胺类化合物的释放。

5. Ca^{2+} 还是多种酶的激活剂或抑制剂。

6. Ca^{2+} 作为细胞内的第二信使，可介导某些激素的信号转导过程。

（三）磷的生理功能

1. 磷是核苷酸、核酸、磷脂、磷蛋白、脂蛋白、辅酶等体内许多重要物质的组成成分。

2. 磷可参与物质代谢和调节过程中的磷酸化反应。例如磷酸葡萄糖、磷酸甘油和氨基甲酰磷酸分别是糖、脂肪和蛋白质代谢的中间产物。酶的磷酸化与脱磷酸化是酶共价修饰调节中最重要、最普遍的方式。

3. 磷可参与体内能量的生成、贮存及利用。例如人体内的高能化合物大多数含有高能磷酸键，其中 ATP 是体内能量释放、贮存及利用的中心。

4. 无机磷酸盐构成血浆缓冲对，调节体液酸碱平衡。

四、血钙与血磷

正常成人血浆中钙的含量为 2.25 ~ 2.75 mmol/L（9 ~ 11 mg/dl），其存在形式有三种：蛋白结合钙、小分子结合钙和游离钙。体内发挥生理功能的是游离钙，结合钙不能直接发挥生理功能，但可与离子钙相互转变，维持动态平衡。血浆 pH 是影响游离钙与蛋白结合钙动态平衡的重要因素。血浆偏酸时，蛋白结合钙解离，血浆游离钙增加；血浆 pH 增高时，游离钙与蛋白结合增多而增加蛋白结合钙。

$$\text{蛋白结合钙（46\%）} \underset{HCO_3^-}{\overset{H^+}{\rightleftharpoons}} \text{血}Ca^{2+}（47.5\%） \underset{H^+}{\overset{HCO_3^-}{\rightleftharpoons}} \text{小分子结合钙（6.5\%）}$$

血磷通常指血浆无机磷酸盐中所含的磷，其中 HPO_4^{2-} 占 80% ~ 85%，$H_2PO_4^-$ 占 15% ~ 20%。正常成人血浆无机磷浓度为 1.1 ~ 1.3 mmol/L（3.5 ~ 4.0 mg/dl）。

血浆中钙与磷的浓度保持着一定的数量关系，血钙和血磷含量以 mg/dl 为单位，两者的乘积为一个常数，称为钙磷乘积，为 35 ~ 40。当钙磷乘积大于 40 时，钙、磷将以骨盐的形式沉积于骨组织中；钙磷乘积小于 35 时，则会影响骨组织的钙化及成骨作用，甚至促使骨盐溶解。

五、钙、磷代谢的调节

血钙和血磷浓度的相对稳定除了依赖于钙、磷的吸收与排泄外，还取决于成骨与溶骨作用。活性维生素 $D_3[1, 25-(OH)_2-VitD_3]$、甲状旁腺素和降钙素是调节钙、磷代谢的主要激素，它们通过影响小肠内钙、磷的吸收，钙、磷在骨组织和体液间的平衡，以及肾对钙、磷的排泄，维持体内钙、磷代谢的动态平衡。

（一）1, 25-（OH）$_2$-VitD$_3$ 的调节作用

1, 25-（OH）$_2$-VitD$_3$ 的作用是使血钙、血磷升高。其调节机制是：①通过诱导小肠黏膜细胞合成钙结合蛋白，增强肠细胞刷状缘上 Ca^{2+}-ATP 酶（钙泵）的活性，从而促进钙的吸收，同时磷的吸收也随之增加；②可直接促进肾近曲小管对钙、磷的重吸收；③可增强破骨细胞的活性和数量，动员骨质中的钙和磷释放入血。

（二）甲状旁腺素的调节作用

甲状旁腺素（parathyroid hormone，PTH）是由甲状旁腺主细胞合成与分泌的单链多肽激素。PTH 的分泌与血钙浓度呈负相关，低血钙是促使储存的 PTH 立即分泌的信号。

PTH 的作用是升高血钙，降低血磷。其调节机制为：① PTH 与可 1, 25-（OH）$_2$-VitD$_3$ 协同作用，增加破骨细胞的数量和活性，促进骨盐溶解，提高血中 Ca^{2+} 的含量；②促进肾小管对钙的重吸收，同时抑制肾近曲小管对磷的重吸收，使尿中钙的排出量减少，无机磷酸盐的排出量增多；③ PTH 还可增强肾中 1α-羟化酶活性，使活性低的 25-OH-Vit D$_3$ 转变为活性强的 1, 25-（OH）$_2$-Vit D$_3$，从而间接促进小肠对钙、磷的吸收。

（三）降钙素的调节作用

降钙素（calcitonin，CT）是甲状腺滤泡旁细胞合成与分泌的、由 32 个氨基酸残基组成的单链肽类激素。CT 的分泌随血钙浓度升高而增加，两者呈正相关。CT 降低血钙和血磷的机制是：① CT 可抑制间叶细胞转化为破骨细胞，抑制破骨细胞活性，阻止骨盐溶解及骨基质的分解，同时促进破骨细胞转化为成骨细胞，并增强其活性，使钙和磷沉积于骨中，导致血钙、血磷降低。② CT 可抑制肾近曲小管对钙、磷的重吸收，使尿钙、尿磷排出量增加。

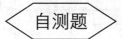

简答题

1. 体内水的来源和去路有哪些途径？
2. 电解质的生理功能有哪些？
3. 体液内电解质的含量与分布有哪些特点？
4. 简述机体对水和电解质的调节作用。
5. 影响钙吸收的因素有哪些？

（韦　岩）

第十四章

酸 碱 平 衡

本章思维导图

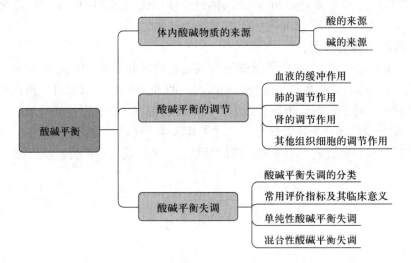

学习目标

1. 掌握：体内酸碱平衡的调节方式。

2. 熟悉：体内酸性物质与碱性物质的来源；酸碱平衡的调节机制；常见酸碱平衡失调的判断指标。

3. 了解：酸碱平衡失调的分类。

案例 14-1　　患者，男性，65岁，因咳嗽、咳痰、气促3年，加重半天入院。体格检查：体温37 ℃，脉搏95次/分，呼吸17次/分，血压165/85 mmHg。患者呈急性病容，口唇发绀，颈静脉怒张，呼气困难，桶状胸，双肺布满哮鸣音，第二心音亢进并分裂，诊断慢性肺源性心脏病急性发作。血气分析和电解质测定结果：pH 7.40，$PaCO_2$ 67 mmHg（8.9 kPa），HCO_3^- 40 mmol/L，血 Na^+ 140 mmol/L，Cl^- 90 mmol/L。

问题与思考：该患者发生了何种类型的酸碱平衡紊乱？

　　体液是细胞生存的基本环境，而体液酸碱度（pH）的相对恒定是维持正常生理活动的基本条件之一，正常人体液的 pH 始终保持在一定的水平，如血液的 pH 为 7.35～7.45，平均值为 7.40。细胞在代谢过程中会产生一定量的酸性或碱性物质，进而影响局部或整体的酸碱度。机体会通过各种调节机制，排出体内多余的酸性或碱性物质，使体内各大组织液 pH 维持在一定范围内，这个过程称为酸碱平衡（acid-base balance）。不同组织的 pH 如表 14-1 所示。

表 14-1　人体不同组织的 pH

组织	酸碱度（pH）
血液	7.35 ~ 7.45
皮肤表面	5.00 ~ 7.00
脑脊液	7.33 ~ 7.35
细胞内液	7.20 ~ 7.45
组织液	7.00 ~ 7.50
胃液	1.50 ~ 2.00
尿液	6.50 ~ 7.80
小肠液	7.60
大肠液	8.40
精液	7.80 ~ 9.20

第一节　体内酸碱物质的来源

体液中的酸性或碱性物质可以来自人体细胞内的分解代谢，也可以从体外摄入。酸性物质主要通过体内代谢产生，碱性物质主要来自食物。

一、酸的来源

机体酸性物质主要分为挥发性酸和非挥发性酸。

1. **挥发性酸**（volatile acid）　体内代谢的最终产物是 CO_2 的物质都是酸性物质，因为 CO_2 与 H_2O 结合生成碳酸，这是机体在代谢过程中产生最多的酸性物质。碳酸可释放出 H^+，也可形成气体 CO_2，经肺排出体外，所以称之为挥发性酸。

$$CO_2 + H_2O \leftrightarrow H_2CO_3 \leftrightarrow H^+ + HCO_3^-$$

CO_2 和 H_2O 结合为 H_2CO_3 的可逆反应虽可自发地进行，但主要是在碳酸酐酶（carbonic anhydrase，CA）的作用下进行的。碳酸酐酶主要存在于肾小管上皮细胞、红细胞、肺泡上皮细胞及胃黏膜上皮细胞等细胞中。

正常成人在安静状态下，机体组织细胞每天可产生 CO_2 达 300 ~ 400 L，如果全部与 H_2O 结合成 H_2CO_3，可释放 15 mol 左右的 H^+，成为体内酸性物质的主要来源。挥发性酸可通过肺的正常呼吸功能而进行调节。

2. **固定酸**（fixed acid）　这类酸性物质不能变成气体由肺呼出，而只能通过肾随尿液排出，所以又称非挥发性酸（involatile acid）。成人每天由非挥发性酸释放的 H^+ 可达 50 ~ 100 mmol。非挥发性酸可通过肾进行调节。

非挥发性酸主要包括蛋白质分解产物（如硫酸、磷酸），嘌呤分解产物（如尿酸），糖酵解生成的甘油酸、丙酮酸和乳酸，以及脂肪代谢产生的 β- 羟丁酸和乙酰乙酸等。机体有时还会摄入一些酸性食物，或服用酸性药物（如水杨酸、氯化铵等），这是酸性物质的另一来源。一般情况下，非挥发性酸的主要来源是蛋白质的分解代谢，因此，体内非挥发性酸的生成量与食物中蛋白质的摄入量呈正比。

二、碱的来源

体内碱性物质主要来自食物，特别是蔬菜、瓜果中所含的有机酸盐，如柠檬酸盐、苹果酸盐和草酸盐，均可与 H^+ 起反应，分别转化为柠檬酸、苹果酸和草酸，Na^+ 或 K^+ 则可与 HCO_3^- 结合生成碱性盐。体内代谢过程中也可产生碱性物质，如氨基酸脱氨基产生的氨，但氨经肝代谢后转变成尿素，故对体液酸碱度影响不大。肾小管细胞可通过分泌氨以中和原尿中的 H^+。人体碱性物质的生成量与酸性物质相比则少得多。

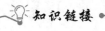

弱碱性水的谎言

2010年的3·15晚会上，主持人揭开市场上热销的"碱性水"改善人体 pH 的谎言。"弱碱性水"，曾经以能够"改善酸性体质，祛病强身，防止心脑血管疾病、抗癌、开发智力"进行虚假宣传，风靡一时。在广东深圳福田区永恒，碱性水竟然是按度数卖的，度数是指钙离子的浓度，一瓶100度的水价格168元，100度的碱性水具有"预防卒中、补钙、促进儿童成长"的作用。

问题与思考：弱碱性水能否达到以上效果呢？为什么？

第二节　酸碱平衡的调节

尽管机体在正常情况下不断生成和摄取酸性物质或碱性物质，但正常人体液的酸碱度仍然维持平衡。以动脉血 pH 为例，它能恒定地维持在 7.35～7.45，依赖于人体有一整套完善的调节酸碱平衡的机制。酸碱平衡的调节体系（图14-1）主要包括血液缓冲系统、肺和肾调节机制。此外，体内其他器官也有一定的调节作用，如肌肉组织、肝、骨骼等，这些作用之间相互协调、相互制约，以维持体液 pH 的相对恒定。

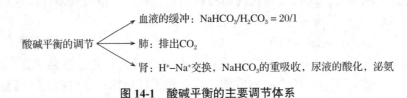

酸碱平衡的调节 — 血液的缓冲：$NaHCO_3/H_2CO_3 = 20/1$
— 肺：排出 CO_2
— 肾：H^+–Na^+ 交换，$NaHCO_3$ 的重吸收，尿液的酸化，泌氨

图 14-1　酸碱平衡的主要调节体系

一、血液的缓冲作用

无论是体内代谢产生的还是进入机体的酸性或碱性物质，血液缓冲系统的作用都是最为重要的，肺、肾对酸碱平衡的调节都与血液的缓冲作用直接相关。

1. **血液缓冲系统的组成**　血液中存在多种缓冲对，包括血浆中的缓冲系统和红细胞内的缓冲系统。血浆中的缓冲系统有 $NaHCO_3/H_2CO_3$、Na_2HPO_4/NaH_2PO_4、Na-Pr/H-Pr 等；红细胞内的缓冲系统包括 $KHCO_3/H_2CO_3$、K_2HPO_4/KH_2PO_4、K-Hb/H-Hb、$K-HbO_2/H-HbO_2$ 等（图14-2）。

血浆中的缓冲系统以碳酸氢盐缓冲系统最为重要，红细胞内的缓冲系统以血红蛋白及氧合血红蛋白缓冲系统最为重要。

$$血浆：\quad \frac{NaHCO_3}{H_2CO_3} \quad \frac{Na_2HPO_4}{NaH_2PO_4} \quad \frac{Na\text{-}Pr（血浆蛋白）}{H\text{-}Pr}$$

$$红细胞：\frac{KHCO_3}{H_2CO_3} \quad \frac{K_2HPO_4}{KH_2PO_4} \quad \frac{K\text{-}Hb}{H\text{-}Hb} \quad \frac{K\text{-}HbO_2}{H\text{-}HbO_2}$$

图 14-2　全血缓冲系统

2. 血液缓冲系统的缓冲机制

（1）对固定酸的缓冲作用：代谢过程中产生的磷酸、硫酸、乳酸、酮体等固定酸进入血浆时，主要由 $NaHCO_3$ 中和，使酸性较强的固定酸转变为酸性较弱的 H_2CO_3。H_2CO_3 则进一步分解成 H_2O 及 CO_2，后者可经肺呼出体外而不至于使血浆 pH 有较大波动。

（2）对碱性物质的缓冲作用：碱性物质进入血液后，可被血浆中的 H_2CO_3、NaH_2PO_4 及 H-Pr 所缓冲，使碱性变弱。

（3）对挥发性酸的缓冲作用：体内各种组织细胞在代谢过程中不断产生的 CO_2 主要经过红细胞中的血红蛋白缓冲系统缓冲，这种缓冲作用与血红蛋白的运氧过程相偶联（图 14-3）。

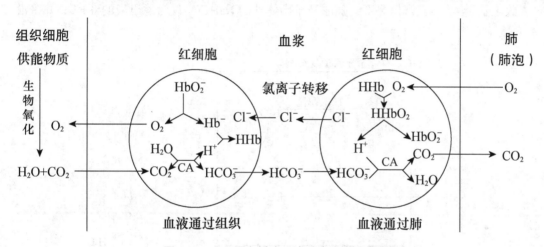

图 14-3　血红蛋白缓冲系统对碳酸的缓冲作用

当动脉血流经组织时，由于组织细胞与血液之间存在 CO_2 分压差，组织中的 CO_2 可向血浆扩散，大部分扩散进入红细胞，在红细胞中碳酸酐酶作用下生成 H_2CO_3，后者进而解离成 HCO_3^- 和 H^+。H^+ 和由 HbO_2 释放出 O_2 后转变成的 Hb^- 结合成 HHb 而被缓冲，红细胞内的 HCO_3^- 因浓度增高而向血浆扩散。此时，红细胞内的 K^+ 不能随 HCO_3^- 逸出，血浆中等量的 Cl^- 进入红细胞以维持电荷平衡。

在肺部，由于肺泡中氧分压高、二氧化碳分压低，当血液流经肺时，HHb 解离成 H^+ 和 Hb^-，Hb^- 与 O_2 结合成 HbO_2，H^+ 与 HCO_3^- 结合成 H_2CO_3，后者经碳酸酐酶催化分解成 CO_2 和 H_2O，CO_2 进而从红细胞扩散入血浆，再扩散入肺泡而呼出体外。此时，红细胞中的 HCO_3^- 很快减少，继而血浆中的 HCO_3^- 进入红细胞，与红细胞内的 Cl^- 进行又一次等量交换。

二、肺的调节作用

肺在酸碱平衡中的作用是通过调节 CO_2 排出量来调节血浆碳酸浓度的，使 HCO_3^- 与 H_2CO_3 比值接近正常，以保持 pH 相对恒定。肺的这种调节发生较快，数分钟内即可达高峰。当 pH 下降、PCO_2 上升、PO_2 降低时，通过颈动脉窦、主动脉弓感受器刺激呼吸中枢，促使呼吸加深、加快，排出更多的 CO_2，降低血液中酸的含量。当 pH 上升、PCO_2 下降时，通过使呼吸减慢，从而减少 CO_2 排出，升高血液中酸的含量，使 pH 恢复正常。因此，肺呼出 CO_2 的作用受呼吸中枢的调节，而呼吸中枢的兴奋性又受血液中 PCO_2 及 pH 值的影响。

三、肾的调节作用

肾对酸碱平衡的调节作用，主要是通过排出机体中的过多固定酸和碱，调节血浆中 $NaHCO_3$ 浓度，以维持血浆 pH 的恒定。肾主要通过以下几个方面实现对酸碱的调节作用：①肾小管泌 H^+（在尿液中与固定酸根结合而排出），回收 Na^+（重吸收 $NaHCO_3$）；②肾小管泌 NH_3，NH_3 在尿液中与 H^+ 形成 NH_4^+ 而排出；③肾小管泌 K^+ 和重吸收 Na^+。肾调节的主要机制是：

1. **肾小管泌 H^+ 和重吸收 $NaHCO_3$** 肾小管上皮细胞内含有碳酸酐酶，可催化 CO_2 和 H_2O 生成 H_2CO_3，后者又可解离为 H^+ 和 HCO_3^-。解离出的 H^+ 从肾小管上皮细胞主动分泌到管腔中的小管液中，而 HCO_3^- 保留在细胞内。

H^+ 从肾小管细胞分泌到小管液中，同时 Na^+ 被重吸收回细胞，即 H^+-Na^+ 交换。进入肾小管上皮细胞中的 Na^+ 可通过钠钾泵主动转运回血浆，肾小管细胞中的 HCO_3^- 则顺浓度梯度扩散入血，二者在血液中重新结合生成 $NaHCO_3$，以补充缓冲固定酸所消耗的 $NaHCO_3$。此过程没有 H^+ 的真正排出，只是管腔中的的 $NaHCO_3$ 几乎全部被重吸收回血液，故称之为 $NaHCO_3$ 的重吸收（图 14-4）。正常情况下，随尿液排出体外的 $NaHCO_3$ 仅为滤出液的 0.1%，几乎没有丢失。

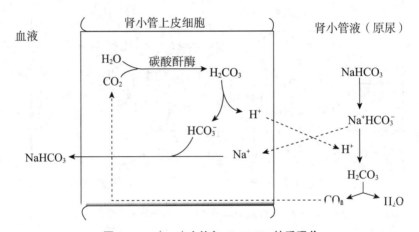

图 14-4 H^+-Na^+ 交换与 $NaHCO_3$ 的重吸收

分泌到小管液中的 H^+ 可与管腔液中的碱性 HPO_4^{2-} 结合形成可滴定酸 $H_2PO_4^-$，使尿液酸化。但这种缓冲很有限，当尿液 pH 降至 4.8 左右时，两者比值可从原来的 4：1 变成 1：99，尿液中的磷酸盐几乎全部都已转变为 $H_2PO_4^-$（图 14-5）。

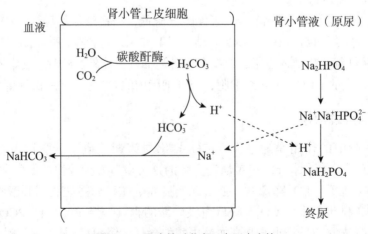

图 14-5 尿液的酸化与 H^+-Na^+ 交换

2. 肾小管泌 NH_3 和重吸收 $NaHCO_3$ 肾远曲小管和集合管上皮细胞有泌 NH_3 作用。NH_3 主要来源于谷氨酰胺的分解（约占 60%）和氨基酸的脱氨基（约占 40%）。NH_3 可自由扩散入管腔，并与小管液中的 H^+ 结合成 NH_4^+，后者与强酸盐（如 $NaCl$、H_2SO_4 等）的负离子结合生成酸性的铵盐并随尿液排出。同时小管液中的 Na^+ 被重吸收入肾小管细胞内，并与 HCO_3^- 进入血液重新结合成 $NaHCO_3$，从而维持血浆中 $NaHCO_3$ 的正常浓度。

NH_3 的分泌量随尿液的 pH 而变化，尿液酸性越强，NH_3 的分泌量越多。如尿液呈碱性，则 NH_3 的分泌减少甚至停止（图 14-6）。

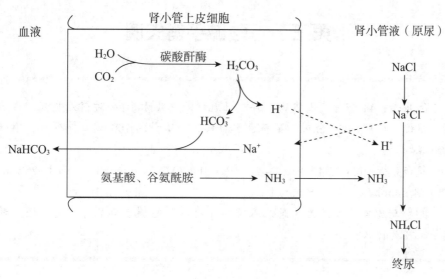

图 14-6 泌 NH_3 作用与 NH_4^+-Na^+ 交换

3. 肾小管泌 K^+ 和 Na^+ 的重吸收（K^+–Na^+ 交换） 肾远曲小管和集合管上皮细胞有排钾保钠作用，从而使血液中的 K^+ 与肾小管液中的 Na^+ 进行交换，Na^+ 被吸收入血，K^+ 随尿液排出体外。K^+-Na^+ 交换虽不能直接生成 $NaHCO_3$，但因其与 H^+-Na^+ 交换有竞争性抑制作用，故可间接地影响 $NaHCO_3$ 的生成。血钾浓度高时，肾小管泌钾作用加强，即 K^+-Na^+ 交换加强，H^+-Na^+ 交换受抑制，致使血液中 H^+ 浓度升高。因此，高血钾时常伴有酸中毒。

总之，肾对酸碱平衡的调节主要通过肾小管细胞的活动来实现。肾小管上皮细胞在不断分泌 H^+ 的同时，将肾小球滤出的 $NaHCO_3$ 重吸收入血，防止细胞外液 $NaHCO_3$ 的丢失。如 $NaHCO_3$ 仍不足，则通过磷酸盐的酸化和 NH_4^+ 生成 $NaHCO_3$，以补充机体的消耗，从而维持血液 $NaHCO_3$ 的相对恒定。如血液 $NaHCO_3$ 含量过高，肾可减少 $NaHCO_3$ 的重吸收和生成，使血液 $NaHCO_3$ 降低。肾代偿调节较慢，约需数小时到几天。

四、其他组织细胞的调节作用

机体大量的组织细胞（如红细胞、肌肉细胞、骨骼细胞等）也对酸碱平衡起到缓冲作用。细胞的缓冲作用主要通过离子交换进行，如 H^+-K^+、H^+-Na^+、Na^+-K^+ 交换。当细胞外液 H^+ 过多时，H^+ 弥散入细胞内，而 K^+ 从细胞内移出；反之，当细胞外液 H^+ 过少时，H^+ 从细胞内移出，所以在酸中毒时，往往伴有高血钾，碱中毒时可伴有低血钾。Cl^--HCO_3^- 交换也很重要，因为 Cl^- 是可自由交换的离子，当 HCO_3^- 升高时，其排出只能由 Cl^--HCO_3^- 交换来完成。

此外，骨骼组织中的钙盐会随体液 pH 的变化而变化，钙盐的分解也有利于对 H^+ 的缓冲。肝可以通过将氨转变为尿素来调节酸碱平衡。

上述几个方面的调节作用相互协调、相互制约，共同维持机体的酸碱平衡。其中，血液缓冲系统反应最为迅速，一旦有酸性或碱性物质入血，缓冲物质就立即与其反应，将强酸或强碱中和，转变为弱酸或弱碱，同时缓冲系统自身也被消耗，故缓冲作用不易持久；肺的调节作用效能大，也很迅速，在几分钟内开始，30 min 时达高峰，但因为肺是通过肺泡通气来调节 H_2CO_3 浓度的，仅对 CO_2 有调节作用，不能缓冲固定酸；细胞内液的缓冲作用强于细胞外液，通过细胞内、外离子的交换来维持酸碱平衡，3～4 h 后发挥作用，但可引起血钾浓度的改变；肾的调节作用发挥较慢，常在酸碱平衡紊乱发生后 12～24 h 才能发挥作用，但效率高，作用持久，对排出非挥发性酸及保留 $NaHCO_3$ 有重要作用。

第三节　酸碱平衡失调

案例 14-2　　患儿女，11 个月，因腹泻，伴呕吐就诊。患儿于 10 小时前无明显诱因出现腹泻，就诊前已腹泻 10 余次，呈黄色水样便，每次量约 100 ml，伴呕吐，呕吐物为胃内容物。

血气分析：pH 7.34，$PaCO_2$ 4.5 kPa，$[HCO_3^-]$ 19 mmol/L，$[Na^+]$ 125 mmol/L，$[Cl^-]$ 74 mmol/L，$[K^+]$ 3.5 mmol/L。

问题与思考：你认为该患儿入院除了有水、电解质紊乱外，是否还有酸碱平衡紊乱？为什么？

一、酸碱平衡失调的分类

正常情况下，机体对体内的酸性或碱性物质有高效的调节机制，但如果体内酸性或碱性物质过多，超过机体的调节能力，或者机体对酸碱平衡的调节机制本身发生障碍，均可使体液 pH 超出正常范围，导致酸碱平衡失调。临床上常用血液 pH 变化来反应机体的酸碱平衡情况，而血液的 pH 取决于 HCO_3^- 与 H_2CO_3 浓度之比，pH 为 7.40 时其比值为 20：1。$[HCO_3^-]/[H_2CO_3]$ 任何一方的浓度增减或者两者同时发生变化均可引起酸碱平衡紊乱。根据血液 pH，可将酸碱平衡失调分为两大类：pH 降低称为酸中毒，pH 升高称为碱中毒。由于 HCO_3^- 的改变主要是受机体代谢因素变化的影响，所以将原发性血浆 HCO_3^- 水平下降导致的酸中毒称为代谢性酸中毒（metabolic acidosis）；而将原发性 HCO_3^- 增多所造成的碱中毒称为代谢性碱中毒（metabolic alkalosis）。与之对应的是，H_2CO_3 的改变表示机体呼吸性因素的变化，所以将原发性 H_2CO_3 增多引起的酸中毒称为呼吸性酸中毒（respiratory acidosis）；而将原发性 H_2CO_3 减少引起的碱中毒称为呼吸性碱中毒（respiratory alkalosis）（表 14-2）。

表 14-2　酸碱平衡失调的分类及其原发变化

类型	pH	HCO_3^-	H_2CO_3
酸中毒	↓		
呼吸性酸中毒	↓		↑
代谢性酸中毒	↓	↓	
碱中毒	↑		
代谢性碱中毒	↑	↑	
呼吸性碱中毒	↑		↓

另外，酸碱平衡失调发生后，机体依赖血液缓冲系统、肺的呼吸调节作用以及肾的调节作用，使 $[HCO_3^-]/[H_2CO_3]$ 比值恢复至正常水平，称为代偿过程。经过代偿，血液 pH 维持在 7.35～7.45，称为代偿性酸中毒或代偿性碱中毒。如果病情超出了机体调节的限度，pH 超出正常参考区间，则称为失代偿性酸中毒或失代偿性碱中毒，反映了机体对酸碱平衡失调的严重程度和代偿情况（表 14-3）。

表 14-3　酸碱平衡失调的代偿变化

类型	$[HCO_3^-]/[H_2CO_3]$ 比值	HCO_3^- 和 H_2CO_3 浓度
正常性	正常	正常
代偿性	恢复正常	异常
失代偿性	异常	异常

在临床实际工作中，患者情况是非常复杂的，同一个患者不但可以发生一种酸碱平衡失调，还可以同时发生两种或两种以上的酸碱平衡失调。如果仅出现单一的酸碱平衡失调，称为单纯性酸碱平衡失调。如果两种或两种以上的酸碱平衡失调同时存在，则称为混合型酸碱平衡失调。

二、常用评价指标及其临床意义

酸碱平衡失调的判断主要依靠实验室检查。在临床实际工作中，血液中的气体包括 O_2 和 CO_2，二者与酸碱平衡密切相关。血气分析和酸碱平衡评价指标已成为一组重要的生化指标，在指导各种酸碱平衡失调的判断、呼吸衰竭的诊疗以及各种严重患者的监护和抢救中都起着关键的作用。临床上利用血气分析仪，可测定血液 pH、二氧化碳分压（PCO_2）和氧分压（PO_2）三个主要指标，并由这三个指标计算出其他酸碱平衡相关的诊断指标。

知识链接

血气分析：是应用血气分析仪，通过测定人体血液的 H^+ 浓度和溶解在血液中的气体（主要指 CO_2、O_2），来了解人体呼吸功能与酸碱平衡状态的一种手段，它能直接反映肺换气功能及酸碱平衡状况。采用的标本常为动脉血。血气分析适用于：低氧血症和呼吸衰竭的诊断；呼吸困难的鉴别诊断；昏迷的鉴别诊断；手术适应证的选择；呼吸机的应用、调节、撤机；呼吸治疗的观察；酸碱失衡的诊断。血气分析仪可直接测定动脉血氧分压（PO_2）、动脉血二氧化碳分压（PCO_2）、动脉血氢离子浓度（pH），并推算出一系列参数，发展至今可测定 50 多项指标。

血气的主要指标：PO_2、PCO_2、CaO_2、SaO_2、TCO_2。

酸碱平衡的主要指标：pH、PCO_2、HCO_3^-、TCO_2、ABE、SBE 及电解质（K^+、Na^+、Cl^-、AG）。

（一）pH

酸碱度通常使用 H^+ 浓度的负对数即 pH 来表示。通常采用动脉血或动脉化毛细血管血，密封采血，在不接触空气及 37 ℃条件下测定。动脉血 pH 受血液缓冲对的影响，主要取决于 $[NaHCO_3]/[H_2CO_3]$ 比值。正常人动脉血 pH 为 7.35～7.45（平均值 7.40），pH 低于 7.35 为失代偿性酸中毒；pH 高于 7.45 为失代偿性碱中毒。但动脉血 pH 本身不能区分酸碱平衡失调的类型，不能判定是代谢性还是呼吸性酸碱平衡失调，而且 pH 在正常范围内，可以表示酸碱平衡，也可表示处于代偿性酸中毒或碱中毒，或同时存在程度相近的混合性酸中毒和碱中毒，使 pH 的变动相互抵消。

【参考区间】 动脉血 pH 为 7.35～7.45，相当于 [H$^+$] 为 35～45 nmol/L。

【临床意义】

1. 动脉血 pH 超出参考区间 ①pH < 7.35 为酸中毒；②pH > 7.45 为碱中毒。

2. pH 在参考区间 ①正常酸碱平衡；②有酸碱平衡紊乱，完全代偿；③同时存在强度相等的酸中毒和碱中毒，即 pH 正常不代表机体没有酸碱平衡失调。

（二）二氧化碳分压

二氧化碳分压（partial pressure of carbon dioxide，PCO$_2$）是指物理溶解在血液中的 CO$_2$ 所产生的压力。由于 CO$_2$ 通过呼吸膜弥散较快，因此测定动脉血二氧化碳分压 PaCO$_2$ 可了解肺泡通气量的情况。通气不足时，PaCO$_2$ 升高；通气过度时，PaCO$_2$ 降低。所以 PaCO$_2$ 是反映呼吸性酸、碱中毒的重要指标。

【参考区间】 动脉血 PaCO$_2$ 为 35～45 mmHg（4.66～5.99 kPa）。

【临床意义】

1. PaCO$_2$ < 35 mmHg 时为低碳酸血症，提示肺通气过度，存在呼吸性碱中毒或处于代谢性酸中毒的代偿期。

2. PaCO$_2$ > 45 mmHg 时为高碳酸血症，提示肺通气不足，见于呼吸性酸中毒或代谢性碱中毒的代偿期。新生儿常由于胎儿宫内窘迫或新生儿窒息造成一过性酸血症，脐动脉 PaCO$_2$ 可高达 58 mmHg，一般数小时即可恢复，但早产儿恢复较慢。

（三）实际碳酸氢盐和标准碳酸氢盐

1. 实际碳酸氢盐（actual bicarbonate，AB） 实际碳酸氢盐是指血浆中 HCO$_3^-$ 的实际浓度。动脉血 AB 虽是代谢性酸中毒、碱中毒的指标，但也受呼吸因素影响而发生继发性改变。

【参考区间】 动脉血 AB 为 22～27 mmol/L。

2. 标准碳酸氢盐（standard bicarbonate，SB） 标准碳酸氢盐是指在标准条件下即 37 ℃，经 PCO$_2$ 为 40 mmHg，PO$_2$ 为 100 mmHg 的混合气体平衡后测得的血浆 HCO$_3^-$ 含量。

【参考区间】 动脉血 SB 为 22～27 mmol/L。

【临床意义】 ①SB 排除了呼吸因素的影响，是反映代谢性酸、碱中毒的可靠指标。SB 升高为代谢性碱中毒；SB 降低为代谢性酸中毒。②AB > SB 为呼吸性酸中毒；AB < SB 为呼吸性碱中毒；AB 和 SB 均增高为代谢性碱中毒；AB 和 SB 均降低为代谢性酸中毒。

（四）缓冲碱

缓冲碱（buffer base，BB）是指全血中具有缓冲作用的阴离子总和，包括 HCO$_3^-$、Hb、血浆蛋白及少量的有机酸盐和无机磷酸盐。由于 BB 不仅受 Hb、血浆蛋白的影响，而且受电解质及呼吸因素的影响，因此，一般认为它不能确切反映代谢性酸碱平衡的状态。BB 有全血缓冲碱（BBb）和血浆缓冲碱（BBp）两种。

【参考区间】 全血缓冲碱（BBb）为 45～54 mmol/L，血浆缓冲碱（BBp）为 41～43 mmol/L。

【临床意义】 BB 增高为代谢性碱中毒或呼吸性酸中毒，BB 降低为代谢性酸中毒或呼吸性碱中毒。

（五）碱剩余

碱剩余（base excess，BE）是指在 37 ℃、PCO$_2$ 为 40 mmHg 时，将 1 L 全血的 pH 调整到 7.40 时所需加入的酸量或碱量。当需要加入酸时，BE 为正值，表示碱过量；当需要加入碱时，BE 为负值，表示酸过量。BE 是诊断代谢性酸碱平衡失调的指标。

【参考区间】 动脉血 BE 为 –3～+3 mmol/L。

【临床意义】 BE 正值为代谢性碱中毒；BE 负值为代谢性酸中毒。

（六）阴离子间隙

阴离子间隙（anion gap，AG）为未测定阴离子（undetermined anion，UA）与未测定阳离子（undetermined cation，UC）之差。未测定阴离子指除经常测定的 Cl^- 和 HCO_3^- 外的其他阴离子，如某些无机酸（硫酸、磷酸等）、有机酸（乳酸、β-羟丁酸、乙酰乙酸等），Cl^- 和 HCO_3^- 占血浆阴离子总量的 85%，称可测定阴离子；未测定阳离子指除 Na^+ 外的其他阳离子，如 K^+、Ca^{2+}、Mg^{2+} 等，Na^+ 占血浆阳离子的 90%，称可测定阳离子（见表 14-4）。

表 14-4　未测定的阴离子和阳离子

UA	UC
PO_4^{3-}	K^+
Pr	Ca^{2+}
有机酸	Mg^{2+}
SO_4^{2-}	
...	

在临床实际工作中，受条件限制，一般阳离子仅测定 Na^+，阴离子仅测定 Cl^- 和 HCO_3^-，因在血液中阴、阳离子的总量相等，故 AG 可以通过血浆中常规测定的阳离子、阴离子的差算出。

$Na^+ + UC = Cl^- + HCO_3^- + UA$

$AG（mmol/L）=（UA-UC）= Na^+ -（Cl^- + HCO_3^-）$

【参考区间】　8 ~ 16 mmol/L。

【临床意义】　AG 增高为代谢性酸中毒，即表明固定酸增加，见于肾衰竭、酮症酸中毒和乳酸中毒等，此时称为高 AG 型代谢性酸中毒。但并非所有的代谢性酸中毒 AG 值均升高，如肠瘘、胆瘘、肾小管病变等由于 HCO_3^- 丢失而引起代谢性酸中毒，此时 HCO_3^- 减少由 Cl^- 增加代偿，而 AG 值变化不大，即为高氯型代谢性酸中毒。

（七）二氧化碳总量

二氧化碳总量（total carbon dioxide，TCO_2）是指血浆中各种形式存在的 CO_2 总量，包括三部分，即 HCO_3^-（占 95%）、物理溶解的 CO_2（占 5%）和极少量的 H_2CO_3、CO_3^{2-} 等。TCO_2 是代谢性酸中毒或碱中毒的指标之一，但受体内呼吸及代谢两方面因素的影响。

计算公式为：

$TCO_2 = HCO_3^- + PCO_2 \times 0.03$

【参考区间】　动脉血 23 ~ 28 mmol/L。

【临床意义】　TCO_2 增高见于代谢性碱中毒或呼吸性酸中毒；TCO_2 降低见于代谢性酸中毒或呼吸性碱中毒。

三、单纯性酸碱平衡失调

单纯性酸碱平衡失调分为四种：代谢性酸中毒、代谢性碱中毒、呼吸性酸中毒和呼吸性碱中毒。其主要生化指标变化的共同特征是 pH 与酸或碱中毒一致，PCO_2 和 $[HCO_3^-]$ 呈同向变化，原发指标改变更明显（表 14-5）。

表 14-5　酸碱平衡失调时生化指标的变化

类型	pH	HCO_3^-	H_2CO_3（PCO_2）
代谢性酸中毒	↓	↓↓	↓
代谢性碱中毒	↑	↑↑	↑

类型	pH	HCO$_3^-$	H$_2$CO$_3$（PCO$_2$）
呼吸性酸中毒	↓	↑	↑↑
呼吸性碱中毒	↑	↓	↓↓

说明：1 个朝上箭头代表增加；2 个朝上箭头代表显著增加；1 个朝下箭头代表减少；2 个朝下箭头代表显著减少

1. 代谢性酸中毒　原发性 [HCO$_3^-$] 降低，[HCO$_3^-$]/[H$_2$CO$_3$] 比值降低，血液 pH 下降。

（1）病因：①固定酸的产生或摄入增加，超过了肾排泄酸的能力。如糖尿病酮症酸中毒、乳酸性酸中毒、缺氧、休克、摄入过多的酸性物质或药物等；②酸性物质产生正常，但排泄减少，如肾衰竭、醛固酮缺乏等；③体内碱丢失过多，使 [HCO$_3^-$]/[H$_2$CO$_3$] 比值降低。如腹泻丢失过多的 HCO$_3^-$ 等。

（2）相关指标变化：①血液 pH 可正常（完全代偿）或降低（代偿不全或失代偿）。② HCO$_3^-$ 浓度原发性下降。③ PCO$_2$ 代偿性下降。④ K$^+$（由细胞内转移至细胞外）增高，当固定酸增多时，阴离子间隙（AG）增高；HCO$_3^-$ 丢失过多时，AG 正常，K$^+$ 浓度下降（由于 K$^+$ 丢失）而 Cl$^-$ 浓度增高。

（3）代谢性酸中毒的代偿机制：①呼吸调节，H$^+$ 浓度增加刺激呼吸中枢，加大通气量，通过深而快的呼吸使 CO$_2$ 排出，维持 [HCO$_3^-$]/[H$_2$CO$_3$] 比值接近正常，使 pH 恢复到正常范围；②肾的调节，在非肾病所致的酸中毒时，肾才能发挥调节作用。肾可通过 H$^+$-Na$^+$ 交换，分泌有机酸以及排泄 NH$_4^+$，调节和恢复血浆 HCO$_3^-$ 浓度及 pH，同时使尿液酸化。肾代偿调节较慢，约需数小时到几天。

2. 代谢性碱中毒　原发性 [HCO$_3^-$] 升高，[HCO$_3^-$]/[H$_2$CO$_3$] 比值升高，血液 pH 升高。

（1）病因：①酸性物质大量丢失，如呕吐、胃肠减压等胃液的大量丢失，肠液 HCO$_3^-$ 因未被胃酸中和而使吸收增加，导致 [HCO$_3^-$]/[H$_2$CO$_3$] 比值升高。②摄入过多的碱，如治疗溃疡时碱性药物服用过多。③胃液丢失，Cl$^-$ 大量丢失，肾小管细胞 Cl$^-$ 减少，导致肾近端小管对 HCO$_3^-$ 的重吸收增加，排钾性利尿药也可使肾 Cl$^-$ 多于排 Na$^+$，均造成低氯性碱中毒。④低钾患者由于肾小管 K$^+$-Na$^+$ 交换减弱，H$^+$-Na$^+$ 交换增强，使 NaHCO$_3$ 重吸收增多，导致碱中毒。

（2）相关指标变化：①血液 pH 可正常（完全代偿）或升高（代偿不全或失代偿）；② HCO$_3^-$ 原发性升高；③ PCO$_2$ 代偿性上升。

（3）代谢性碱中毒的代偿机制：①缓冲作用，血液中增加的 HCO$_3^-$ 由来自磷酸盐、细胞内液及蛋白质中的 H$^+$ 中和（HCO$_3^-$+H$^+$ → CO$_2$+H$_2$O），维持 pH 在正常的范围；②呼吸调节，pH 增加将抑制呼吸中枢，使 CO$_2$ 潴留，PCO$_2$ 升高，调节 [HCO$_3^-$]/[H$_2$CO$_3$] 比值趋向正常，维持 pH 的稳定；③肾的调节，肾通过使尿液中 HCO$_3^-$ 重吸收减少、排出增多，改善碱中毒的程度。

3. 呼吸性酸中毒　原发性 CO$_2$ 潴留增多，使 H$_2$CO$_3$ 水平增高，[HCO$_3^-$]/[H$_2$CO$_3$] 比值降低，血液 pH 下降。

（1）病因：①呼吸中枢抑制，如中枢神经系统药物损伤（麻醉药和巴比妥类药等）、中枢神经系统创伤、中枢神经系统肿瘤或中枢神经系统感染等；②肺和胸廓疾病，如肺部感染、异物阻塞、气胸、肿瘤压迫、慢性阻塞性肺疾病、肺纤维化、严重哮喘、呼吸窘迫综合征等。

（2）相关指标变化：①血液 pH 可正常（完全代偿）或下降（代偿不全或失代偿）；②血浆 PCO$_2$ 原发性升高；③ HCO$_3^-$ 浓度代偿性升高。

（3）呼吸性酸中毒的代偿机制：①血液缓冲系统的作用，急性期在 10~15 min 内即出现血浆 HCO$_3^-$ 浓度明显升高，维持 pH 在正常的范围；②呼吸调节，高碳酸血症可以刺激呼吸中枢，使呼吸加快、加深，加速 CO$_2$ 排出；③肾调节，主要表现为肾小管加强排 H$^+$、保 Na$^+$ 作用，增加 HCO_3^- 的重吸收，使血浆中 HCO_3^- 增多。

4. 呼吸性碱中毒 原发性 CO_2 排出增多，使 H_2CO_3 水平降低，$[HCO_3^-]/[H_2CO_3]$ 比值增高，血液 pH 升高。

（1）病因：①非肺部性因素刺激呼吸中枢致呼吸过度，如代谢性脑病（如由肝疾病引起）、中枢神经系统感染（如脑膜炎、脑炎）、脑血管意外、颅内手术、缺氧（如严重贫血、高原反应）、甲状腺功能亢进、精神紧张、水杨酸中毒等；②肺部功能紊乱致呼吸过度，如肺炎、哮喘、肺栓塞等；③其他，如呼吸设备引起通气过度、癔症等。

（2）相关指标变化：①血液 pH 可正常（完全代偿）或升高（代偿不全或失代偿）；② PCO_2 原发性下降；③ HCO_3^- 浓度代偿性下降。

（3）呼吸性碱中毒的代偿机制包括：①血液缓冲系统的作用，在急性期由红细胞内的 Hb 和组织中的缓冲对提供 H^+，消耗 HCO_3^-，使 HCO_3^- 浓度降低；②肾调节，主要由肾小管减少 H^+ 的分泌，使 H^+-Na^+ 交换减少，肾小管对 HCO_3^- 的重吸收减少，从而增加 HCO_3^- 排出。

四、混合性酸碱平衡失调

在酸碱平衡失调发生时，机体会发挥相继的调节作用，而机体对酸碱平衡的调节代偿具有一定的规律性，如继发的代偿性变化一般与原发平衡失调同向，有一定的代偿范围和代偿最大限度。如果不符合这些代偿规律，常提示可能同时存在两种或两种以上单纯性酸碱平衡紊乱，即混合性酸碱平衡失调。

1. 相加型二重酸碱平衡失调 本类型是指两种性质的酸中毒或碱中毒同时存在，pH 变化明显，PCO_2 和 HCO_3^- 呈反向变化。

（1）代谢性酸中毒合并呼吸性酸中毒：此型有明显的 pH 降低，可见于严重肺水肿、甲醇中毒、心搏骤停和严重肺源性心脏病等。由于代谢性酸中毒为 HCO_3^- 原发性降低，PCO_2 代偿性降低；呼吸性酸中毒为 PCO_2 原发性增高，HCO_3^- 经代偿升高，因此两者可能互相抵消而升降不明显。一般情况下，原发变化比继发变化显著，AG 可增高。血浆 K^+ 浓度多增高。若有 K^+ 浓度降低，则表示严重 K^+ 缺乏。

（2）代谢性碱中毒合并呼吸性碱中毒：此型 pH 明显升高，常见于临终前的患者，也可见于严重肝病伴呕吐或利尿失钾者，或见于败血症、中枢神经系统疾病伴呕吐或明显利尿者。由于代谢性碱中毒为原发性 HCO_3^- 增高，经代偿出现 PCO_2 增高；而呼吸性碱中毒则为原发性 PCO_2 降低，代偿使 HCO_3^- 减少。所以两型碱中毒合并存在时，HCO_3^- 与 PCO_2 的变化因相互抵消而不如单纯性碱中毒明显，造成 HCO_3^- 升高，而 PCO_2 降低，或者 HCO_3^- 下降，而 PCO_2 升高，出现反向变化。

2. 相抵型二重酸碱平衡失调 本类型是指某型酸中毒伴某型碱中毒，包括以下三种情况。

（1）代谢性酸中毒伴呼吸性碱中毒：常见于水杨酸中毒、肾衰竭或糖尿病酮症伴有高热呼吸过度、严重肝病或败血症者。该型紊乱的变化不一定，取决于两种紊乱的不同程度，而 HCO_3^- 与 PCO_2 都明显降低，表现为同向显著降低。

（2）呼吸性酸中毒伴代谢性碱中毒：常见于慢性肺功能不全患者及呕吐、使用利尿药患者。呼吸性酸中毒由于 CO_2 潴留而 HCO_3^- 代偿性升高，代谢性碱中毒通过呼吸抑制使 PCO_2 继发增高，结果 HCO_3^- 与 PCO_2 增高，表现为同向明显升高，而 pH 变化不明显。

（3）代谢性酸中毒伴代谢性碱中毒：见于肾衰竭、糖尿病酮症酸中毒或乳酸性酸中毒患者发生呕吐、胃液引流时。患者的血液生化特征为 pH 变化不明显，HCO_3^- 与 PCO_2 呈相反变化。高 AG 对该型紊乱的诊断有重要意义，当患者 AG 增高时，HCO_3^- 增高或正常，或者 HCO_3^- 降低程度小于 AG 增高程度，可能为混合性代谢性酸中毒、碱中毒。

3. 三重性酸碱平衡失调 三重性酸碱平衡失调是在呼吸性酸碱平衡紊乱基础上合并代谢

性酸中毒伴代谢性碱中毒。可见于肺功能不全致 CO_2 潴留，同时使用强利尿药使 K^+ 排出过多，出现呼吸性酸中毒合并代谢性酸中毒伴代谢性碱中毒；严重肝病所致的呼吸性碱中毒，伴乳酸与酮症酸中毒，同时由于呕吐所致代谢性碱中毒，表现为呼吸性碱中毒合并代谢性酸中毒伴代谢性碱中毒。

五、酸碱平衡失调的判断

酸碱平衡失调的判断必须结合患者的临床情况，分析诱发酸碱平衡失调的原因。酸碱平衡相关的实验室指标有很多，主要有 pH、PCO_2、HCO_3^-（或 BE）三项。

pH 是判断酸碱度的指标，PO_2 和 PCO_2 是反映缺氧及肺通气状况，以及是否为呼吸性酸碱平衡的判断指标。BE（或 AB、SB）是代谢性酸碱平衡失调的判断指标。

（一）单纯性酸碱平衡失调的判断

1. 根据 pH 变化，可判断是酸中毒还是碱中毒

（1）pH 异常：如 pH < 7.35 为酸中毒，pH > 7.45 为碱中毒。如要确定酸碱平衡失调是代谢性还是呼吸性，还须根据 HCO_3^- 与 PCO_2 指标变化方向，并结合病史来判断。

（2）pH 正常：pH 正常时需要考虑以下两种情况。①酸碱平衡失调发生后机体完全代偿；②可能存在混合型的酸碱平衡失调。具体的判断需要结合病史、其他血气分析指标及代偿情况进行综合分析。

2. 根据病史和原发变化判断是呼吸因素还是代谢因素引起的酸碱平衡失调 分析患者病史、用药情况、肾功能、肺功能状态等方面的综合情况，对于正确判断酸碱平衡失调的性质及种类具有重要作用，可大致了解患者是呼吸因素还是代谢因素引起的酸碱平衡失调。

3. 根据代偿情况可判断是单纯性还是混合性酸碱平衡失调 机体对酸碱平衡的代偿调节，通常在代谢性酸碱平衡失调时主要依靠肺代偿，而呼吸性酸碱平衡失调主要由肾代偿，单一性酸碱平衡失调继发的代偿性变化一般与原发平衡失调同向，但继发性代偿变化一定小于原发性平衡失调变化。

当代谢性酸碱平衡失调发生时，原发性变化指标为 HCO_3^-，PCO_2 出现代偿性变化。呼吸性酸碱平衡失调时，原发性变化指标为 PCO_2，HCO_3^- 出现代偿性变化。一般来说，代谢性酸中毒的呼吸代偿在数分钟内就开始，24 h 内可达到最大代偿；代谢性碱中毒的呼吸代偿需 1 天开始，3~5 天可达到最大代偿；呼吸性酸中毒的肾代偿 1 天后开始，5~7 天达到最大代偿；呼吸性碱中毒的肾代偿于 6~18 h 开始，3 天可达到最大代偿。通过发病时间和代偿性指标预估值计算，可进一步判断酸碱紊乱类型。单纯性酸碱紊乱时的变化及代偿（表 14-6）。

表 14-6 单纯性酸碱平衡失调时分析指标的变化及代偿

原发性失调	原发性变化	继发性代偿	代偿时限
代谢性酸中毒	$[HCO_3^-] \downarrow$	$PaCO_2 \downarrow$	12~24 小时
代谢性碱中毒	$[HCO_3^-] \uparrow$	$PaCO_2 \uparrow$	12~24 小时
呼吸性酸中毒	$PaCO_2 \uparrow$	$[HCO_3^-] \uparrow$	
急性			数分钟
慢性			3~5 天
呼吸性碱中毒	$PaCO_2 \downarrow$	$[HCO_3^-] \downarrow$	
急性			数分钟
慢性			3~5 天

（二）混合性酸碱平衡失调的判断

在酸碱平衡失调发生时，机体对酸碱平衡的代偿调节具有规律性，如有一定的方向性，有一定的代偿范围和代偿最大限度。通常符合规律者为单纯性酸碱平衡失调，不符合规律者为混合性酸碱平衡失调。混合性酸碱平衡失调有多种类型。

1. 相加型二重酸碱平衡失调　有两种性质的酸中毒或碱中毒同时存在，包括代谢性酸中毒合并呼吸性酸中毒、代谢性碱中毒合并呼吸性碱中毒两种情况。其各种指标变化的共同特征是 pH 变化明显，HCO_3^- 和 PCO_2 呈反向变化。

2. 相抵型二重酸碱平衡失调　一种类型的酸中毒伴有另一种类型的碱中毒，包括代谢性酸中毒伴呼吸性碱中毒、代谢性碱中毒伴呼吸性酸中毒、代谢性酸中毒伴代谢性碱中毒三种情况。前两种情况各种指标变化的共同特征是 pH 变化不定，HCO_3^- 和 PCO_2 呈同向明显变化；第三种情况的变化特征是 pH 变化不明显，HCO_3^- 和 PCO_2 呈反向变化。

3. 三重性酸碱平衡失调　此型最为复杂，常见有代谢性酸中毒、碱中毒伴呼吸性酸中毒或碱中毒。对三重性酸碱平衡失调的判断，应结合患者病史、各种血气和酸碱分析指标、电解质指标以及机体的代偿调节等情况进行综合分析。

由于酸碱平衡变化比较复杂，酸碱平衡紊乱的类型仅能根据当时的实验室检查结果判断。正确、可靠的诊断还要结合临床情况和其他实验室检查结果进行综合分析。

自测题

选择题

1. 正常人动脉血 pH 变动范围是
   A. 6.0 ~ 7.0
   B. 6.35 ~ 7.35
   C. 7.0 ~ 7.15
   D. 7.35 ~ 7.45
   E. 7.5 ~ 7.6

2. 血液中缓冲固定酸最强的缓冲系是
   A. Pr^-/HPr
   B. Hb^-/HHb
   C. HCO_3^-/H_2CO_3
   D. $HbO_2^-/HHbO_2$
   E. $HPO_4^{2-}/H_2PO_4^-$

3. 慢性呼吸性酸中毒的代偿调节主要靠
   A. 呼吸代偿
   B. 肝代偿
   C. 血液代偿
   D. 肾代偿
   E. 骨骼代偿

4. 某幽门梗阻患者发生反复呕吐。其血气分析示：pH 7.5，PCO_2 6.6 kPa，HCO_3^- 36 mmol/L，最可能的酸碱平衡紊乱类型是
   A. 代谢性酸中毒
   B. 代谢性碱中毒
   C. 呼吸性酸中毒
   D. 呼吸性碱中毒
   E. 混合性中毒

5. 某肝性脑病患者，血气分析测定结果为：pH 7.48，PCO_2 3.4 kPa，HCO_3^- 19 mmol/L，最可能的酸碱平衡紊乱类型是
   A. 代谢性酸中毒
   B. 代谢性碱中毒
   C. 呼吸性酸中毒
   D. 呼吸性碱中毒
   E. 混合性酸碱平衡失调

（刘小龙）

中英文专业词汇索引

主要参考文献

［1］贾弘禔. 生物化学. 3 版. 北京：北京大学医学出版社，2005.

［2］张申，黄泽智，庄景. 医学生物化学. 3 版. 北京：北京大学医学出版社，2015.

［3］王杰，刘观昌. 生物化学. 北京：北京大学医学出版社，2013.

［4］邵红英，张文利. 生物化学. 北京：北京大学医学出版社，2017.

［5］王杰，刘观昌. 生物化学. 4 版. 北京：北京大学医学出版社，2018.

［6］黄泽智. 生物化学. 北京：北京大学医学出版社，2016.

［7］程伟. 生物化学. 2 版. 北京：科学出版社，2007.

［8］查锡良，药立波. 生物化学. 8 版. 北京：人民卫生出版社，2016.

［9］潘文干. 生物化学. 6 版. 北京：人民卫生出版社，2010.

［10］何旭辉. 生物化学. 2 版. 北京：人民卫生出版社，2010.

［11］高国全. 生物化学. 3 版. 北京：人民卫生出版社，2012.

［12］宋庆梅，张志霞，凌强. 生物化学. 北京：科学文献出版社，2015.

［13］陈辉，张雅娟. 生物化学. 2 版. 北京：高等教育出版社，2015.